Inhaltsverzeichnis

THOMAS GRETLER

Tiere und Pflanzen — der Alpen

KOSMOS

Einleitung

Oberhalb der Krummholzstufe wachsen Zwergsträucher wie die Besenheide.

DIE ALPEN – WILDE NATUR IM HERZEN EUROPAS

Mitten in Europa bildet der 1200 Kilometer lange und bis zu 250 Kilometer breite Gebirgsbogen der Alpen einen Lebensraum der Superlative. Mit einer durchschnittlichen Höhe von 1400 Metern, rund 300 000 eigenständigen Gipfeln und Bergriesen wie dem Matterhorn (4447 Meter) oder dem Mont Blanc (4810 Meter) stellen die Alpen einen einzigartigen Naturraum dar, der mit einer Tier- und Pflanzenvielfalt aufwarten kann, die in Mitteleuropa ihresgleichen sucht. Hier kreist der Steinadler hoch am Himmel. Im Spätherbst und Frühjahr balzen die Birkhähne, im Sommer flattert der seltene Apollofalter über so manche Bergwiese. Gämsen und Alpensteinböcke klettern über blanken Fels – und in den alpinen Rasen blühen Enzian und Orchideen, Bärtige Glockenblume und Arnika, Edelweiß und Gletscher-Hahnenfuß.

Die Dolomiten zählen zu den markantesten Alpenregionen.

Unzähllige Tier- und Pflanzenarten teilen sich ihre Wohnstätte mit rund 15 Millionen Menschen, die den Alpenraum besiedeln. Sie leben in Slowenien, Österreich, Deutschland, Liechtenstein, Frankreich, Italien, Monaco und der Schweiz. Heute stehen rund 28 Prozent der Alpen unter Schutz – als National-, Regional- oder Naturpark, Biosphärenreservat oder Natura-2000-Gebiet, Natur- oder Landschaftsschutzgebiet. Davon profitiert die einzigartige Tier- und Pflanzenwelt des Hochgebirges, die in den Schutzgebieten geeignete Rückzugsräume findet.

Besucher können in den Alpen noch viel intakte Natur erleben – sei es in der unberührten Wildnis der Gipfelregionen, sei es auf den seit Jahrhunderten extensiv bewirtschafteten Alpweiden, die oft mit einer erstaunlichen Fülle an Blumen und Insekten aufwarten. Dieses Buch soll dabei helfen, die Vielfalt der Natur im wilden Herzen unseres Kontinents zu entdecken.

Das Kies-Weidenröschen steigt bis in 2600 m Höhe.

LEBEN IM HOCHGEBIRGE – EINE GEWALTIGE HERAUSFORDERUNG FÜR TIERE UND PFLANZEN

Der Lebensraum Hochgebirge fordert seinen tierischen und pflanzlichen Bewohnern alles ab: Schnee und Eis bleiben in höheren Lagen lange liegen, die Vegetationsperiode erstreckt sich oft nur über wenige Monate. Außerdem sinken die Durchschnittstemperaturen zum Gipfel hin pro 100 Höhenmeter um etwa 0,5 °C ab. Auch die Sonneneinstrahlung ist sehr intensiv. Im Sommer können die täglichen Temperaturschwankungen ohne weiteres 50 °C betragen. Und obwohl viel Niederschlag fällt, droht vielen Pflanzen und auch so manchem Tier die Gefahr der Austrocknung, denn der ständig wehende Wind fördert die Verdunstung. Nicht zuletzt ist die Gebirgszone ein äußerst instabiler Lebensraum, der sich durch Erdrutsche und Lawinenabgänge, aber auch durch die Folgen des Klimawandels ständig verändert.

Je höher man einen Berg hinaufsteigt, desto unwirtlicher und lebensfeindlicher werden die Lebensbedingungen. Besonders deutlich zeigt sich dies

In rund 2500 m Höhe trotzt diese Clusius-Gämswurz den unwirtlichen Lebensbedingungen.

Einleitung

In den Zentralalpen bildet die Zirbel-Kiefer zusammen mit der Lärche die Baumgrenze.

in der Pflanzenwelt. So wachsen Bäume in den Nordalpen über 1400 Meter Höhe meist nur noch vereinzelt, bei 1800 Metern Höhe ist die Baumgrenze endgültig erreicht. Darüber schließt sich die Krummholzstufe mit ihren Latschen, Grünerlengebüschen und Hochstauden an. Mit steigender Höhe mischen sich zunehmend Zwergsträucher ein. Ab 2300 Meter Höhe gibt es dann nur noch die alpinen Rasen und Matten mit ihrer großen Blumenpracht. In noch größeren Höhen dominieren schließlich blanker Fels und ewiges Eis.

Um den Gefahren des Hochgebirges zu trotzen, haben die Pflanzen und Tiere der Alpen vielfältige Anpassungen an ihren Lebensraum entwickelt. So schützen sich Pflanzen wie das Edelweiß oder das Zottige Habichtskraut durch eine dichte, weiße Behaarung vor Austrocknung. Viele Hauswurz-, Mannschild- und Primelarten des Hochgebirges wachsen in dichten Polstern – und schützen sich so nicht nur vor Verdunstung, sondern auch vor der mechanischen Kraft des Windes. Sträucher wie die nur wenige Zentimeter hoch werdende Kraut-Weide ducken sich dicht an den Boden, um sich vor den Witterungseinflüssen zu schützen. Auch im Tierreich gibt es vielfältige Anpassungen an die Lebensbedingungen im Hochgebirge: Alpenschneehasen tragen ein weißes Winterfell, um in den langen Wintermonaten vor ihren Fressfeinden geschützt zu sein, Alpenschneehühner graben sich in Schneehöhlen ein, um der Kälte zu trotzen. Bekannte Alpentiere wie Alpensteinbock oder Gämse haben sich im Laufe der Evolution zu hervorragenden Kletterern entwickelt.

Gämsen sind ausgezeichnete Kletterer.

Die Höhenstufen und Vegetationszonen in den Alpen.

Einleitung

Frühlings-Krokusse blühen gleich nach der Schneeschmelze auf vielen Bergwiesen.

DIE ALPEN – EIN HOTSPOT DER ARTENVIELFALT

Lebensfeindlich sind die Alpen allerdings nur auf den ersten Blick. In Wirklichkeit sind sie eine Insel der Artenvielfalt im Herzen Europas. Obwohl die Alpen nur knapp zwei Prozent der Landfläche des Kontinents einnehmen, bieten sie rund 30000 Tierarten und über 4500 Gefäßpflanzenarten eine Heimat. Die hohe Biodiversität hat mehrere Ursachen. Eine wichtige Rolle spielt der große Höhenunterschied zwischen Tälern und Berggipfeln. Viele Tier- und Pflanzenarten sind an ganz bestimmte Höhenstufen angepasst. In den Alpen finden also sowohl Bergbewohner als auch Flachländer geeignete Lebensräume. Und während sich im Flachland einzelne Vegetationszonen oft über Tausende von Quadratkilometern verteilen, reicht es im Gebirge, ein paar Hundert Höhenmeter auf- oder abzusteigen, um in eine andere Vegetationszone zu gelangen.

Das Gewöhnliche Sonnenröschen kommt alpenweit vor.

Auch die geologische Vielfalt trägt viel zum Artenreichtum bei. Während die Zentralalpen überwiegend aus kristallinen Gesteinen aufgebaut sind, schließen sich nördlich und südlich davon Gebirgsketten an, die vor allem aus Kalken, Dolomiten und Mergeln bestehen. Gerade in der Pflanzenwelt gibt es viele Arten, die nur auf Kalkbeziehungsweise Silikatgestein wachsen können. Das geht zum Teil so weit, dass sogar eng verwandte und sehr ähnlich aussehende Arten völlig unterschiedliche Böden besiedeln. Ein typisches Beispiel dafür sind die Alpenrosen: Während die Rostrote Alpenrose auf Silikatgestein wächst, gedeiht die Bewimperte Alpenrose auf Kalk.

Klimatische Faktoren wie die oft extremen Temperatur-, Strahlungs- und Niederschlagsschwankungen haben ebenfalls einen großen Einfluss darauf, ob eine Art an einer bestimmten Stelle leben kann oder nicht. Im Gegensatz zum Flachland ändern sich im Gebirge die Lebensbedingungen für Tiere und Pflanzen auf kleinstem Raum oft dramatisch. An einem Nordhang herrschen andere Lebensbedingungen als an einem Südhang, an einer trockenen, sonnenexponierten Felswand andere als an einer von Wasser überrieselten im Schatten. In größeren Dimensionen gilt das ebenso: So unterscheiden sich die Lebensbedingungen in einem inneralpinen Trockental grundlegend von denen an einer niederschlagsreichen Bergkette der nördlichen Kalkalpen. Schließlich spielt vielerorts auch die Bewirtschaftung der Flächen durch die Menschen eine bedeutende Rolle. Vor allem durch die extensive Alpwirtschaft sind in vielen Regionen der Alpen im Laufe der Jahrhunderte neue, zum Teil sehr artenreiche Lebensräume entstanden.

Große Höhenunterschiede, geologische und klimatische Vielfalt, nachhaltige Alpwirtschaft – all dies führt dazu, dass sich oft auf verhältnismäßig kleinen Flächen eine große Anzahl unterschiedlicher Lebensräume ausbilden können. Vielerorts erinnert die Landschaft an ein Mosaik: Bergwälder grenzen an Alpflächen, Moore an Feuchtwiesen, Schluchtwälder an Gebirgsbäche, Gletscher an schroffe Felshänge, weite Geröllfelder an alpine Rasen. Verbunden sind die einzelnen Lebensräume durch unzählige Grenzlinien, etwa Waldränder, die zwischen gerodeten Alpflächen und Bergwäldern vermitteln. Gerade diese Grenzlinien sind oft besonders artenreich, denn sie beherbergen Arten aus beiden Lebensräumen. Von der starken Vernetzung der kleinräumig angeordneten Lebensräume profitieren auch sehr anspruchsvolle Arten wie das Birkhuhn, das den Übergangsbereich vom Bergwald ins offene Gelände bewohnt. Im Laufe eines Jahres benötigt es zum Überleben verschiedenste Kleinlebensräume (Mikrohabitate). So findet die Balz auf offenen, strauchfreien Flächen statt, die Schlafplätze liegen auf Bäumen, die Nistplätze der Hennen hingegen gut versteckt in der dichten Bodenvegetation. Für die Nahrungssuche spielen Zwergstrauchheiden, aber auch Laub- und Nadelbäume eine wichtige Rolle.

Die Bergwelt besteht aus einem Mosaik aus artenreichen Lebensräumen.

Einleitung

Auf einer Bergwanderung ändert sich alle paar hundert Höhenmeter die Pflanzenwelt.

EINE WANDERUNG VOM TAL ZUM GIPFEL – ALPINE VIELFALT HAUTNAH ERLEBEN

Am eindrücklichsten lässt sich die Vielfalt der alpinen Tier- und Pflanzenwelt bei einer Wanderung erleben, die in einem Alpental startet und auf einem hohen Gipfel endet. Dabei durchläuft man innnerhalb weniger Stunden mehrere Höhenzonen, die jeweils mit einer ganz eigenen Pflanzenwelt aufwarten. Mit zunehmender Höhenlage ändern sich viele Klimafaktoren wie Strahlungsintensität, Durchschnittstemperatur oder Niederschlagsverteilung – was sich in der jeweils vorherrschenden Vegetation widerspiegelt.

Im Tal befinden wir uns meist in der kollinen Stufe (Hügelstufe) oder in der submontanen Stufe (untere Bergwaldstufe). Hier herrscht entweder Kulturland vor oder die Wanderung führt durch weitgehend geschlossene Laub- oder Laubmischwälder. Mit zunehmender Höhe lösen von Nadelbäumen dominerte Bergmischwälder und später reine Nadelwälder den Laubwald ab. Wir befinden uns in der montanen Stufe (obere Bergwaldstufe). In den Nordalpen bilden Fichten die Obergrenze des geschlossenen Bergwaldes. Die Fichten der höheren Lagen sind dabei meist schlanke Bäume mit schmalen Kronen und herabhängenden Seitentrieben. Dadurch wird die Auflagefläche für Schneelasten geringgehalten – eine Anpassung an die harten Lebensbedingungen im schneereichen Hochgebirge. In den Zentralalpen schließt sich an den Fichtenbergwald noch eine Lärchen-Arven-Zone an.

Die Waldgrenze gehört sicher zu den markantesten Trennlinien auf einer Wanderung in Richtung Gipfel. Sie markiert den Übergang zur subalpinen Stufe (Krummholzstufe). An trockenen Hängen finden sich oft ausgedehnte Latschenbestände, in feuchten Lagen dominieren Grün-Erlen. Beide Arten haben sehr biegsame Äste, die sich auf den Boden legen, wenn viel Schnee gefallen ist oder eine Lawine über sie hinwegrauscht. Hier wachsen auch die prächtig rot blühenden Alpenrosen und artenreiche Hochstaudenfluren mit Eisenhut,

Meisterwurz und verschiedenen Gämswurz-Arten. Beim weiteren Aufstieg löst sich der Krummholzgürtel allmählich auf und schon bald gedeihen nur noch Zwergsträucher wie Gämsheide, Besenheide oder verschiedene kriechende Weidenarten. Die zähen Holzgewächse bilden dichte, niederwüchsige Teppiche. Sie markieren den Übergang zur alpinen Stufe – zum Reich der gehölzfreien alpinen Rasen.

Alpine Rasengesellschaften kommen in unterschiedlichen Ausprägungen vor, die von den jeweiligen Standortbedingungen abhängen. So unterscheidet man beispielsweise Rostseggenrasen, Blaugras-Horstseggenrasen und Borstgrasrasen. Ihr jeweiliges Vorkommen hängt unter anderem vom Chemismus des Gesteins (Kalk- oder Silikatgestein), der Geländeform und der Art der menschlichen Bewirtschaftung (Beweidung, Mahd, Übernutzung) ab. Die verschiedenen Rasengesellschaften werden dabei nach den vorherrschenden Grasarten benannt und beherbergen eine Vielzahl der bekanntesten Alpenblumen. Einige alpine Rasengesellschaften gehören zu den buntesten und artenreichsten Blumenwiesen, die es in Mitteleuropa gibt.

Steigen wir noch höher, lockern sich die verschiedenen Rasen- und Schuttgesellschaften zunehmend auf. Hier oben, auf einer Höhe von 3000 Metern oder darüber, ist die Vegetationszeit so kurz, dass nur noch wenige, speziell angepasste Blütenpflanzen überleben können. Wir befinden uns am Übergang zur nivalen Stufe (Schneestufe), der Grenze zum ewigen Eis. An den wenigen schneefreien Graten und Felswänden wachsen fast nur noch Flechten und Moose. Aber auch einige Lebenskünstler unter den Blütenpflanzen lassen sich noch finden. Über 200 Arten können in Höhen über 3000 Meter gedeihen. Darunter sind zahlreiche Polsterpflanzen, die durch ihre spezielle Wuchsform besonders gut an die extremen Lebensbedingungen auf den höchsten Gipfeln der Alpen angepasst sind. Einige Arten wie der Gegenblättrige Steinbrech, der Zweiblütiger Steinbrech oder der Gletscher-Hahnenfuß stoßen sogar in Bereiche weit jenseits der 4000 Meter Höhe vor.

Die unterschiedlichen Höhenstufen der Hochgebirgs-Pflanzenwelt, die wir bei unserer Wanderung vom Tal zum Gipfel beobachten können, lassen sich grundsätzlich überall in den Alpen beobachten. Die Grenzen zwischen den einzelnen Stufen verlaufen in der Natur allerdings nicht so starr, wie in der schematischen Darstellung. Oft überlappen und verzahnen sich die einzelnen Zonen in vielfältiger Weise und hängen von den kleinräumigen Verhältnissen vor Ort ab. So kann sich ein schattiger, nach Norden exponierter Hang anders präsentieren als eine sonnige, nach Süden ausgerichtete Bergflanke. Auch liegt die Waldgrenze vielerorts durch die menschliche Nutzung 200 bis 300 Meter tiefer, als sie es von Natur aus wäre. Große Unterschiede gibt es bei den jeweiligen Höhenlagen, in denen eine Stufe in die Nächste übergeht: In den Südalpen liegen diese Grenzmarken oft bis zu 500 Meter höher als in den Nordalpen. Auch in den Zentralalpen ergeben sich zum Teil unterschiedliche Höhengrenzlinien für die einzelnen Vegetatiosstufen. Darüber hinaus deutet vieles darauf hin, dass sich die einzelnen Vegetationsstufen im Zuge des Klimawandels in den nächsten Jahrzehnten weiter nach oben verschieben werden.

Tiere

1 Alpensteinbock
Capra ibex

› Symboltier der Alpen
› säbelartig nach hinten gebogene Hörner
› Rangordnungskämpfe unter Männchen

MERKMALE 100–160 cm Körperlänge. Ziegenähnliches Huftier mit kräftigem Körperbau. Die deutlich größeren Männchen tragen einen Kinnbart und bis zu 1 m lange, mit Knoten besetzte Hörner. Die Hörner der Weibchen werden maximal 35 cm lang. **VORKOMMEN** Bewohnt steile Felshänge oberhalb der Baumgrenze bis in 3500 m Höhe. **LEBENSWEISE** Steinböcke leben außerhalb der winterlichen Paarungszeit in nach Geschlechtern getrennten Gruppen. Die standorttreuen Tiere sind ausgezeichnete Kletterer, die sich das ganze Jahr über im Hochgebirge aufhalten. Im Sommer ernähren sie sich von Gräsern, Kräutern und Knospen, im Winter von Zwergsträuchern, Flechten und Moosen. **WISSENSWERTES** Der Alpensteinbock war Anfang des 19. Jahrhunderts durch starke Bejagung fast ausgestorben. Nur im Gran-Paradiso-Gebiet (Italien) überlebte eine kleine Restpopulation. Von ihr stammen alle heute in den Alpen lebenden Tiere ab.

2 Gämse
Rupicapra rupicapra

› hakenförmige Hörner
› Kletterkünstler
› schwarz-weiße Gesichtszeichnung

MERKMALE 110–135 cm Körperlänge. Beide Geschlechter tragen Hörner und eine schwarze Gesichtsmaske. Das Fell ist im Sommer rötlich mit einem schwarzen Rückenstrich, im Winter ist es schwarzbraun. **VORKOMMEN** Besiedelt Bergwälder sowie offenes, steiles und felsiges Gelände oberhalb der Waldgrenze bis in 3000 m Höhe. **LEBENSWEISE** Außerhalb der winterlichen Paarungszeit gehen Männchen und Weibchen getrennte Wege. Die Weibchen leben mit ihren Kitzen und den Jungtieren des Vorjahres in Rudeln von bis zu 50 Tieren zusammen. Die Männchen sind Einzelgänger oder bilden kleine, instabile Gruppen. Gämsen sind Wiederkäuer, die sich von Gräsern, Kräutern, Blättern, Trieben und Knospen ernähren. **WISSENSWERTES** Mit ihren elastischen und spreizbaren Hufen zählen sie zu den besten Kletterern im Tierreich. Bei Gefahr stoßen Gämsen lang gezogene Warnpfiffe aus und ziehen sich in unzugängliche Felsregionen zurück.

3 Mufflon
Ovis ammon

› einziges europäisches Wildschaf
› Widder mit schneckenförmigen Hörnern
› für die Jagd ausgewildert

MERKMALE 105–130 cm Körperlänge. Wildschaf mit kurzhaarigem, braunem Fell und weißer Gesichtsmaske um Nase und Mund. Männchen mit bis zu 80 cm langen, schneckenförmig gewundenen Hörnern, Weibchen hornlos oder mit kurzen Hörnern. **VORKOMMEN** Bewohnt Laub- und Mischwälder sowie felsige Gebirgsregionen bis über 2000 m Höhe. **LEBENSWEISE** Mufflons sind tagaktive und standorttreue Herdentiere, die sich von Gräsern, Kräutern, Blättern und Baumfrüchten ernähren. Außerhalb der Paarungszeit bilden die Weibchen mit ihren Jungtieren und die Männchen jeweils getrennte Rudel. Bei der Brunft krachen die Widder mit ihren Hörnern heftig aufeinander. **WISSENSWERTES** Ursprünglich besiedelte das Mufflon die warmen Felslandschaften Sardiniens und Korsikas. Im 20. Jahrhundert wurde das Wildschaf in vielen Regionen Mitteleuropas zu Jagdzwecken ausgewildert. Heute bildet es vielerorts stabile Bestände.

1

2a

2b

3a

3b

1 Rothirsch
Cervus elaphus

- › König der Wälder
- › Männchen mit Stangengeweih
- › größtes Huftier der Alpen

MERKMALE 160–250 cm Körperlänge. Die bis zu 250 kg schweren Rothirsche sind im Sommer rotbraun, im Winter graubraun gefärbt. Männchen mit mächtigem Stangengeweih, Weibchen geweihlos. **VORKOMMEN** Rothirsche bevorzugen reich strukturierte Wälder mit angrenzenden Freiflächen und steigen im Sommer bis in 2500 m Höhe auf. **LEBENSWEISE** Rothirsche leben außerhalb der Brunftzeit in nach Geschlechtern getrennten Rudeln. Tagsüber halten sie sich – auch bedingt durch den Jagddruck – meist gut versteckt in den Bergwäldern auf. In den Dämmerungsstunden suchen sie angrenzende Wiesen und Weiden auf, um Gräser und Kräuter zu fressen. Daneben ernähren sie sich von Knospen, Bucheckern und Pilzen. **WISSENSWERTES** Besonders eindrucksvoll ist die herbstliche Rothirschbrunft: Dann ist das laute Röhren der männlichen Tiere oft kilometerweit zu hören. Die Männchen bilden jedes Jahr ein neues Geweih.

2 Reh
Capreolus capreolus

- › Männchen mit Geweih
- › Kitze mit weißen Flecken
- › „bellt" bei Gefahr

MERKMALE 95–135 cm Körperlänge. Die grazil wirkenden Rehe sind im Sommer rotbraun, im Winter graubraun gefärbt. Männliche Tiere tragen ein kurzes Geweih. **VORKOMMEN** Bewohnt Wälder, Waldränder, offene Feldfluren und Wiesen bis zur Baumgrenze. In den Alpen bis etwa 2000 m Höhe. **LEBENSWEISE** Männliche Rehe leben einzelgängerisch und besetzen im Frühjahr Reviere, aus denen sie andere Männchen vertreiben. Die Weibchen bilden Familiengruppen. Rehe sind auf nährstoffreiche Kost angewiesen: Sie fressen tagsüber und in der Dämmerung frische Triebe von Gräsern und Kräutern und ernähren sich von den Knospen junger Bäume und Sträucher. **WISSENSWERTES** Im Hochsommer paart sich das dominante Männchen mit allen Weibchen aus seinem Revier. Die Jungen kommen – nach einer Keimruhe – erst im Mai oder Juni des nächsten Jahres zur Welt. Rehkitze verharren bei Gefahr regungslos und ducken sich in die Vegetation.

3 Wildschwein
Sus scrofa

- › Keiler mit bis zu 20 cm langen Hauern
- › Allesfresser
- › lebt in Rotten

MERKMALE 120–185 cm Körperlänge. Kompakt gebautes Schwein mit borstigem Fell und keilförmigem Kopf. Die Männchen (Keiler) werden deutlich größer als die Weibchen (Bachen) und haben besonders kräftig ausgebildete Eckzähne (Hauer). **VORKOMMEN** Bewohnt feuchte und deckungsreiche Wälder und steigt im Sommer teilweise bis auf 2000 m Höhe. **LEBENSWEISE** Wildschweine leben in Familienverbänden, die sich aus bis zu 50 Tieren zusammensetzen. Diese „Rotten" bestehen aus mehreren, nahe verwandten Weibchen und ihren Jungen. Die Führung der Gruppe übernimmt eine erfahrene Leitbache. Im Gegensatz dazu leben die Männchen außerhalb der Paarungszeit als Einzelgänger. **WISSENSWERTES** Als nachtaktive Allesfresser gehen Wildschweine gern auf Maisäckern und Getreidefeldern auf Nahrungssuche. Die Jungtiere tragen in den ersten Lebensmonaten gelbbraune Längsstreifen und werden Frischlinge genannt.

1a

1b

2

3

1 Eurasischer Luchs

Lynx lynx

› Europas größte Katzenart
› lebt versteckt und heimlich
› für Menschen ungefährlich

MERKMALE 80–120 cm Körperlänge. Hochbeinige Katze mit kurzem Stummelschwanz und schwarzen Pinselohren. Oft mit geflecktem Fell und auffälligem Backenbart. **VORKOMMEN** Bewohnt große, ungestörte Waldgebiete bis in 2500 m Höhe. **LEBENSWEISE** Luchse sind dämmerungs- und nachtaktive Einzelgänger, die bei der Nahrungssuche 100–300 km^2 große Reviere durchstreifen. Sie jagen bevorzugt Rehe, Hirschkühe und Gämsen. Daneben stehen Hasen, Nagetiere, Füchse, Marder und Vögel auf ihrem Speiseplan. An ihre Opfer pirschen sie sich vorsichtig an und überwältigen sie dann mit wenigen Sprüngen. Große Beutetiere werden durch einen Würgebiss getötet. Tagsüber ruhen Luchse gern in Felsnischen oder unter Wurzeltellern. **WISSENSWERTES** Anfang des 20. Jahrhunderts wurde der Luchs in den Alpen durch starke Bejagung ausgerottet. Heute streift er dank gelungener Ansiedlungsprojekte wieder durch Teile des Hochgebirges.

2 Rotfuchs

Vulpes vulpes

› rotes Fell, buschiger Schwanz
› lebt opportunistisch
› Mäusejäger

MERKMALE 50–85 cm Körperlänge. Unverwechselbar dank des rötlichen Fells, der spitzen Schnauze und dem langen, buschigen Schwanz. **VORKOMMEN** Rotfüchse sind sehr anpassungsfähig und besiedeln fast alle Landlebensräume bis in 3000 m Höhe. **LEBENSWEISE** Die überwiegend dämmerungs- und nachtaktiven Räuber bringen ihre Jungen in Erdbauen zur Welt, die sie selbst graben oder von Dachsen übernehmen. Als wahre Lebenskünstler fressen sie fast alles. Ihr Speiseplan reicht von Insekten und Regenwürmern über Vögel, Kleinsäuger und Aas bis hin zu Beeren und Obst. Ihre Hauptnahrung bilden jedoch Mäuse, die sie oft in einem eleganten Sprung erbeuten. **WISSENSWERTES** Rotfüchse sind sehr lernfähig und verfügen über gute Sinne: Mit ihrem feinen Gehör spüren sie Wühlmäuse sogar unter einer geschlossenen Schneedecke auf. Über Fuchskot kann der für Menschen gefährliche Fuchsbandwurm verbreitet werden.

3 Wolf

Canis lupus

› Stammform unserer Haushunde
› jagt im Rudel
› sehr scheu

MERKMALE 100–160 cm Körperlänge. Wölfe sind etwas größer und hochbeiniger als Deutsche Schäferhunde. Ihr Fell ist meist graubraun gefärbt, die dreieckigen Ohren sind gerundet, der buschige Schwanz hat eine schwarze Spitze. **VORKOMMEN** Bewohnt ausgedehnte Wälder und andere menschenarme Gebiete bis in 2000 m Höhe. **LEBENSWEISE** Die überwiegend dämmerungs- und nachtaktiven Raubtiere ernähren sich vor allem von wilden Huftieren und leben in hierarchisch organisierten Rudeln. Die einzelnen Rudelmitglieder kooperieren bei der Jagd, bei der Jungenaufzucht und bei der Revierverteidigung. **WISSENSWERTES** In der ersten Hälfte des 19. Jahrhunderts wurde der Wolf durch starke Bejagung in den Alpen ausgerottet. Seit den 1990er-Jahren erholen sich seine Bestände wieder. Einwandernde Tiere aus dem Apennin bildeten den Grundstock für eine neue Population. Heute kommen Wölfe wieder in allen Alpenländern vor.

1

2

3

1 Braunbär
Ursus arctos

› größtes Landraubtier der Alpen
› scheuer Waldbewohner
› bis zu 50 km/h schnell

MERKMALE 150–260 cm Körperlänge. Durch Größe und Körperbau unverwechselbar. Auffallend ist der mächtige Kopf mit der vorstehenden Schnauze und den runden Ohren. **VORKOMMEN** Bewohnt große, ungestörte Wälder und steigt in den Alpen bis über 2100 m Höhe. **LEBENSWEISE** Braunbären sind scheue Einzelgänger, die als Nahrungsopportunisten nahezu alles fressen. Sie ernähren sich überwiegend pflanzlich, erbeuten aber auch Insekten, Würmer und größere Wirbeltiere. Dazu Honig und Aas stehen auf dem Speiseplan. Die Tiere halten von November bis März Winterruhe. **WISSENSWERTES** Ursprünglich in den Alpen weit verbreitet, wurde der Braunbär bis Ende des 19. Jahrhunderts ausgerottet. Durch Wiederansiedlungsprojekte und Einwanderer aus dem Balkan gibt es heute wieder kleine Populationen in den Zentralalpen (Naturpark Adamello-Brenta in Italien) und Ostalpen (Grenzgebiet Österreich-Slowenien-Italien).

2 Steinmarder
Martes foina

› geschickter Kletterer
› nächtlicher Poltergeist
› „Automarder"

MERKMALE 40–54 cm Körperlänge. Marder mit schlankem, lang gestrecktem Körper und kurzen Beinen. Unterscheidet sich durch den weißen, meist gegabelten Kehlfleck und die fleischfarbene Nase vom Baummarder. **VORKOMMEN** Als anpassungsfähige Art lebt der ursprüngliche Felsbewohner auch in Wäldern und Siedlungen bis in 2400 m Höhe. **LEBENSWEISE** Der überwiegend dämmerungs- und nachtaktive Steinmarder ist ein geschickter Jäger und Kletterer, der Vögeln und Kleinsäugern nachstellt. Als Allesfresser ernährt er sich auch von Eiern, Früchten und Beeren. Die Tiere leben einzelgängerisch und verschlafen den Tag in einem Unterschlupf in ihrem Territorium. **WISSENSWERTES** Steinmarder suchen die Nähe des Menschen: Auf Dachböden sind sie oft als nächtliche „Poltergeister" unterwegs. Wenig geschätzt wird außerdem ihre Vorliebe für Fahrzeuge. Sie nagen gern Kabel, Bremsschläuche und Kunststoffteile im Motorraum an.

3 Baummarder
Martes martes

› Waldbewohner
› ausgezeichneter Kletterer
› Kehlfleck meist nicht gegabelt

MERKMALE 36–56 cm Körperlänge. Sehr schlanker Marder mit kastanienbraunem Fell. Unterscheidet sich vom Steinmarder durch längere Beine, die braune Nase und einen meist orangegelben, nicht bis zum Beinansatz reichenden Kehlfleck. **VORKOMMEN** Bewohnt Wälder aller Art sowie altholzreiche Parks und Friedhöfe bis in 1800 m Höhe. **LEBENSWEISE** Scheuer, verborgen lebender Einzelgänger, der nachts, zum Teil aber auch tagsüber aktiv ist. Als Nahrungsopportunist besitzt der Baummarder einen vielfältigen Speiseplan. Je nach Verfügbarkeit frisst er Eier, Beeren und Früchte oder er stellt Kleinsäugern, Jungvögeln und Insekten nach. Das Weibchen bringt seine Jungen in einer Baumhöhle zur Welt. **WISSENSWERTES** Der Baummarder ist ein ausgezeichneter Kletterer, der sogar Eichhörnchen in den Baumkronen jagt. Bei der Hatz durchs Blätterdach hält er mithilfe seines langen, buschigen Schwanzes das Gleichgewicht.

1

2

3

1 Dachs
Meles meles

› schwarz-weiße Gesichtsmaske
› Höhlenbaumeister
› nachtaktiv

MERKMALE 60–90 cm Körperlänge. Der Dachs hat einen gedrungenen Körper, kurze Beine und ein silbergraues Fell. Unverwechselbar ist die schwarz-weiße Gesichtszeichnung. **VORKOMMEN** Bewohnt Laub- und Mischwälder und kommt bis in rund 2000 m Höhe vor. **LEBENSWEISE** Die nachtaktiven Dachse leben paarweise oder in Familienverbänden aus bis zu zehn Tieren. Mit den scharfen Krallen ihrer Vorderpfoten graben sie umfangreiche Höhlensysteme ins Erdreich. Ein Dachsbau kann dabei mehrere Stockwerke umfassen und besteht aus einem verzweigten Gangsystem mit einem oder mehreren Kesseln. Als Allesfresser ernähren sich Dachse von Regenwürmern, Insekten, Schnecken, Mäusen, Eiern, Beeren, Früchten und Pilzen. **WISSENSWERTES** Dachse tolerieren Füchse als Untermieter und legen außerhalb ihrer Baue Latrinen für ihren Kot an. Manche Dachsburgen werden über viele Jahrzehnte hinweg genutzt.

2 Hermelin
Mustela erminea

› schwarze Schwanzspitze
› weißes Winterfell
› geschickter Mäusejäger

MERKMALE 20–30 cm Körperlänge. Hermeline haben lang gestreckt Körper und einen langen Schwanz. Ihr Sommerfell ist am Rücken und Kopf braun, auf der Bauchseite weiß; ihr dichtes Winterfell ist hingegen bis auf die schwarze Schwanzspitze schneeweiß. **VORKOMMEN** Besiedelt offene, strukturreiche Lebensräume bis über 3000 m Höhe. **LEBENSWEISE** Die einzelgängerisch lebenden Hermeline sind äußerst geschickte Jäger, die gut klettern und schwimmen können. Dank ihres schlanken Körperbaus können sie ihre Beute, die vor allem aus Kleinsäugern besteht, sogar unter der Erde verfolgen. Wühlmäusen stellen sie in den Gängen ihrer unterirdischen Baue nach. Im Winter jagen Hermeline unter der geschlossenen Schneedecke. **WISSENSWERTES** Hermeline hetzen oft im „Sprunglauf" hinter ihrer Beute her. Die Einzelsprünge der Männchen reichen dabei rund einen halben Meter weit, die der kleineren Weibchen etwa 30 cm.

3 Mauswiesel
Mustela nivalis

› kleinstes Raubtier der Welt
› jagt in Mäusegängen
› ohne schwarze Schwanzspitze

MERKMALE 12–25 cm Körperlänge. Lang gestreckter, gut mausgroßer Räuber mit braunem Rücken und weißer Unterseite. Das Mauswiesel unterscheidet sich vom Hermelin durch die geringere Größe und den kürzeren Schwanz ohne schwarze Spitze. **VORKOMMEN** Die anpassungsfähigen Tiere besiedeln verschiedenste Lebensräume mit genügend Deckung und Nahrung bis in 2400 m Höhe. **LEBENSWEISE** Die Hauptnahrung der einzelgängerisch lebenden Mauswiesel besteht aus Wühlmäusen. Die kleinen Räuber stellen ihrer Beute häufig unter der Erde nach und bringen sie mit einem Tötungsbiss in den Nacken zur Strecke. **WISSENSWERTES** In Mitteleuropa kommen zwei Unterarten vor, die sich in ihrer Fellfärbung unterscheiden: Während die Unterart *vulgaris* auch im Winter eine braune Färbung aufweist, ist das Winterfell der in den höheren Gebirgslagen der Alpen häufigen Unterart *nivalis* komplett weiß.

1

2

3

1 Braunbrustigel, Europäischer Igel
Erinaceus europaeus

- dichtes Stachelkleid
- rollt sich bei Gefahr ein
- hält Winterschlaf

MERKMALE 15–30 cm Körperlänge. Rücken mit über 8000 Stacheln besetzt, braune Haare am Bauch. **VORKOMMEN** Bewohnt Laub- und Mischwälder, offenes Kulturland, Siedlungen und Gärten bis in 2000 m Höhe. **LEBENSWEISE** Der dämmerungs- und nachtaktive Einzelgänger hat einen vielfältigen Speiseplan. Er ernährt sich von Regenwürmern, Schnecken und Insekten, frisst aber auch Früchte, Vogeleier, Pilze und Kleinsäuger. Bei der Nahrungssuche können Igel in einer Nacht mehrere Kilometer zurücklegen. **WISSENSWERTES** Im östlichen Teil der Alpen kommt der ähnliche Weißbrustigel *(Erinaceus roumanicus)* vor, der sich durch einen weißen Brustfleck vom Braunbrustigel unterscheidet.

2 Europäischer Maulwurf
Talpa europaea

- Vorderfüße als Grabschaufeln
- lebt unterirdisch
- macht Maulwurfshaufen

MERKMALE 12–15 cm Körperlänge. Der Maulwurf hat ein dichtes, samtschwarzes Fell, zu Grabschaufeln umgebildete Vorderfüße und eine rüsselartig verlängerte Schnauze. **VORKOMMEN** Besiedelt verschiedene Lebensräume mit tiefgründigem, lockerem Boden bis über 2000 m Höhe. **LEBENSWEISE** Die unterirdisch lebenden Tiere sind Einzelgänger. Mit ihren schaufelartigen Vorderfüßen graben sie umfangreiche Gangsysteme – samt Vorratskammern, Latrinen und Kesseln, die als Schlafplatz und Nest für die Jungen dienen. In Jagdgängen stellen sie Regenwürmern und anderen Wirbellosen nach. **WISSENSWERTES** Maulwürfe spüren ihre Beute dank ihres ausgezeichneten Tast- und Geruchssinns auf.

3 Alpenspitzmaus
Sorex alpinus

- spitz zulaufende Schnauze
- ständig auf Nahrungssuche
- liebt Felsspalten

MERKMALE 6–9 cm Körperlänge. Unterscheidet sich durch helle Augenringe und Füße, den körperlangen Schwanz und das dunkle, schiefergraue Fell von anderen Spitzmausarten. **VORKOMMEN** Bewohnt feuchte, felsige Wälder, Schluchten, Bachläufe und Geröllhalden bis in 2500 m Höhe. **LEBENSWEISE** Tag- und nachtaktiver, einzelgängerisch lebender Kleinsäuger, der sich von Insekten, Würmern, Schnecken und anderen Wirbellosen ernährt. Bringt seine Jungen in Nestern aus Moos und Laub zur Welt. **WISSENSWERTES** Wegen ihrer hohen Stoffwechselrate sind Alpenspitzmäuse ständig auf Beutesuche. Sie müssen täglich ihr Eigengewicht an Nahrung zu sich nehmen.

1

2

3

1 | Alpenschneehase

Lepus timidus

› Hase der Berge
› braunes Sommer-, weißes Winterfell
› wird von Steinadler, Fuchs und Uhu gejagt

MERKMALE 40–56 cm Körperlänge. Der Alpenschneehase ist etwas kleiner als der Feldhase *(Lepus europaeus)* und hat kürzere Ohren. Das braun gefärbte Sommerfell wird im Herbst durch ein rein weißes Winterfell ersetzt, bei dem sich nur die schwarzen Ohrspitzen etwas abheben. **VORKOMMEN** Besiedelt lichte Bergwälder, die Krummholzzone und offene Flächen im Alpgebiet bis über 3000 m Höhe. **LEBENSWEISE** Der dämmerungs- und nachtaktive Hase ernährt sich im Sommer von Gräsern, Kräutern und Knospen, im Winter von Zwergsträuchern, Baumrinden und Wurzeln. In der kalten Jahreszeit verbringt er die Tage in selbst gegrabenen Schneehöhlen oder windgeschützten Verstecken. **WISSENSWERTES** Mit seinem dichten, weißen Winterfell, das ihn vor Kälte und Fressfeinden schützt, und den breiten, spreizbaren Pfoten, die wie Schneeschuhe funktionieren, ist der Hase perfekt an die langen Winter im Hochgebirge angepasst.

2 | Alpenmurmeltier

Marmota marmota

› lebt im Familienverband
› durchdringender Warnpfiff
› hält langen Winterschlaf

MERKMALE 45–58 cm Körperlänge. Nagetier mit gedrungenem Körperbau und kräftigen, gelbbraun gefärbten Schneidezähnen. Typisch sind der kurze Kopf, die kleinen Ohren und der kurze, buschige Schwanz. **VORKOMMEN** Bewohnt mit Felsen durchsetzte Bergwiesen, Alpweiden und Steinfluren bis in 2700 m Höhe. **LEBENSWEISE** Mit ihren kräftigen Krallen graben Alpenmurmeltiere unterirdische Baue, die sie im Familienverband bewohnen. Ein Elternpärchen lebt dabei mit seinem Nachwuchs aus verschiedenen Jahrgängen zusammen. Murmeltiere fressen Gräser und Kräuter. Häufig lassen sie sich dabei beobachten, wie sie auf den Hinterbeinen stehend vor ihrem Bau Wache halten. **WISSENSWERTES** Den Bergwinter überstehen Alpenmurmeltiere durch einen langen, meist von Oktober bis April dauernden, Winterschlaf. Während dieser Zeit sinkt ihre Körpertemperatur auf 5 °C ab und die Tiere verlieren bis zur Hälfte ihres Gewichts.

3 | Eichhörnchen

Sciurus vulgaris

› Baumbewohner
› Kletterkünstler
› baut Kugelnester

MERKMALE 20–25 cm Körperlänge. Unverwechselbar dank des fast körperlangen, buschigen Schwanzes. Im Gebirge ist die dunkle Farbvariante häufiger als die rote; beide haben einen weißen Bauch und auffällige Pinselohren im Winter. **VORKOMMEN** Lebt in Misch- und Nadelwäldern bis in rund 2000 m Höhe. **LEBENSWEISE** Die tagaktiven Eichhörnchen bringen ihre Jungen in einem kugelförmigen Baumnest (Kobel) zur Welt. Die geschickten Kletterer halten sich die meiste Zeit über dem Erdboden auf und können mithilfe ihrer kräftigen Krallen sogar Kopf voran an Baumstämmen herabsteigen. Sie ernähren sich von Nadelbaumsamen, Bucheckern, Eicheln, Haselnüssen, Knospen, Pilzen, Vogeleiern sowie Jungvögeln und legen Wintervorräte an. **WISSENSWERTES** Eichhörnchen nutzen ihren buschigen Schwanz als Balancierstange und setzen ihn bei ihren bis zu 5 m weiten Sprüngen von Ast zu Ast als Steuer ein.

1

2

3a

3b

1 Siebenschläfer
Glis glis

› buschiger Schwanz
› ausgezeichneter Kletterer
› schläft sieben Monate

MERKMALE 12–20 cm Körperlänge. Grau gefärbter Bilch mit großen, von einem dunklen Ring umgebenen Augen und einem langen, buschigen Schwanz. **VORKOMMEN** Lebt in Laub- und Mischwäldern, Parks und Gärten bis in 1500 m Höhe, selten auch höher. **LEBENSWEISE** Der nachtaktive Siebenschläfer ruht tagsüber in Baum- und Felshöhlen, Nistkästen oder leerstehenden Gebäuden. Seine Nahrung, die aus Samen, Früchten, Knospen und Insektenlarven besteht, findet er in der Baum- und Strauchschicht. Dort bewegt er sich dank seiner mit Haftballen besetzten Fußsohlen und seiner gebogenen Krallen äußerst geschickt. **WISSENSWERTES** Im Herbst fressen Siebenschläfer energiereiche Kost wie Haselnüsse, Eicheln, Bucheckern und Kastanien, um genügend Fettreserven für ihren rekordverdächtig langen Winterschlaf zu haben. Sie verbringen ihn von September/Oktober bis Mai/Juni in selbstgegrabenen, frostsicheren Erdhöhlen.

2 Gartenschläfer
Eliomys quercinus

› bunte Gesichtszeichnung
› zweifarbiger Schwanz
› Winterschläfer

MERKMALE 10–15 cm Körperlänge. Kontrastreich gezeichneter Nager mit auffälliger Gesichtsmaske, großen Ohren und einem zweifarbigen Schwanz mit weißer Spitze. **VORKOMMEN** Bewohnt Fels- und Karstgebiete, Misch- und Nadelwälder, Kulturland mit Lesesteinmauern, Gärten, Parks und Hütten bis über 2000 m Höhe. **LEBENSWEISE** Als Allesfresser ernähren sich die nachtaktiven Gartenschläfer von pflanzlicher Kost, Vogeleiern, Reptilien, Insekten und anderen Wirbellosen. Sie sind überwiegend Baum- und Felsbewohner, halten sich im Gegensatz zu unseren anderen heimischen Bilchen aber auch regelmäßig am Boden auf. **WISSENSWERTES** Gartenschläfer reduzieren ihren Energieverbrauch während des von Oktober/November bis April dauernden Winterschlafs, indem sie die Anzahl der Herzschläge und die Atemfrequenz stark verringern. Zusätzlich senken sie ihre Körpertemperatur fast auf Umgebungstemperatur ab.

3 Haselmaus
Muscardinus avellanarius

› kleinste Bilchart
› hält Winterschlaf
› meidet den Boden

MERKMALE 6–9 cm Körperlänge. Hausmausgroßer Bilch mit großen Knopfaugen. Dank ihres orangebraunen Fells und des fast körperlangen, behaarten Schwanzes ist die Haselmaus unverwechselbar. **VORKOMMEN** Lebt in unterholzreichen Laub- und Mischwäldern bis in 1900 m Höhe. **LEBENSWEISE** Als ausgezeichnete Kletterin hält sich die Haselmaus fast nur im Geäst und Gestrüpp auf. Häufig besiedelt sie Brombeergebüsche und Haselsträucher. Sie geht vor allem in der Dämmerung und nachts auf Nahrungssuche und ernährt sich von Knospen, Blüten, Blättern, Beeren, Nüssen und Insekten. Haselmäuse bauen kugelförmige Nester mit seitlichem Eingang, die sich meist in Bodennähe befinden. **WISSENSWERTES** Bei Gefahr flüchtet die Haselmaus nach oben und hält dann wie erstarrt inne, ehe sie langsam davon klettert. Ähnlich wie Siebenschläfer und Gartenschläfer hält sie einen mehrere Monate dauernden Winterschlaf.

1a

1b

2

3

1 Gelbhalsmaus
Apodemus flavicollis

› gelber Kehlfleck
› gute Kletterin
› Waldbewohnerin

MERKMALE 8–12 cm Körperlänge. Kleine Maus mit großen Augen und Ohren sowie einem mehr als körperlangen Schwanz. Das rost- oder kastanienbraune Rückenfell hebt sich deutlich vom weißen Bauchfell ab. Viele Tiere haben ein breites, gelbes Halsband. **VORKOMMEN** Bewohnt vor allem Laub- und Mischwälder bis in 2000 m Höhe. **LEBENSWEISE** Die nachtaktive Gelbhalsmaus ist eine gute Kletterin, die auch auf Bäumen nach Nahrung sucht. Sie ernährt sich von Samen, Bucheckern, Nüssen, Eicheln und Pilzen, frisst aber auch gern Insekten und Regenwürmer. Die Tiere halten keinen Winterschlaf – stattdessen sammeln sie Vorräte, die sie in Baum- oder Erdhöhlen verstecken. **WISSENSWERTES** In den Alpen kommen mit der Waldmaus *(Apodemus sylvaticus)* und der Alpenwaldmaus *(Apodemus alpicola)* zwei nahe verwandte Arten vor, die sich von der Gelbhalsmaus äußerlich nur schwer unterscheiden lassen.

2 Rötelmaus
Clethrionomys glareolus

› auch tagsüber aktiv
› rotbrauner Rücken
› kann klettern

MERKMALE 7–12 cm Körperlänge. Der rotbraune Rücken, die vorstehenden Ohren und der längere Schwanz unterscheidet die Rötelmaus von anderen heimischen Wühlmausarten. **VORKOMMEN** Lebt in Laub-, Misch- und Nadelwäldern, Hecken und Gebüschen bis in 2500 m Höhe. **LEBENSWEISE** Überwiegend dämmerungs- und nachtaktiv lässt sich die Rötelmaus auch tagsüber beobachten. Sie kann gut klettern und baut ihr Nest gern unter Baumstümpfen oder Reisighaufen. Die unterirdischen Gangsysteme verlaufen in der Laubschicht oder oberflächennah unter der Erde. Rötelmäuse fressen Knospen, Gräser, Sämereien, Früchte und wirbellose Tiere. **WISSENSWERTES** Rötelmäuse sind sehr fruchtbar und bringen zwei- bis dreimal im Jahr vier bis sechs Junge zur Welt, die ihrerseits nach neun Wochen geschlechtsreif sind. So kann es zu Massenvermehrungen kommen, von denen Fressfeinde wie Eulen, Greifvögel oder Füchse profitieren.

3 Schneemaus
Microtus nivalis,
Syn.: *Chionomys nivalis*

› Hochgebirgsart
› wenig scheu
› lange Schnurrhaare

MERKMALE 9–14 cm Körperlänge. Mittelgroße Wühlmaus mit graubraunem Rücken und weißgrauem Bauch. Auffallend sind die gut sichtbaren Ohren, der weiß behaarte Schwanz und die bis zu 5 cm langen Schnurrhaare. **VORKOMMEN** Besiedelt Blockhalden, Steinfluren, alpine Matten and andere felsreiche Lebensräume bis in höchste Lagen. **LEBENSWEISE** Die tag- und nachtaktive Schneemaus ist eng an felsiges Gelände gebunden. Ihr kugeliges Nest aus trockenem Gras legt sie in Felsspalten an, außerdem gräbt sie Gänge mit Vorratskammern zwischen den Gesteinsblöcken. Schneemäuse halten keinen Winterschlaf und ernähren sich rein vegetarisch von Gräsern, Kräutern, Flechten, Samen und Knollen. **WISSENSWERTES** Am Mont Blanc wurde sie schon auf 4700 m Höhe gesichtet. Sie ist nicht besonders scheu und lässt sich manchmal beim Sonnenbaden auf einem Stein beobachten. Besucht im Winter auch Berghütten.

1

2

3

1 | Alpenschneehuhn
Lagopus muta

› jahreszeitlich angepasstes Gefieder
› ganzjährig im Hochgebirge
› nicht besonders scheu

MERKMALE 31–35 cm Körperlänge. Das tarnfarbene Federkleid ist im Sommer grau- bzw. rotbraun, im Winter bis auf den kurzen, schwarzen Schwanz schneeweiß. Flügel, Bauch und Fußgefieder sind ganzjährig weiß. Männchen mit schwarzem Zügelstreif zwischen Schnabel und Auge. **VORKOMMEN** Lebt ganzjährig oberhalb der Baumgrenze bis über 2800 m Höhe. **LEBENSWEISE** Das Alpenschneehuhn ist nicht sehr scheu und ernährt sich von Blättern, Trieben und Knospen. Im Winter geht es an frei gefegten Kuppen auf Nahrungssuche. Im Frühjahr und Herbst zeigen die Männchen spektakuläre Balzflüge. **WISSENSWERTES** Alpenschneehühner sind perfekt an den extremen Lebensraum Hochgebirge angepasst: Ihr dichtes Gefieder isoliert sie gegen die eisige Kälte im Winter. Die befiederten Füße verhindern als „Schneeschuhe" ein Einsinken im Pulverschnee. Die Nächte verbringen sie gut geschützt in selbst gegrabenen Schneehöhlen.

2 | Auerhuhn
Tetrao urogallus

› größter Hühnervogel Europas
› bewohnt naturnahe Wälder
› sehr scheu und störungsempfindlich

MERKMALE 54–90 cm Körperlänge. Der Hahn ist um ein Drittel größer als die Henne. Mit seinem langen Schwanz, dem kräftigen Schnabel und den aufstellbaren Kehlfedern ist er unverwechselbar. Die goldbraun marmorierten Weibchen haben eine ungemusterte Kehle. **VORKOMMEN** Bewohnt reich strukturierte Nadel- und Bergmischwälder mit Deckung bietender Strauchschicht bis in 2000 m Höhe. **LEBENSWEISE** Auerhennen legen im Frühjahr ein Bodennest an und kümmern sich allein um die Jungenaufzucht. Die Jungvögel fressen in den ersten Lebenswochen überwiegend Ameisen. Erwachsene Tiere ernähren sich im Sommer vor allem von Heidelbeeren, im Winter von Nadeln, Knospen und Trieben. **WISSENSWERTES** Vom Spätwinter bis zum Frühjahr versammeln sich die Hähne an traditionellen Balzplätzen. Dort werben sie mit knallenden, glucksenden und wetzenden Lauten, hochgerecktem Kopf und gespreiztem Schwanz um die Gunst der Weibchen.

3 | Birkhuhn
Lyrurus tetrix

› mittelgroßes Raufußhuhn
› Männchen mit sichelförmigen Schwanzfedern
› ruht oft in Bäumen

MERKMALE 40–58 cm Körperlänge. Der Schwanz des Männchens ist leierförmig, das Gefieder bis auf die weißen Unterschwanzdecken und Unterflügel schillernd schwarz. Das deutlich kleinere Weibchen ist durch das graubraune, schwarz gebänderte Gefieder hervorragend getarnt. **VORKOMMEN** Besiedelt Moorränder, Randzonen des Bergwaldes sowie daran angrenzende Zwergstrauchheiden und offene Flächen bis in 2300 m Höhe. **LEBENSWEISE** Die Birkhennen ziehen im Sommer ihre sechs bis zehn Jungen ganz ohne Mithilfe der Männchen im deckungsreichen Gelände groß. Die erwachsenen Vögel ernähren sich vorwiegend von Knospen, Trieben, Kräutern und Nadeln, die Jungvögel von Insekten. **WISSENSWERTES** Spektakulär ist die Arenabalz der Birkhähne im Spätherbst und Frühjahr: Die Männchen versuchen mit Zischlauten, kilometerweit zu hörendem Kullern, aufgeplusterten Schwanzfedern und Flattersprüngen die Weibchen zu beeindrucken.

1

2a

2b

3a

3b

1 Haselhuhn
Tetrastes bonasia

› heimlicher Waldbewohner
› ruht gern auf Gehölzen

MERKMALE 34–39 cm Körperlänge. Kleines Huhn mit marmoriertem Tarngefieder und kurzer, aufrichtbarer Federhaube. Männchen mit schwarzer Kehle. **VORKOMMEN** Besiedelt strukturreiche Nadel- und Bergmischwälder bis in 2000 m Höhe. **LEBENSWEISE** Das heimlich lebende, standorttreue Haselhuhn ernährt sich im Sommer von Knospen, Blättern und Früchten, im Winter von Trieben, Knospen und Haselkätzchen. **WISSENSWERTES** Mit seinem fein gemusterten Gefieder ist das Haselhuhn am Waldboden nahezu unsichtbar. Da es sich zudem meist im deckungsreichen Unterholz aufhält, ist eine Beobachtung reine Glückssache. Aufgescheuchte Tiere lassen sich am surrenden Fluggeräusch („burr burr …") erkennen.

2 Steinhuhn
Alectoris graeca

› lebt am Boden
› Küken sind Nestflüchter

MERKMALE 33–36 cm Körperlänge. Hühnervogel mit schwarz gebänderten Flanken und einem weißen Kehllatz, der von einem schwarzen Band eingefasst wird. Schnabel und Beine sind rot. **VORKOMMEN** Bewohnt steinige, mit Gräsern und Zwergsträuchern bewachsene Berghänge in sonniger Lage bis über 2500 m Höhe. **LEBENSWEISE** Das heimlich lebende Steinhuhn ist vielerorts selten. Sein gut getarntes Bodennest versteckt es meist am Fuße eines Baumes oder Felsens. Erwachsene Tiere ernähren sich überwiegend pflanzlich, Jungvögel fressen bevorzugt Insekten. **WISSENSWERTES** Die Küken verlassen bereits nach wenigen Stunden das Nest und können nach zehn Tagen oft schon ein paar Meter weit fliegen.

3 Bartgeier
Gypaetus barbatus

› größter Greifvogel der Alpen
› Suchflug entlang von Felsen

MERKMALE 105–125 cm Körperlänge. Riesiger Geier mit kreuzförmiger Flugsilhouette und bis zu 285 cm Flügelspannweite. Bartartige Federn an der Schnabelbasis. **VORKOMMEN** Seltener Felsbrüter bis in 2400 m Höhe. **LEBENSWEISE** Bartgeier ernähren sich von Fleisch, Knochen und Aas. Ans nahrhafte Knochenmark gelangen sie, indem sie Knochen aus großer Höhe auf Felsen fallen lassen. **WISSENSWERTES** Der Bartgeier wurde in den Alpen früher als „Lämmergeier" verfolgt und Anfang des 19. Jahrhunderts ausgerottet. Dank eines 1986 begonnenen Wiederansiedlungsprojekts ist er mittlerweile wieder heimisch. Die rostrote Färbung der Altvögel entsteht durch Bäder in eisenoxidhaltigem Schlamm.

4 Gänsegeier
Gyps fulvus

› Segelflieger
› brettartige Flügel

MERKMALE 95–110 cm Körperlänge. Großer Geier mit bis zu 265 cm Flügelspannweite und heller, flaumiger Halskrause. Der lange Hals ist nur mit kurzen Federn bedeckt. **VORKOMMEN** In den Ostalpen finden sich nicht brütende Sommergäste aus Kroatien ein, in den Westalpen Gäste aus Südwesteuropa und Vögel aus Wiederansiedlungsprojekten in Frankreich. **LEBENSWEISE** Gänsegeier sind Felsbrüter, die oft in kleinen Kolonien nisten. Als reine Aasfresser ernähren sie sich von größeren Säugetieren. **WISSENSWERTES** Für ihren energiesparenden Segelflug sind Gänsegeier auf Aufwinde angewiesen. Stimmt die Thermik, können sie auf Nahrungssuche stundenlang durch die Luft gleiten.

1

2

3

4a

4b

Vögel

1 Habicht
Accipiter gentilis

› jagt Vögel ab Drosselgröße
› kräftige Beine

MERKMALE 49–64 cm Körperlänge. Kräftiger Greifvogel mit breiten, gerundeten Flügeln, kräftigen Beinen und langem Schwanz. Unterseite weiß mit dunkler Bänderung. Deutlich größer als der ähnliche Sperber. **VORKOMMEN** Brütet in Wäldern mit alten Bäumen bis in 2100 m Höhe. **LEBENSWEISE** Der Habicht ist ein wendiger Flieger, der bei der Jagd meist aus dem Hinterhalt zuschlägt. Die kleineren Männchen erbeuten Vögel bis knapp Hühnergröße und Säugetiere bis zur Größe eines Kaninchens, die größeren Weibchen auch Hasen und große Hühner. **WISSENSWERTES** Bis Mitte des 20. Jahrhunderts wurde der „Hühnerhabicht" von Jägern, Kleintierhaltern und Taubenzüchtern teils rigoros verfolgt.

2 Sperber
Accipiter nisus

› quer gestreifte Brust
› jagt auch am Futterhaus

MERKMALE 29–41 cm Körperlänge. Kleiner Greifvogel mit breiten Flügeln. Unterseite bei Männchen rotbraun, bei Weibchen graubraun gebändert. **VORKOMMEN** Brütet in dichten Baumbeständen bis in 1900 m Höhe und jagt bevorzugt in Hecken- und Buschlandschaften. **LEBENSWEISE** Als geschickter Vogeljäger schlägt der Sperber Kleinvögel bis zur Größe einer Drossel im rasanten Jagdflug. Dabei lauert er meist auf einem Ansitz, ehe er seine Beute durchs Unterholz verfolgt. **WISSENSWERTES** Die Weibchen sind um etwa ein Drittel größer als die Männchen. Im Flug lassen sich Sperber an den taubenartig kurzen Flügelschlägen und der wellenförmigen Flugbahn vom größeren Habicht unterscheiden.

3 Mäusebussard
Buteo buteo

› kreist häufig am Himmel
› ruft im Flug „piijäh"

MERKMALE 48–56 cm Körperlänge. Mittelgroßer Greifvogel mit variabler Gefiederfärbung, breiten Flügeln und nackten, gelben Beinen. Der eng gebänderte Schwanz wird im Segelflug fächerförmig gespreizt. **VORKOMMEN** Brütet in Wäldern und Baumgruppen, jagt in der offenen Landschaft bis in 1900 m Höhe. **LEBENSWEISE** Der Mäusebussard ernährt sich von Wühlmäusen und anderen Kleinsäugern, Kriechtieren, Insekten, Würmern und Aas. Seinen großen Baumhorst nutzt er oft über Jahre hinweg. **WISSENSWERTES** Mäusebussarde lassen sich oft in Straßennähe beobachten. Dort halten sie auf Sitzwarten oder hoch am Himmel kreisend nach tierischen Verkehrsopfern Ausschau. Ruft miauend „piijäh".

4 Schlangenadler
Circaetus gallicus

› Beutesuche im Rüttelflug
› Schlangenspezialist

MERKMALE 62–69 cm Körperlänge. Großer Greifvogel mit eulenartig wirkendem Kopf und langen Flügeln. Kopf und Brust graubraun gefiedert, Bauch und Flügelunterseiten silbrigweiß mit dunklen Flecken. **VORKOMMEN** Brütet in lichten Wäldern der Südalpen (Frankreich, Italien) bis in 1700 m Höhe, jagt über offenem Gelände und an Felshängen bis in 2700 m Höhe. **LEBENSWEISE** Schlangenadler erbeuten vor allem Schlangen und andere Reptilien. Dabei machen sie nicht einmal vor Giftschlangen halt – obwohl sie nicht gegen deren Gift immun sind. Sie jagen im Suchflug und stehen oft „rüttelnd" in der Luft. **WISSENSWERTES** Als Langstreckenzieher verbringen sie den Winter im südlichen Afrika.

1

2

3a

3b

4

1 Steinadler
Aquila chrysaetos

- › majestätisch wirkender Greifvogel
- › segelt hoch am Himmel
- › lebt in Dauerehe

MERKMALE 80–93 cm Körperlänge. Großer Adler mit im Flug s-förmig geschwungenem Flügelhinterrand und einer Flügelspannweite bis zu 225 cm. Altvögel mit dunkelbraunem Gefieder und goldgelben Kopf- und Nackenfedern („golden eagle"). Jungvögel mehrere Jahre lang am weißen Feld auf der Flügelunterseite erkennbar. **VORKOMMEN** Lebt in Gebirgsregionen mit Felswänden und offenen Jagdgebieten bis in 2500 m Höhe. **LEBENSWEISE** Steinadler bauen ihre mächtigen Nester in Felswänden, vereinzelt auch auf Bäumen. Als geschickte Jäger erbeuten sie Birk-, Stein- und Alpenschneehühner, Murmeltiere, Hasen sowie junge Füchse, Gämsen und Rehe. Im Winter spielt Aas bei der Ernährung eine wichtige Rolle. **WISSENSWERTES** Sobald die Thermik stimmt, gleitet der Steinadler im energiesparenden Segelflug an den Hängen seines 50–100 km^2 großen Jagdreviers entlang. Die Reviergrenzen werden mit auffälligen Girlandenflügen markiert.

2 Wanderfalke
Falco peregrinus

- › breiter Bartstreif auf den Wangen
- › jagt Vögel im Flug
- › Weibchen größer als Männchen

MERKMALE 38–51 cm Körperlänge. Großer, kräftiger Falke mit langen, spitzen Flügeln, die im Flug meist angewinkelt werden. Die helle Unterseite ist dunkel quer gebändert, die Oberseite schiefergrau. Breiter, schwarzer Bartstreif. **VORKOMMEN** Brütet in Nischen steiler Felswände oder an hohen Gebäuden bis in 1800 m Höhe. **LEBENSWEISE** Als Vogeljäger schlägt der Wanderfalke seine Beute im Flug. Dabei erreicht er im Sturzflug Geschwindigkeiten von über 200 km/h. Oft reicht schon die Wucht des Aufpralls, um die Opfer zu töten. In Europa sind bisher rund 210 Vogelarten als Beute nachgewiesen worden. **WISSENSWERTES** Die Rettung des Wanderfalken ist eine Erfolgsgeschichte des Naturschutzes: Einst durch rücksichtlose Bejagung, Störung an den Brutplätzen und Pestizideinsatz (DDT) in Mitteleuropa fast ausgerottet, hat sich der Bestand dank umfangreicher Schutzmaßnahmen heute wieder erholt.

3 Turmfalke
Falco tinnunculus

- › häufigster Falke
- › jagt im Rüttelflug
- › ruft „ki-ki-ki-ki- …"

MERKMALE 31–37 cm Körperlänge. Schlanker Falke mit langen Flügeln und langem Schwanz. Beide Geschlechter sind oberseits rotbraun gefärbt und schwarz gepunktet. Männchen mit blaugrauem Schwanz, grauem Kopf und schwarzem Bartstreif. **VORKOMMEN** Bewohnt offene, strukturreiche Landschaften, Siedlungen und Gebirge bis in 2800 m Höhe. **LEBENSWEISE** Turmfalken brüten in Felswänden, Gebäudenischen und verlassenen Nestern anderer Vogelarten wie Krähe oder Elster. Oft sieht man sie im Rüttelflug über Wiesen und Weiden „in der Luft stehen". Mit nach unten gerichtetem Kopf und breit aufgefächertem Schwanz halten sie Ausschau nach Wühlmäusen und anderen Bodentieren, auf die sie sich von oben herabstürzen können. **WISSENSWERTES** Der Turmfalke zählt zusammen mit Mäusebussard und Sperber zu den häufigsten Greifvögeln Mitteleuropas. Sein Ruf besteht aus einer schnellen Serie kurzer Töne („ki-ki-ki-ki- …").

1

2

3a

3b

1 Gänsesäger
Mergus merganser

› taucht nach Fischen
› roter Hakenschnabel

MERKMALE 58–68 cm Körperlänge. Größter heimischer Säger. Männchen im Prachtkleid weiß mit schwarzgrün schillerndem Kopf. Weibchen und Männchen im Schlichtkleid mit rotbraunem Kopf und weißem Kinn. **VORKOMMEN** Lebt an klaren, fischreichen Flüssen und Seen bis in 2000 m Höhe. **LEBENSWEISE** Gänsesäger brüten in Baumhöhlen entlang der Gewässerufer. Die Küken verlassen bereits nach einem Tag ihre Höhle und werden von der Mutter zum Wasser geführt. **WISSENSWERTES** Bei der Jagd schwimmen Gänsesäger einzeln oder in Gruppen umher und spähen mit dem Kopf unter Wasser nach Kleinfischen. Erblickt ein Vogel Beute, taucht er ab und greift mit seinem langen, schmalen Sägeschnabel zu.

2 Reiherente
Aythya fuligula

› auffälliger Federschopf
› Tauchente

MERKMALE 40–47 cm Körperlänge. Kleine Ente mit schwarzer Schnabelspitze und Federschopf am Hinterkopf. Männchen im Prachtkleid schwarz mit weißen Flanken, Weibchen dunkelbraun mit hellbraunen Seiten. **VORKOMMEN** Brütet an Gewässern aller Art bis in 2000 m Höhe. **LEBENSWEISE** Reiherenten ernähren sich von Muscheln und anderen kleinen Wassertieren, die sie bei ihren Tauchgängen erbeuten. **WISSENSWERTES** Im Winter versammeln sich Reiherenten oft zu Tausenden an großen Voralpenseen wie dem Bodensee. Unter den Vögeln sind auch viele Gäste aus dem hohen Norden, die an den eisfreien Seen mit Vorliebe der aus dem Schwarzmeergebiet eingeschleppten Dreikantmuschel nachstellen.

3 Stockente
Anas platyrhynchos

› Gründelente
› komplizierte Balzrituale

MERKMALE 50–60 cm Körperlänge. Große Ente mit orangen Beinen und blauem, weiß eingefasstem Flügelspiegel. Männchen im Prachtkleid mit metallisch grünem Kopf, weißem Halsring und schokobrauner Brust. Weibchen mit bräunlichem Gefieder. **VORKOMMEN** Bewohnt Gewässer aller Art bis über 2000 m Höhe. **LEBENSWEISE** Stockenten gehen an Land und im Flachwasser auf Nahrungssuche. Sie ernähren sich von Pflanzen und Wirbellosen. Im Wasser gründeln sie mit senkrecht nach oben gestrecktem Bürzel („Köpfchen ins Wasser"). **WISSENSWERTES** Bei der Balz werben die Männchen mit Verhaltensweisen wie dem „Kurzhochwerden", dem „Nickschwimmen" und dem „Grunzpfiff" um die Gunst der Weibchen.

4 Flussuferläufer
Actitis hypoleucos

› Hinterkörper wippt ständig
› ruft „hii-dii-dii"

MERKMALE 18–21 cm Körperlänge. Watvogel mit dunkelbraun gesprenkeltem Rücken und geradem Schnabel. Die weiße Unterseite bildet vor dem geschlossenen Flügel einen markanten Keil. **VORKOMMEN** Brütet an Bächen und Flüssen bis in 1900 m Höhe. **LEBENSWEISE** Die Bodennester der Flussuferläufer befinden sich auf ungestörten Kiesbänken. Um die Aufzucht der Jungen, die bereits ab dem ersten Lebenstag selbständig nach Insekten picken, kümmern sich Weibchen und Männchen gemeinsam. **WISSENSWERTES** Flussuferläufer fliegen oft niedrig und lautstark rufend mit nach unten gebogenen Flügeln über die Wasseroberfläche. Kurze Gleitphasen und schnelle Flügelschläge wechseln sich dabei ab.

1a

1b

2a

2b

3a

3b

4

1 Waldschnepfe
Scolopax rusticola

› langer, gerader Schnabel
› fliegt burrend auf

MERKMALE 33–38 cm Körperlänge. Tarnfarbener, plump wirkender Schnepfenvogel mit kurzen Beinen, großen Knopfaugen, langem Schnabel und breiten, schwarzen Querbändern auf der Kopfoberseite. **VORKOMMEN** Bewohnt feuchte Laub- und Mischwälder mit Lichtungen bis in 1800 m Höhe. **LEBENSWEISE** Die versteckt lebende Waldschnepfe ist überwiegend dämmerungs- und nachtaktiv. Sie brütet am Boden und stochert mit ihrem 6–8 cm langen Schnabel nach Regenwürmern und anderen Wirbellosen. **WISSENSWERTES** Im Frühling kann man die Männchen bei der Balz beobachten, wenn sie über Lichtungen ihren geraden, waagrechten Singflug („Schnepfenstrich") vorführen.

2 Mornellregenpfeifer
Charadrius morinellus

› brütet selten in den Alpen
› geringe Scheu vor Menschen

MERKMALE 20–24 cm Körperlänge. Durch die rotbraune Brust, den weißen Überaugenstreif und das helle Brustband im Prachtkleid unverwechselbar. **VORKOMMEN** Brütet unregelmäßig oberhalb der Baumgrenze bis in 2300 m Höhe. **LEBENSWEISE** Die kleinen Watvögel suchen auf steinigen Bergwiesen nach Insekten und anderen Wirbellosen. Um die Jungen kümmern sich die Männchen. **WISSENSWERTES** Der Mornellregenpfeifer zählt zu den seltensten Brutvögeln der Alpen (Österreich, Schweiz). Sein eigentlicher Verbreitungsschwerpunkt liegt in den Tundren des hohen Nordens. Vögel der nordischen Population lassen sich während des Zugs in den Hochlagen der Alpen regelmäßig bei der Rast beobachten.

3 Ringeltaube
Columba palumbus

› größte Taube Europas
› fliegt flügelklatschend auf

MERKMALE 38–43 cm Körperlänge. Große Taube mit zwei auffallenden, weißen Halsflecken. Im Flug weißes Querband auf der Flügeloberseite sichtbar. **VORKOMMEN** Brütet in Wäldern, Gehölzen, Parks und Gärten bis in 1800 m Höhe. **LEBENSWEISE** Ringeltauben ernähren sich überwiegend pflanzlich. Am Waldboden suchen sie Bucheckern und Eicheln, auf Wiesen Gras- und Kräutersamen. Die Küken werden in den ersten Lebenstagen mit „Kropfmilch" gefüttert – einem milchartigen Sekret, das im Kropf der Eltern gebildet wird. **WISSENSWERTES** Der auffällige Balzflug der Männchen wird von lautem Flügelklatschen begleitet. Zur Zugzeit lassen sich am Himmel oft große Schwärme beobachten.

4 Kuckuck
Cuculus canorus

› wirkt im Flug sperberähnlich
› Männchen ruft „ku-kuh"

MERKMALE 32–36 cm Körperlänge. Schlanker Vogel mit langem, abgerundetem Schwanz, spitzen Flügeln und dunkel gebändertem Bauch. Gefieder beim Männchen grau, beim Weibchen grau oder rotbraun. **VORKOMMEN** Besiedelt Wälder und halboffene Landschaften bis in 2600 m Höhe. **LEBENSWEISE** Als einziger Brutparasit in der Vogelwelt Mitteleuropas legt das Weibchen eines seiner Eier in einem unbeobachteten Moment in ein fremdes Nest. In den Bergen sind dabei Hausrotschwanz, Steinschmätzer, Bergpieper und Heckenbraunelle die häufigsten Wirtsvögel. Ernährt sich von Insekten. **WISSENSWERTES** Kuckuckseier wurden in den Nestern von über 100 Vogelarten gefunden. Der Zugvogel überwintert in Afrika.

1

2

3

4

1 Uhu
Bubo bubo

- › größte Eule der Erde
- › geräuschloser Nachtjäger
- › ruft seinen Namen „uuu-hu"

MERKMALE 59–73 cm Körperlänge. Massiger Körper, großer Kopf mit stechend orangeroten Augen und langen Federohren, 1,70 m Flügelspannweite – der Uhu ist als größte Eule der Welt unverwechselbar. **VORKOMMEN** Bewohnt reich strukturierte Wald- und Gebirgslandschaften mit Felsen, Steilwänden und angrenzenden Freiflächen bis in 2200 m Höhe. **LEBENSWEISE** Uhus nisten in Felswänden, seltener auch in verlassenen Baumhorsten anderer Großvögel oder am Boden. Sie erlegen mit ihren dolchartigen Krallen Mäuse, Ratten, Frösche und Vögel bis zur Größe eines Huhns. Sogar Greifvögel, Jungfüchse und Rehkitze stehen auf ihrem Speiseplan. **WISSENSWERTES** Uhus sind trotz ihrer Größe geräuschlose Jäger, die in der Abenddämmerung und nachts ihrer Beute nachstellen. Sie orten ihre Opfer mit ihrem empfindlichen Gehör und ihren großen, hervorragend ans Dämmerungssehen angepassten Augen. Ihr Ruf ist 4 km weit zu hören.

2 Raufußkauz
Aegolius funereus

- › brütet in Schwarzspechthöhlen
- › nächtlicher Ansitzjäger
- › fliegt geradlinig

MERKMALE 22–27 cm Körperlänge. Kleine Eule mit großem Kopf, hellem Gesichtschleier, gelben Augen und „erstauntem" Gesichtsausdruck. Die Füße sind bis zu den Krallen hin dicht befiedert. **VORKOMMEN** Besiedelt reich strukturierte Misch- und Nadelwälder bis in 2200 m Höhe. **LEBENSWEISE** Als Höhlenbrüter profitiert der versteckt lebende Raufußkauz vom Schwarzspecht, dessen verlassene Bruthöhlen er besiedelt. Der nächtliche Jäger stellt Mäusen und Kleinvögeln nach, die er von einer Ansitzwarte aus erbeutet. Er jagt gern auf Lichtungen, Waldwiesen und Kahlschlägen und fängt seine Beute im Stoßflug. **WISSENSWERTES** In der Dunkelheit verlässt sich der Raufußkauz vor allem auf sein Gehör: Selbst bei störenden Umweltgeräuschen kann er Mäuse in bis zu 60 m Entfernung orten. Der weithin hörbare Reviergesang des Männchens besteht aus 5–8 schneller werdenden, ansteigenden Pfeiftönen („hu-hu-hu-hu-hu-hu").

3 Sperlingskauz
Glaucidium passerinum

- › kleinste Eule Europas
- › Vogelfänger
- › fliegt wellenförmig

MERKMALE 15–19 cm Körperlänge. Starengroße Eule mit rundem Kopf, gelben Augen, weißem Überaugenstreif und „strengem" Gesichtsausdruck. Zwei helle Nackenflecken erzeugen ein abschreckendes „Scheingesicht". **VORKOMMEN** Lebt in großflächigen, reich strukturierten Misch- und Nadelwäldern bis zur Baumgrenze. In den Alpen bis über 2100 m Höhe. **LEBENSWEISE** Der Sperlingskauz zieht seine drei bis sieben Jungen im Frühling und Frühsommer in verlassenen Baumhöhlen von Bunt- und Dreizehenspechten groß. Der kleine Jäger ist vor allem in der Morgen- und Abenddämmerung aktiv. Dann fängt er kleine Vögel bis zur Größe einer Drossel und Mäuse. **WISSENSWERTES** Manchmal lässt sich der Sperlingskauz tagsüber auf einer Fichtenspitze sitzend beobachten. Von dort hält er Ausschau oder trägt seinen Reviergesang vor, eine Tonleiter aus bis zu zehn ansteigenden Pfeiftönen („tschook tschuuk tschüük tschiik …").

1

2

3

1 | Waldkauz
Strix aluco

› häufigste Eule Mitteleuropas
› Höhlenbrüter

MERKMALE 37–43 cm Körperlänge. Kräftige Eule mit schwarzen Augen und großem, rundem Kopf ohne Federohren. Das Gefieder ist entweder rotbraun oder graubraun. **VORKOMMEN** In Wäldern, Parks, Gärten und Friedhöfen mit alten Laubbäumen bis in 1800 m Höhe. **LEBENSWEISE** Waldkäuze ziehen ihre Jungen meist in geräumigen Baumhöhlen auf. Als vielseitige Nachtjäger ernähren sie sich von Kleinsäugern, Vögeln, Fröschen und sogar Regenwürmern. Meist gehen sie von einer Sitzwarte aus auf Beutefang, teilweise auch im Suchflug. **WISSENSWERTES** Im Winter erklingt das schaurige, teils kilometerweit zu hörende „Huh-huhuhu-huuh" der Männchen, das oft in Fernsehkrimis für Spannung sorgt.

2 | Waldohreule
Asio otus

› ruht tagsüber in Stammnähe
› Männchen singt tief „huh"

MERKMALE 31–37 cm Körperlänge. Schlanke Eule mit weißen Augenbrauen, langen Federohren und orangeroten Augen. **VORKOMMEN** Brütet in Wäldern, Feldgehölzen und Parks bis über 2000 m Höhe. **LEBENSWEISE** Die dämmerungs- und nachtaktive Waldohreule legt ihre Eier in verlassene Nester von Krähen, Elstern oder Greifvögeln. Zum Jagen fliegt sie in die offene Landschaft. Im Suchflug oder von einer Ansitzwarte aus erbeutet sie vor allem Feldmäuse, stellt aber auch Vögeln, Reptilien, Amphibien und Insekten nach. **WISSENSWERTES** Tagsüber ruhen Waldohreulen meist in Stammnähe auf einem Baum. Dank ihres rindenähnlich marmorierten Gefieders sind sie dabei hervorragend getarnt.

3 | Alpensegler
Apus melba

› größter Segler Europas
› gemächliche Flügelschläge

MERKMALE 20–23 cm Körperlänge. Großer Segler mit langen Flügeln, weißer Kehle, dunklem Halsband und weißem Bauchfleck. **VORKOMMEN** Brütet in Kolonien an Felswänden und hohen Gebäuden bis über 2000 m Höhe. **LEBENSWEISE** Alpensegler legen bei ihren Jagdflügen weite Strecken zurück. Sie ernähren sich von Insekten und Spinnen, die sie aus der Luft fischen. Als Zugvögel überwintern sie im südlichen Afrika. **WISSENSWERTES** Die geschickten Flieger können Geschwindigkeiten von bis zu 250 km/h erreichen. Damit zählen sie zu den schnellsten Vögeln der Welt. Auffällig ist ihr Flugruf, ein langes, an- und absteigendes Trillern („Ti ti tititititititititi ti-ti-ti- tü tü").

4 | Mauersegler
Apus apus

› unermüdlicher Flieger
› brütet oft in Siedlungen

MERKMALE 16–18 cm Körperlänge. Rußschwarzer Segler mit dunkler Unterseite, grauweißer Kehle und langen, sichelförmigen Flügeln. **VORKOMMEN** Brütet vor allem an Gebäuden in Städten und Dörfern, seltener in Baum- und Felshöhlen bis in 2000 m Höhe. **LEBENSWEISE** Mauersegler erbeuten Fluginsekten und können Tagesstrecken von mehreren Hundert Kilometern zurücklegen. Die Zugvögel überwintern im tropischen Afrika. **WISSENSWERTES** An warmen Sommerabenden jagen Mauersegler oft unter schrillen „Srriirrr"-Rufen durch die Häuserschluchten. Sie sind Dauerflieger, die ihr Leben außerhalb der Brutzeit komplett in der Luft verbringen: Sie schlafen, trinken und paaren sich sogar im Flug.

1

2

3

4a

4b

1 Dreizehenspecht
Picoides tridactylus

› schwarz-weißes Gefieder ohne Rot
› bewohnt Bergfichtenwälder
› „ringelt" Bäume

MERKMALE 21–24 cm Körperlänge. Kleiner Specht mit dunklen Flügeln, schwarz-weiß gebänderter Unterseite und zwei weißen Streifen an den Kopfseiten. Männchen mit gelbem, Weibchen mit grauem Scheitel. **VORKOMMEN** Bewohnt Misch- und Nadelwälder mit altem Fichtenbestand und viel Totholz bis in 2000 m Höhe. **LEBENSWEISE** Die scheuen Dreizehenspechte ziehen ihre Jungen in Baumhöhlen auf, die sie in morsche und abgestorbene Baumstämme hacken. Sie ernähren sich von Borkenkäferlarven und anderen holzbewohnenden Insekten. **WISSENSWERTES** Ähnlich wie der Buntspecht ringelt der Dreizehenspecht Bäume, indem er Löcher rundherum im Abstand von wenigen Zentimetern in die Stämme hackt. Den austretenden, zuckerhaltigen Saft leckt er dann mit seiner langen Zunge auf. Im Gegensatz zu anderen Spechten haben Dreizehenspechte drei statt vier Zehen, zwei sind nach vorne, eine ist nach hinten gerichtet.

2 Buntspecht
Dendrocopos major

› häufigster heimischer Specht
› zimmert Nisthöhlen
› trommelt schnell in kurzen Wirbeln

MERKMALE 23–26 cm Körperlänge. Schwarz-weiß-roter Specht mit tiefroten Unterschwanzdecken, ungefleckter Unterseite und einem geschlossenen, schwarzen Nackenband. Männchen mit rotem Nackenfleck. **VORKOMMEN** Lebt in Wäldern, Feldgehölzen, Parks und Gärten bis in 2200 m Höhe. **LEBENSWEISE** Der Buntspecht ernährt sich in erster Linie von Holz bewohnenden Insekten und deren Larven, die er mithilfe seiner wurmförmigen, mit Widerhaken besetzten Zunge sogar aus Fraßgängen herausziehen kann. An die Samen von Nadelbäumen gelangt er, indem er die Zapfen in Rindenspalten klemmt und sie dann mit seinem Meißelschnabel aufhämmert („Spechtschmiede"). **WISSENSWERTES** Beim Höhlenbau, beim Nahrungserwerb und beim Trommeln hämmert der Schnabel sehr schnell auf und nieder. Um dabei das Gehirn vor Stoßverletzungen zu schützen, ist der Schnabelschädel nach dem „Stoßdämpferprinzip" federnd am Gehirnschädel befestigt.

3 Weißrückenspecht
Dendrocopos leucotos

› unser größter schwarz-weiß-roter Specht
› liebt naturnahe Wälder
› lange Trommelwirbel

MERKMALE 25–28 cm Körperlänge. Schwarz-weiß-roter Specht mit hellroten Unterschwanzdecken, gestreiften Flanken und schwarz-weißer Flügelbänderung. Scheitel beim Männchen rot, beim Weibchen schwarz. **VORKOMMEN** Besiedelt urwaldähnliche Laub- und Mischwälder bis in 1800 m Höhe. **LEBENSWEISE** Der Weißrückenspecht lebt sehr zurückgezogen und benötigt in seinem Brutrevier morsche und abgestorbene Baumstämme, in die er seine Bruthöhlen zimmert. Er ernährt sich von im Holz lebenden Insekten und deren Larven. **WISSENSWERTES** Der seltene Weißrückenspecht gilt als Zeigerart für naturnahe Wälder, lässt sich aber nur schwer direkt beobachten. Eher hört man seine Trommelwirbel, die mit einer Dauer von 1,6–2,1 s deutlich länger ausfallen als die von Buntspecht (0,4–0,8 s) oder Dreizehenspecht (1,1–1,4 s). Die Wirbel beginnen mit kräftigen, langsamen Schlägen und werden zum Ende hin schneller und schwächer.

1

2

3

1 Schwarzspecht
Dryocopus martius

› größter Specht Europas
› Höhlenbaumeister
› ruft im Flug „krrück krrück krrück"

MERKMALE 40–46 cm Körperlänge. Krähengroßer, schwarzer Specht mit kräftigem Schnabel. Männchen mit rotem Scheitel, Weibchen mit rotem Fleck am Hinterscheitel. **VORKOMMEN** Brütet in Laub-, Misch- und Nadelwäldern mit alten Buchen, Tannen und Kiefern bis in 2100 m Höhe. **LEBENSWEISE** Der Schwarzspecht zimmert seine am hochovalen Eingang erkennbaren Bruthöhlen in Stämme von mindestens 35 cm Durchmesser. Bei der Nahrungssuche hackt er mit kräftigen Schnabelhieben im Holz lebende Insekten und deren Larven frei. **WISSENSWERTES** Der Schwarzspecht gilt als Schlüsselart im Wald: Seine bis zu 80 cm tiefen Bruthöhlen werden von vielen anderen Höhlenbewohnern, etwa Raufußkäuzen, Fledermäusen, Siebenschläfern und Hornissen, genutzt. Seine kräftigen und langen Trommelwirbel (1,7–3 s) sind kilometerweit zu hören. Im Gegensatz zu anderen Spechten fliegt er nicht wellenförmig, sondern in einer geraden Linie.

2 Grünspecht
Picus viridis

› jagt am Boden Ameisen
› singt lachend „klü-klü-klü- …"
› wellenförmiger Flug

MERKMALE 30–36 cm Körperlänge. Bunter Specht mit grüner Oberseite, gelbem Bürzel und rotem Scheitel-Nacken-Streif. Schwarze Maske um das weiße Auge. **VORKOMMEN** Brütet an den Rändern von Laub- und Mischwäldern, in halboffenen Landschaften mit Gehölzen und Parks. Im Gebirge auch in lockeren Lärchenbeständen bis über 2000 m Höhe. **LEBENSWEISE** Der Grünspecht hält sich bei der Futtersuche häufig am Boden auf. Er ernährt sich überwiegend von Ameisen, die er mit seiner mehr als 10 cm langen Zunge aus den Gängen der Ameisennester fischt. **WISSENSWERTES** Grünspechte fliegen auffällig wellenförmig, wobei sich auf ihrer Flugbahn Phasen mit raschen Flügelschlägen und Gleitstrecken mit angelegten Flügeln abwechseln. Auffallend ist auch ihr laut gellender Flugruf, der wie „kjü-kjü-kjü" klingt. Ihr Gesang ist ein lachendes, in der Höhe abfallendes „Klü-klü-klü- …". Trommelt selten.

3 Grauspecht
Picus canus

› grauer Kopf und Nacken
› standorttreu
› wohlklingende „kü"-Rufreihe

MERKMALE 27–32 cm Körperlänge. Ähnelt dem Grünspecht, aber mit grauem Kopf, kürzerem Schnabel und weniger Schwarz ums bernsteinfarbene Auge. Männchen mit rotem Stirnfleck. **VORKOMMEN** Lebt in lichten Laub- und Mischwäldern, Auwäldern, Feldgehölzen und Parks bis in 2000 m Höhe. **LEBENSWEISE** Der Grauspecht zimmert seine Nisthöhle in alte, morsche Bäume, übernimmt aber auch bereits vorhandene Spechthöhlen. Er ernährt sich von Ameisen und anderen Insekten, die er am Boden und im Totholz findet. Im Herbst frisst er auch Beeren und Früchte, im Winter Fettfutter und Sämereien an Futterstellen. **WISSENSWERTES** Grauspechte sind standorttreue Vögel, die sich nur selten außerhalb ihrer Brutgebiete zeigen. Ihr Gesang besteht aus 6–9 Pfeiftönen, die in der Tonhöhe stetig abfallen („kikiki kü-kü-kü-kü kö"). Sie trommeln häufiger als Grünspechte. Die etwa 1,5 s langen Wirbel sind laut und recht schnell.

1

2

3

1 Kolkrabe
Corvus corax

› größer als ein Mäusebussard
› sehr kräftiger Schnabel
› weittragende „Grog"-Rufe

MERKMALE 54–67 cm Körperlänge. Der größte Singvogel der Erde lässt sich an seinem metallisch-schwarzen Gefieder, dem mächtigen Schnabel und der zottigen Kehlbefiederung erkennen. Ausgezeichneter Segelflieger mit keilförmigem Schwanz. **VORKOMMEN** Lebt in größeren Wäldern und im Gebirge bis in 2500 m Höhe. **LEBENSWEISE** Kolkraben nisten in Felswänden und auf Bäumen. Sie ernähren sich größtenteils von Aas, jagen aber auch kleinere Tiere und fressen Beeren und Früchte. Im Spätwinter zeigen sie bei der Balz akrobatische Flugspiele. **WISSENSWERTES** Als Standvögel bleiben Kolkraben das ganze Jahr über in den Alpen, streunen auf ihren Streifzügen aber oft weit umher. Auf Nahrungssuche können sie sich bis zu 100 km von ihren Brutplätzen entfernen. Ihr kraftvoller Flügelschlag ist gut zu hören – ebenso wie ihr tiefer, weittragender „Grog"-Ruf, der im Flug oder von Sitzwarten aus vorgetragen wird.

2 Rabenkrähe, Aaskrähe
Corvus corone

› brütende Vögel leben paarweise
› bildet Winterschwärme
› ruft lautstark „kraah"

MERKMALE 44–51 cm Körperlänge. Krähe mit einfarbigem, glänzend schwarzem Gefieder. Der durchgehend schwarze Schnabel hat einen abwärts gebogenen First. Unterscheidet sich im Flug durch das gerundete Schwanzende vom größeren Kolkraben. **VORKOMMEN** Bewohnt offenes, mit Bäumen bestandenes Kulturland, Parks, Siedlungsgebiete und Waldränder bis in 2100 m Höhe. **LEBENSWEISE** Die einzeln lebenden Brutpaare bauen ihre großen, trichterförmigen Nester meist in Baumkronen. Als Allesfresser ernähren sich Rabenkrähen von Insekten, Würmern, Kleinsäugern, Jungvögeln, Eiern, Aas, Sämereien, Früchten und Abfällen. Außerhalb der Brutzeit lassen sich die geselligen Vögel oft in Schwärmen bei der Nahrungssuche auf Äckern, Wiesen und Weiden beobachten. **WISSENSWERTES** Rabenkrähen suchen Straßen nach überfahrenen Tieren ab und werfen Nüsse auf die Fahrbahn, um sie von vorbeifahrenden Autos aufbrechen zu lassen.

3 Alpenkrähe
Pyrrhocorax pyrrhocorax

› langer, roter Schnabel
› rote Beine
› ruft im Flug „tjiach"

MERKMALE 37–41 cm Körperlänge. Metallisch glänzender, schwarzer Rabenvogel mit spitzem, rotem Schnabel und langen, roten Beinen. **VORKOMMEN** Seltener Brutvogel in schroffen Gebirgsregionen der Südwestalpen (Italien, Frankreich) bis in 3000 m Höhe, eine kleine Population lebt im Wallis (Schweiz). **LEBENSWEISE** Alpenkrähen brüten als einzelne Paare oder in kleinen Kolonien. Ihre Nester aus Zweigen bauen sie in Nischen, Höhlen und Spalten von Felswänden. Sie ernähren sich von Insekten und anderen Kleintieren, die sie auf Bergwiesen und zwischen Felsen finden. **WISSENSWERTES** Früher waren Alpenkrähen im Alpenraum weiter verbreitet. Die Gründe für den Rückgang sind nicht eindeutig geklärt, könnten aber mit der vielerorts rückläufigen, extensiven Weidewirtschaft zusammenhängen. Im Flug lassen sie sich von Alpendohlen durch die breiteren Flügel und die stärker gespreizten Handschwingen unterscheiden.

1a

1b

2

3

1 Alpendohle
Pyrrhocorax graculus

› gelber Schnabel
› gesellig und oft futterzahm
› akrobatischer Flieger

MERKMALE 36–39 cm Körperlänge. Rabenvogel mit schwarzem Gefieder, gelbem Schnabel und orangeroten Beinen. **VORKOMMEN** Lebt im Hochgebirge bis weit über 3000 m Höhe. Besucht ganzjährig Berghütten, Gipfelstationen und Rastplätze. **LEBENSWEISE** Als echte Gebirgsbewohner halten sich Alpendohlen das ganze Jahr über in den Hochlagen auf. Ihre Nester legen sie meist in Felswänden oberhalb der Baumgrenze an. Dort ziehen sie zwei bis sechs Junge auf. Die zutraulichen, oft in Schwärmen fliegenden Vögel suchen bei der Futtersuche die Nähe zum Menschen. Essensreste nehmen sie teilweise sogar aus der Hand. Ihre Hauptnahrung besteht aus Insekten, Würmern, Beeren, Früchten und Aas. **WISSENSWERTES** Als wahre Luftakrobaten zeigen Alpendohlen immer wieder spektakuläre Flugmanöver. Sie verstehen es, Aufwinde geschickt zu nutzen und jagen mit hoher Geschwindigkeit an Felswänden entlang.

2 Tannenhäher
Nucifraga caryocatactes

› kräftiger, langer Schnabel
› „Gärtner des Waldes"
› ruft markant „krrrrreh"

MERKMALE 32–35 cm Körperlänge. Kompakt gebauter Vogel mit kurzem, schwarzem Schwanz. Gefieder dunkelbraun mit weißen Tupfen. **VORKOMMEN** Bewohnt Nadelwälder und nadelholzreiche Mischwälder bis in 2300 m Höhe. **LEBENSWEISE** Der Tannenhäher ernährt sich vor allem von Hasel- und Zirbelnüssen, frisst aber auch andere Baumsamen, Früchte und Insekten. Um an das Innere einer Haselnuss zu gelangen, hält er die Nuss mit seinem Fuß fest und meißelt sie dann mit einigen kräftigen Schnabelhieben auf. **WISSENSWERTES** Überschüssige Nüsse sammelt er in seinem dehnbaren Kehlsack und vergräbt sie als Vorrat im Boden. Im Winter findet er seine Verstecke selbst bei hoher Schneedecke mit einer Sicherheit von 80 Prozent wieder. Ein paar Nüsse verbleiben in der Regel im Boden und können zu einer neuen Baumgeneration heranwachsen. Als „Gärtner des Waldes" trägt der Tannenhäher viel zur Naturverjüngung im Bergwald bei.

3 Eichelhäher
Garrulus glandarius

› hellblaues, schwarz gebändertes Flügelfeld
› „Wächter des Waldes"
› legt Wintervorräte an

MERKMALE 32–35 cm Körperlänge. Bunter Rabenvogel mit rötlich braunem Gefieder. Kennzeichnend sind das hellblaue, fein schwarz gebänderte Feld am Flügelbug und der schwarze Bartstreif am Kopf. **VORKOMMEN** Besiedelt Wälder, Feldgehölze, Parks und große Gärten bis in 1800 m Höhe. **LEBENSWEISE** Eichelhäher ernähren sich überwiegend pflanzlich, fressen aber auch wirbellose Tiere, Reptilien, Eier und Jungvögel. Im Spätsommer und Herbst sammeln sie Eicheln (Name!), Bucheckern und Haselnüsse in ihrem dehnbaren Kehlsack und verstecken sie als Wintervorrat in Rindenspalten oder Erdlöchern. Ein einzelner Vogel kann so mehrere Tausend Eicheln deponieren. **WISSENSWERTES** Mit seinem rätschenden, wie „krschääh" klingenden Alarmruf warnt der Eichelhäher als „Wächter des Waldes" auch andere Tiere vor Störungen. Gelegentlich imitiert er die Rufe von Spechten und Greifvögeln wie Mäusebussard und Habicht.

1

2

3

1 Neuntöter
Lanius collurio

› Hakenschnabel
› spießt seine Beute auf

MERKMALE 16–18 cm Körperlänge. Männchen mit schwarzer Augenmaske, grauem Kopf und rotbraunem Rücken, Weibchen mit braunem Scheitel und gebänderten Flanken. **VORKOMMEN** Lebt in offenen, mit Hecken und Dorngebüsch durchsetzten Weide-, Moor- und Heidelandschaften bis in 2000 m Höhe. **LEBENSWEISE** Der Neuntöter baut sein napfförmiges Nest gern in Dornbüsche (Schlehen, Weißdorn, Heckenrose). Als Insekten-, Reptilien- und Mäusejäger lauert er von einer Ansitzwarte aus auf Beute. Ist das Angebot reichlich, betreibt er Vorratshaltung und spießt seine überschüssige Beute auf Dornen und Stacheln auf. **WISSENSWERTES** Als Langstreckenzieher überwintert er in Afrika südlich der Sahara.

2 Feldlerche
Alauda arvensis

› singt minutenlang im Flug
› scheuer Bodenbewohner

MERKMALE 16–18 cm Körperlänge. Graubrauner, oberseits dunkel gestrichelter Vogel. Die kleine, stumpfe Haube am Kopf ist nur bei gesträubten Scheitelfedern sichtbar. **VORKOMMEN** Bewohnt offenes Kulturland, Wiesen und Heiden bis in 2800 m Höhe. **LEBENSWEISE** Feldlerchen verstecken ihr Nest am Boden. Sie ernähren sich von Insekten, Spinnen, Würmern und Sämereien. **WISSENSWERTES** Die Feldlerche trägt ihren Gesang – eine lange Serie rollender, trillernder und pfeifender Töne – fast ausschließlich im Singflug vor. Die Männchen steigen dazu 50 bis 150 m in die Höhe und verharren dann mit flatternden Flügeln in der Luft. Teilweise singen sie mehrere Minuten lang ohne Pause.

3 Felsenschwalbe
Ptyonoprogne rupestris

› Luftakrobat
› brütet in Felswänden

MERKMALE 14–15 cm Körperlänge. Kräftige Schwalbe mit braungrauer Oberseite, hellgrauer Unterseite und breiten, spitzen Flügeln. Kehle fein gestrichelt. **VORKOMMEN** Brütet in kleinen Kolonien in trockenen, windgeschützten Felswänden und an Gebäuden bis in 2400 m Höhe. **LEBENSWEISE** Als wahre Flugkünstler jagen Felsenschwalben mit schnellen, flachen Flügelschlägen in hohem Tempo an Felswänden entlang und pflücken mit ihren Schnäbeln Fluginsekten aus der Luft. Dabei vollführen sie abrupte Richtungswechsel, Sturzflüge und andere waghalsig wirkende Manöver. **WISSENSWERTES** Außerhalb der Brutzeit gehen Felsenschwalben häufig über Flüssen, Seen und Kleingewässern auf Beutefang.

4 Mehlschwalbe
Delichon urbicum

› brütet gern an Gebäuden
› erbeutet Insekten im Flug

MERKMALE 12–15 cm Körperlänge. Kleine Schwalbe mit weißem Bürzel und kurzem, gegabeltem Schwanz. Oberseite blauschwarz glänzend, Unterseite samt Kehle weiß. **VORKOMMEN** Lebt in Städten, Dörfern und Felsgebieten bis in 2500 m Höhe. **LEBENSWEISE** Mehlschwalben brüten meist in Kolonien. Sie kleben ihre halb- oder viertelkugeligen Lehmnester in Felsnischen oder unter Vorsprünge an der Außenseite von Gebäuden. Ihrer Beute, fliegenden Insekten, stellen sie gern in Gewässernähe nach. **WISSENSWERTES** Außerhalb der Brutzeit übernachten Mehlschwalben schwarmweise in Bäumen. Oft lassen sie sich dann tagsüber auf Leitungsdrähten sitzend beobachten. Den Winter verbringen sie in Afrika.

1a

1b

2

3

4

1 Haubenmeise
Lophophanes cristatus

› singt „zizi gürr …"
› Nadelwaldbewohnerin

MERKMALE 11–12 cm Körperlänge. Die kleine, graubraune Meise ist mit ihrer spitzen, schwarz-weißen Federhaube unverwechselbar. **VORKOMMEN** Lebt in Nadelwäldern und Mischwäldern mit hohem Nadelholzanteil bis in 2100 m Höhe. **LEBENSWEISE** Die einzelgängerisch und versteckt lebende Haubenmeise hackt ihre Bruthöhle ins morsche Holz alter Stämme und Strünke, ist also auf einen alten Baumbestand angewiesen. Im Sommer ernährt sie sich von Insekten und anderen Kleintieren, im Winter von Nadelbaumsamen. **WISSENSWERTES** Haubenmeisen sind Standvögel, die das ganze Jahr über in ihren Brutrevieren anzutreffen sind. Ans Futterhaus kommen sie seltener als andere Meisen.

2 Tannenmeise
Periparus ater

› kleinste heimische Meise
› Höhlenbrüter

MERKMALE 10–11 cm Körperlänge. Grauschwarze, kleine Meise mit schwarzer Kopfhaube, weißen Wangen und einem weißen Nackenfleck. **VORKOMMEN** Besiedelt Nadelwälder und Mischwälder mit hohem Fichtenanteil bis in 2000 m Höhe. **LEBENSWEISE** Da die Tannenmeise nur wenige Gramm wiegt, kann sie die dünnen, äußeren Zweige der Nadelbäume nach Nahrung absuchen. Im Sommer findet sie dort Insekten und Spinnen, im Winter holt sie mit ihrem spitzen Schnabel Samen aus den Zapfen heraus. **WISSENSWERTES** Herrscht Mangel an geeigneten Baumhöhlen, legen Tannenmeisen ihre Nester auch zwischen Wurzelstöcken oder in Erdlöchern an. Im Winter kommen sie gern ans Futterhäuschen.

3 Weidenmeise, Mönchsmeise
Poecile montanus

› zimmert Bruthöhle selbst
› breiter Kinnfleck

MERKMALE 12–13 cm Körperlänge. Graue Meise mit großem, schwarzem Kehlfleck und mattschwarzer Kopfhaube. Wangen komplett weiß. **VORKOMMEN** Besiedelt im Tiefland feuchte Au-, Bruch- und Moorwälder, im Bergland naturnahe Misch- und Nadelwälder sowie Latschenbestände bis über 2200 m Höhe. **LEBENSWEISE** Hackt mit dem Schnabel Bruthöhlen in alte, morsche Baumstämme und ernährt sich von Insekten, Spinnen und Pflanzensamen. **WISSENSWERTES** Die Weidenmeise hat in der Sumpfmeise eine Zwillingsart, die ihr zum Verwechseln ähnlich ist. Sie lassen sich an ihrer Stimme unterscheiden: Die Weidenmeise ruft gedehnt „zizi dää dää dää", die Sumpfmeise scharf „pi tschä".

4 Sumpfmeise
Poecile palustris

› lebt in Dauerehe
› kleiner Kehlfleck

MERKMALE 11–13 cm Körperlänge. Graue Meise mit kleinem Kehlfleck und glänzender, schwarzer Kopfhaube. Wangen vorne weiß, in Richtung Nacken verwaschen braun. **VORKOMMEN** Lebt in Laub- und Mischwäldern, Siedlungen, Parks und Gärten und brütet nur selten über 1500 m Höhe. **LEBENSWEISE** Sumpfmeisen ernähren sich im Sommer von Insekten und anderen Kleintieren, im Herbst und Winter auch von Pflanzensamen. Sie legen Nahrungsvorräte an, indem sie zum Beispiel Körner in Rindenspalten oder im Moos verstecken. **WISSENSWERTES** Bei den Sumpfmeisen binden sich die Paare dauerhaft und bleiben ganzjährig zusammen. Im Winter lassen sie sich häufig an Fütterungen beobachten.

1

2

3

4

1 Kohlmeise
Parus major

› größte heimische Meise
› ruffreudiger Kulturfolger

MERKMALE 13–15 cm Körperlänge. Größte europäische Meise mit schwarzer Kopfhaube und weißen Wangen. Über die leuchtend gelbe Bauchseite zieht sich ein schwarzes Längsband. **VORKOMMEN** Besiedelt verschiedene Waldlebensräume bis hin zu Gärten und Parks und brütet nur selten oberhalb 1500 m Höhe. **LEBENSWEISE** Höhlenbrüter, der gern Nistkästen annimmt und sich von Insekten und anderen Wirbellosen ernährt. Außerhalb der Brutzeit fressen Kohlmeisen auch Sämereien. Im Winter häufig an Futterstellen. **WISSENSWERTES** Kohlmeisen imitieren die Rufe anderer Vogelarten, etwa das „Pink" des Buchfinken, täuschend echt. Im Februar läuten sie mit ihrem „Zizi bä" den Frühling ein.

2 Blaumeise
Cyanistes caeruleus

› akrobatische Turnerin
› singt „zii-zii-tütütü"

MERKMALE 11–12 cm Körperlänge. Lebhaft gefärbte, kleine Meise mit blauem Scheitel, weißen Wangen und schwarzem Augenstrich. Rücken grün, Bauchseite gelb, Flügel und Schwanz blau. **VORKOMMEN** Lebt in Laub- und Mischwäldern, Feldgehölzen, Parks und Gärten bis in 1500 m Höhe. **LEBENSWEISE** Die in Höhlen brütenden Blaumeisen sind quirlige Akrobaten, die oft kopfüber hängend an den äußersten Zweigspitzen herumturnen. Dort jagen sie Insekten und Spinnen oder knabbern an Knospen und Blüten. Im Winterhalbjahr fressen sie auch Beeren und Sämereien. **WISSENSWERTES** In der kalten Jahreszeit tauchen Blaumeisen häufig an Fütterungen auf – oft vergesellschaftet mit anderen Meisenarten.

3 Schwanzmeise
Aegithalos caudatus

› stets in Bewegung
› baut ein Kugelnest

MERKMALE 13–15 cm Körperlänge (davon Schwanz 7–9 cm). Winziger Vogel mit rundlichem Körper und sehr langem Schwanz. Gefieder schwarz, weiß und rosa. **VORKOMMEN** Bewohnt lichte Laub- und Mischwälder, Gehölze, Parks und Gärten. Brütet bis in 1800 m Höhe. **LEBENSWEISE** Schwanzmeisen bauen kunstvolle Kugelnester, die sie mit bis zu 2000 Federn auspolstern. Sie ernähren sich von Insekten und Spinnen. Im Winter besuchen sie Futterstellen und halten sich dort ans Fettfutter. **WISSENSWERTES** Schwanzmeisen turnen bei der Futtersuche oft an dünnen Zweigen herum. Dabei dient ihnen der lange Schwanz als Balancierstange. Im Flug erinnern sie an „Federbällchen mit Stiel".

4 Kleiber
Sitta europaea

› klettert kopfvoran abwärts
› spechtartiger Schnabel

MERKMALE 12–15 cm Körperlänge. Gedrungen wirkender Vogel mit blaugrauem Rücken, orangefarbenem Bauch und schwarzem Augenstreif. **VORKOMMEN** Lebt in Parks, Gärten, Laub-, Misch-, Lärchen- und Zirbenwäldern bis in 2300 m Höhe. **LEBENSWEISE** Baumbewohnender Höhlenbrüter. Der Eingang alter Spechthöhlen wird vom Weibchen mit Lehm verkleinert (Name!). Der Kleiber ernährt sich von Insektenlarven, die er mit seinem kräftigen Schnabel aus Rindenritzen herauspickt. Nüsse werden in Spalten geklemmt und dann mit dem Schnabel aufgehackt. **WISSENSWERTES** Der Kleiber kann als einziger einheimischer Vogel nicht nur stammaufwärts, sondern auch kopfvoran abwärts klettern.

1

2a

2b

3

4

1 Berglaubsänger
Phylloscopus bonelli

› wärmeliebender Waldvogel
› ruft zweisilbig „hü-iif“

MERKMALE 11–12 cm Körperlänge. Kleiner, unscheinbar gefärbter Laubsänger mit beigefarbenem Überaugenstreif und dunkelbraunen Beinen. Flügel und Bürzel gelbgrün leuchtend, Unterseite und Kehle komplett weiß. **VORKOMMEN** Bewohnt lichte Wälder an sonnigen, trockenen Hängen bis über 2200 m Höhe. **LEBENSWEISE** Der schwer zu beobachtende Bergwaldsänger nistet am Boden. Seine Nahrung – Insekten und Spinnen – findet er vor allem im Kronenbereich. **WISSENSWERTES** Der Gesang ist ein monotoner, silbrig klingender Triller („svi-svi-svi-svi-svi-svi-svi“), der im Gegensatz zum Waldlaubsänger ohne Einleitung vorgetragen wird. Berglaubsänger überwintern im tropischen Afrika.

2 Waldlaubsänger
Phylloscopus sibilatrix

› buntester Laubsänger
› schwer zu beobachten

MERKMALE 11–13 cm Körperlänge. Laubsänger mit dunklem Augen- und gelbem Überaugenstreif. Oberseite gelbgrün, Unterseite weiß mit zitronengelber Kehle. **VORKOMMEN** Lebt in Buchen-, Eichen- und Mischwäldern bis in 1500 m Höhe. **LEBENSWEISE** Der Waldlaubsänger baut sein an einen Backofen erinnerndes Nest mit seitlichem Eingang am Boden. Er stellt Spinnen und Insekten im Kronenbereich der Bäume nach. **WISSENSWERTES** Im Gegensatz zum Berglaubsänger wird der Gesang mit einigen Zip-Lauten eingeleitet, ehe er in den Triller übergeht („zip zip zip-zip-zip-zwürrrrr“). Waldlaubsänger lassen sich von April bis September in den Alpen beobachten. Sie überwintern im tropischen Afrika.

3 Zilpzalp
Phylloscopus collybita

› unser kleinster Laubsänger
› ständig in Bewegung

MERKMALE 10–12 cm Körperlänge. Kleiner, bräunlich bis olivgrün gefärbter Laubsänger mit dunklen Beinen und schwach ausgeprägtem Überaugenstreif. **VORKOMMEN** Brütet in Laub- und Mischwäldern, Gehölzen, Gärten und Parks bis in 2100 m Höhe. **LEBENSWEISE** Beim Zilpzalp ist Nestbau Frauensache: Das Weibchen baut das kugelförmige Nest gern in die Krautschicht. Insekten und anderen Kleintieren wird hüpfend und flatternd nachgestellt – dabei steht der Vogel manchmal wie ein Kolibri in der Luft. **WISSENSWERTES** Der Zilpzalp lässt sich vom Fitis durch seinen namensgebenden Gesang („zilp zalp zilp zalp zelp zilp“) unterscheiden. Zudem schlägt er den Schwanz häufig deutlich abwärts.

4 Fitis, Fitislaubsänger
Phylloscopus trochilus

› rastloser Insektenjäger
› überwintert in Afrika

MERKMALE 11–13 cm Körperlänge. Gelbgrün gefärbter Laubsänger mit fleischfarbenen Beinen, zartgelber Brust und schmutzigweißem Bauch. Heller Überaugenstreif und dunkler Augenstreif sind recht deutlich ausgeprägt. **VORKOMMEN** Lebt in lichten, buschreichen Wäldern, Feldgehölzen, Feuchtgebieten, Parks und Gärten der Alpennordseite bis in 1700 m Höhe. **LEBENSWEISE** Der lebhafte Fitis brütet am Boden. Bei der Jagd nach Insekten und Spinnen hetzt er rastlos durch das Blätterwerk der Baumkronen. **WISSENSWERTES** Der etwas wehmütig klingende Gesang besteht aus einer abfallenden Folge weicher Pfeiftöne, wie zum Beispiel „sisisi-wüii-wüii-wüii swi swi swi tuui tuui si-si-si-swii-sü“.

1

2

3

4

1 Gartengrasmücke
Sylvia borin

› plätschernder Gesang
› ruft hart „tschäck-tschäck …"

MERKMALE 13–14 cm Körperlänge. Unauffällige, graubraune Grasmücke mit dickem, kurzem Schnabel und grauen Halsseiten. Dunkles Auge mit hellem Augenring. **VORKOMMEN** Bewohnt gebüschreiche Wälder, verwilderte Gärten, Gehölze mit dichter Strauchschicht, Feuchtgebiete und Grünerlengebüsche bis über 2100 m Höhe. **LEBENSWEISE** Die schwer zu beobachtende Gartengrasmücke versteckt ihr Nest gern im dichten Buschwerk. Sie ernährt sich überwiegend von Insekten und anderen Wirbellosen, im Sommer und Herbst auch von Beeren und Früchten. **WISSENSWERTES** Die Gartengrasmücke hält sich von Mai bis September in den Alpen auf, den Winter verbringt sie südlich der Sahara in Afrika.

2 Klappergrasmücke
Sylvia curruca

› typische Klapperstrophe
› überwintert in Nordostafrika

MERKMALE 12–14 cm Körperlänge. Kompakte, kurzschwänzige Grasmücke mit graubraunem Rücken, weißgrauem Bauch und weißer Kehle. Kennzeichnend sind der graue Kopf mit den dunklen Wangen und die grauschwarzen Beine. **VORKOMMEN** Besiedelt gebüsch- und heckenreiche Landschaften, Parks und Gärten, Bergwälder, Grünerlengebüsche, Latschenbestände und Zwergstrauchheiden bis in 2300 m Höhe. **LEBENSWEISE** Die sehr versteckt lebende Klappergrasmücke baut ihr napfförmiges Nest in niedrige Sträucher und Nadelbäume. Neben Insekten und anderen Kleintieren stehen im Herbst auch Beeren auf ihrem Speiseplan. **WISSENSWERTES** Typisch ist der monotone, klappernde Gesang („tell-tell-tell …").

3 Mönchsgrasmücke
Sylvia atricapilla

› auffällige Kopfplatte
› ruft hart „täck"

MERKMALE 13–15 cm Körperlänge. Männchen mit grauem Gefieder und schwarzer Kopfplatte, Weibchen graubraun mit rotbrauner Kopfplatte. **VORKOMMEN** Lebt in Wäldern aller Art, Parks und Gärten bis in 1800 m Höhe. **LEBENSWEISE** Das Männchen baut mehrere Spielnester ins Gebüsch, von denen das Weibchen eins auswählt und dann fertig baut. Mönchsgrasmücken fressen Insekten, im Herbst auch Beeren und Früchte. **WISSENSWERTES** Die Mönchsgrasmücke zählt zu den häufigsten Brutvögeln Mitteleuropas. Der melodische Gesang wird meist aus der Deckung heraus vorgetragen. Er beginnt mit einem leisen, schwätzenden Vorgesang und geht dann in klare, am Ende wehmütig klingende Flötentöne über.

4 Star
Sturnus vulgaris

› singt mit rudernden Flügeln
› begabter Imitator

MERKMALE 19–22 cm Körperlänge. Im Brutkleid schimmert das schwarze Gefieder des Stars grün-violett, der Schnabel ist gelb. Im Schlichtkleid ist das Gefieder glanzlos mit weißen Flecken, der Schnabel dunkel. **VORKOMMEN** Besiedelt Kulturland, Gärten, Parks und Wälder bis in 2100 m Höhe. **LEBENSWEISE** Der Star brütet in Baumhöhlen, Gebäudenischen oder Nistkästen und geht auf Äckern, Wiesen und Weiden auf die Suche nach Insekten und Würmern. Je nach Jahreszeit frisst er auch Samen, Beeren und Früchte. **WISSENSWERTES** Als talentierte Sänger imitieren Stare andere Vögel und ahmen Umweltgeräusche nach. Außerhalb der Brutzeit übernachten die geselligen Tiere oft in großen Schwärmen.

1

2

3a

3b

4a

4b

1 Wintergoldhähnchen
Regulus regulus

› kleinster Vogel Europas
› hüpft rastlos in Baumkronen herum
› ruft hoch und fein „sri-sri-sri"

MERKMALE 8–9 cm Körperlänge. Winziger Singvogel mit rundlichem Körper, olivgrüner Oberseite und schmutzig weißer Unterseite. Beim Männchen ist der schwarz eingefasste Scheitelstreif orangegelb, beim Weibchen gelb. Die schwarzen Knopfaugen sind hell umrandet. **VORKOMMEN** Brütet in Nadel- und Mischwäldern, insbesondere in alten Fichten- und Tannenbeständen bis in 2200 m Höhe. **LEBENSWEISE** Die kleinen Vögel sind ständig in Bewegung. Geschickt zwischen den Zweigen turnend suchen sie unermüdlich nach Blattläusen und Springschwänzen. Im Frühling fressen sie auch Pollen und Nektar. Im Winter besuchen sie Futterhäuschen – oft vergesellschaftet mit Meisen. **WISSENSWERTES** Winter- und Sommergoldhähnchen sind die kleinsten Vogelarten Europas. Die beiden Winzlinge wiegen gerade einmal 5–8 Gramm. Von den beiden Arten ist das Wintergoldhähnchen besser an kalte Temperaturen angepasst.

2 Sommergoldhähnchen
Regulus ignicapilla

› winziger Singvogel
› weißer Überaugenstreif
› ständig in Bewegung

MERKMALE 9–10 cm Körperlänge. Sehr kleiner, rundlicher Vogel, der sich durch den kräftigen, weißen Überaugenstreif, den schwarzen Augenstreif und die lebhaftere Kopffärbung vom nahe verwandten Wintergoldhähnchen unterscheidet. **VORKOMMEN** Lebt in Laub-, Misch- und Nadelwäldern, Gärten und Parks bis in 1800 m Höhe. **LEBENSWEISE** Das lebhafte und recht zutrauliche Sommergoldhähnchen sammelt mit seinem spitzen Schnabel kleine Beutetiere wie Insekten, Springschwänze und Spinnen von Ästen und Zweigen ab. **WISSENSWERTES** Sommergoldhähnchen ziehen im Herbst größtenteils Richtung Süden und überwintern im Mittelmeerraum. Ihr Gesang ist fein, hoch und schnell und wird in etwa gleichbleibender Tonhöhe vorgetragen („zü-zi-zi-zi-zi-zi-zi-zirr"). Im Gegensatz dazu enthält der Gesang der Wintergoldhähnchen rhythmische, an- und abschwellende Elemente („siedli-i siedli-i siedli-i siedli-i-didl-iio").

3 Zaunkönig
Troglodytes troglodytes

› klein, aber stimmgewaltig
› rundlich mit Stummelschwanz
› versteckt sich im Gebüsch

MERKMALE 9–11 cm Körperlänge. Winziger, fein gebänderter Singvogel mit rotbrauner Oberseite und bräunlich weißer Unterseite. Der kurze Schwanz wird beim Sitzen oft steil aufgerichtet. **VORKOMMEN** Bewohnt Gärten und Parks, Wälder mit dichtem Unterholz sowie offene, mit Gebüsch bestandene Landschaften bis über 2400 m Höhe. **LEBENSWEISE** Der Zaunkönig versteckt sein kunstvolles Nest, einen geschlossenen Bau aus Moos mit seitlichem Einflugloch, gern in Bodennähe. Bei der Suche nach Insekten und anderen Kleintieren huscht er fast wie eine Maus durchs Gebüsch. Sein geradliniger, bodennaher Schwirrflug führt meist nur über wenige Meter. **WISSENSWERTES** Obwohl der Zaunkönig zu den kleinsten Vögeln Europas zählt, ist er unüberhörbar: Sein schmetternder, metallisch klingender Reviergesang ist ungewöhnlich kräftig und laut. Bei Erregung ruft er hart schnalzend „zeck" oder ratternd „zerrrr".

1

2

3

1 Mauerläufer
Tichodroma muraria

- geschickter Felskletterer
- exotisch wirkende Flügelzeichnung
- flattert ständig mit den Flügeln

MERKMALE 15–17 cm Körperlänge. Der größtenteils graue Gebirgsvogel ist mit seinem langen, dünnen Schnabel und den besonders im Flug auffallenden, rot-schwarz-weiß gefärbten Flügeln unverwechselbar. Männchen im Prachtkleid mit schwarzer Kehle. **VORKOMMEN** Lebt in steilen, reich strukturierten Fels- und Schluchtwänden mit etwas Bewuchs bis über 3000 m Höhe. **LEBENSWEISE** Der Mauerläufer baut sein flaches Nest in Felsspalten. Bei der Suche nach Insekten und Spinnen sucht der geschickte Felskletterer jede Ritze ab. Oft flattert er dabei schmetterlingsähnlich an den steilen Wänden entlang. **WISSENSWERTES** Zum Überwintern suchen Mauerläufer oft Felswände und Steinbrüche in tieferen Lagen auf. Manchmal lassen sie sich während der kalten Jahreszeit auch an Kirchen, Ruinen oder Stadtmauern beobachten. Außerhalb der Brutzeit wurde der Mauerläufer in den Alpen schon auf 4500 m Höhe gesichtet.

2 Waldbaumläufer
Certhia familiaris

- gut getarnter Waldbewohner
- klettert spiralförmig an Stämmen empor
- kommt im Winter ans Futterhaus

MERKMALE 12–14 cm Körperlänge. Kleiner Waldvogel mit brauner, hell gesprenkelter Oberseite und reinweißer Unterseite. Schnabel etwas kürzer und Überaugenstreif etwas deutlicher als beim sehr ähnlichen Gartenbaumläufer *(Certhia brachydactyla)*. **VORKOMMEN** Brütet vor allem in Nadelwäldern, seltener auch in Mischwäldern mit altem Baumbestand bis in 2300 m Höhe. **LEBENSWEISE** Bei der Suche nach Insekten und Spinnen klettert der Waldbaumläufer ruckartig und spiralförmig an Baumstämmen empor. Seine Beute pickt er mit seinem langen, dünnen Schnabel geschickt aus den Rindenritzen. **WISSENSWERTES** Der Gesang des Waldbaumläufers ist länger (2–3 s) und leiser als beim Gartenbaumläufer und endet mit einem abfallenden Triller. Der vor allem in Laubwäldern, Gärten und Parks vorkommende Gartenbaumläufer macht sich mit einer kurzen, am Ende ansteigenden Pfeifstrophe („tüt-tüt-titeroi-sri") bemerkbar.

3 Wasseramsel
Cinclus cinclus

- lebt an Fließgewässern
- sucht tauchend nach Nahrung
- kann 30 s lang unter Wasser bleiben

MERKMALE 17–20 cm Körperlänge. Kompakt gebauter Vogel mit braunschwarzem Gefieder, weißer Brust, rotbraunem Bauch und kurzem Schwanz. **VORKOMMEN** Bewohnt schnell fließende, klare Bäche und Flüsse bis in 2200 m Höhe. **LEBENSWEISE** Als einziger europäischer Singvogel, der schwimmen und tauchen kann, ist die Wasseramsel perfekt ans Leben im und am Gebirgsbach angepasst. Bei der Suche nach Insektenlarven, Bachflohkrebsen und anderen kleinen Wassertieren steckt sie ihren Kopf ins Wasser und dreht mit dem Schnabel Steinchen um. Ist das Wasser tiefer, geht sie schwimmend, tauchend oder über den Gewässergrund laufend auf Nahrungssuche. **WISSENSWERTES** Wasseramseln fliegen im geradlinigen Schwirrflug dicht über die Wasseroberfläche und lassen sich häufig dabei beobachten, wie sie knicksend auf größeren Steinen im Bachbett stehen. Ihre kugelförmigen Nester aus Moos bauen sie in unmittelbarer Gewässernähe.

1

2

3

1 Singdrossel
Turdus philomelos

› flötender Gesang
› pfeilförmige Bauchflecken

MERKMALE 20–23 cm Körperlänge. Kleine, kurzschwänzige Drossel mit braunem Rücken. Zahlreiche, pfeilspitzenförmige Flecken bedecken die gelblich-weiße Unterseite. **VORKOMMEN** Lebt in Wäldern, Parks und Gärten bis in 2200 m Höhe. **LEBENSWEISE** Die versteckt lebende Singdrossel ernährt sich von Insekten, Würmern und anderen Wirbellosen, in der kalten Jahreszeit auch von Beeren und Früchten. Gehäuseschnecken packt sie mit ihrem Schnabel und schlägt sie an einem Stein auf („Drosselschmiede"). **WISSENSWERTES** Die Singdrossel trägt ihren Namen zu Recht: Ihr flötender Gesang ist äußerst wohlklingend und abwechslungsreich. Einzelne Phrasen werden meist zwei- bis viermal wiederholt.

2 Misteldrossel
Turdus viscivorus

› kräftig gebaute Drossel
› Bauch mit runden Flecken

MERKMALE 26–29 cm Körperlänge. Größte europäische Drossel. Rücken braun, Unterseite weißlich mit zahlreichen runden Flecken. **VORKOMMEN** Brütet in lichten Wäldern, sowie in Gärten und Parks mit hochstämmigen Bäumen bis in 2300 m Höhe. **LEBENSWEISE** Misteldrosseln sind Allesfresser, die einen Großteil ihrer Nahrung (Würmer, Insekten) auf dem Boden finden. Ihre Nester bauen sie gern in größerer Höhe in eine Astgabel. **WISSENSWERTES** Im Herbst entwickeln Misteldrosseln eine Vorliebe für die Früchte der Mistel. Die Vögel scheiden die unverdaulichen Mistelkerne nach einiger Zeit wieder aus und sorgen so für die Verbreitung der zu kugeligen Büscheln heranwachsenden Pflanze.

3 Wacholderdrossel
Turdus pilaris

› dreifarbiges Obergefieder
› „Kotbomber"

MERKMALE 22–27 cm Körperlänge. Große, lebhaft gefärbte Drossel; am grauen Kopf, Nacken und Bürzel eindeutig bestimmbar. **VORKOMMEN** Besiedelt lichte Wälder, halboffene Landschaften, Parks und Gärten bis in 2400 m Höhe. **LEBENSWEISE** Die Wacholderdrossel legt ihr napfförmiges Nest hoch in den Bäumen an und brütet meist in kleinen, lockeren Kolonien. Sie frisst Insekten, Würmer, Beeren und Früchte. **WISSENSWERTES** Wacholderdrosseln sind angriffslustige, wehrhafte Vögel. Krähen und Greifvögel werden mit wildem Gezeter im Flug attackiert und zur Abwehr mit Kot bespritzt. Im Extremfall verklebt das Gefieder der Opfer so stark, dass sie nicht mehr fliegen können und verenden.

4 Amsel
Turdus merula

› Kulturfolger
› „Schwarzdrossel"

MERKMALE 23–29 cm Körperlänge. Weibchen bräunlich mit diffuser Brustfleckung, Männchen schwarz mit gelbem Schnabel und gelbem Augenring. **VORKOMMEN** Bewohnt Wälder, halboffene Landschaften, Dörfer und Städte bis über 2000 m Höhe. **LEBENSWEISE** Ursprünglich ein scheuer Waldvogel, profitiert die Amsel als Kulturfolgerin von der Nähe des Menschen. In Gärten und Parks finden „Stadtamseln" gute Brutbedingungen und ein üppiges Nahrungsangebot. Sie fressen neben Würmern und Insekten auch Beeren und Obst. **WISSENSWERTES** Die ruffreudige Amsel singt sehr melodisch. Männchen tragen ihren flötenden Reviergesang gern von Baumwipfeln oder anderen hohen Warten aus vor.

1

2

3

4a

4b

1 Ringdrossel
Turdus torquatus

› „Amsel der Berge"
› weißes Brustband
› Warnruf „Tak-tak-tak"

MERKMALE 24–27 cm Körperlänge. Amselgroße Drossel mit grauschwarzem Gefieder und weißem Brustband. Der gelbe Schnabel hat eine dunkle Spitze. **VORKOMMEN** Brütet in lichten Bergnadelwäldern und in der Krummholzzone bis in 2400 m Höhe. **LEBENSWEISE** Während der Jungenaufzucht im Frühling und Frühsommer lassen sich die Altvögel oft auf Bergwiesen beobachten: Sie suchen dort nach Würmern und Insekten, um ihren Nachwuchs zu füttern. Im Herbst fressen sie Beeren und Früchte. Den Winter verbringt der größte Teil der alpinen Population im westlichen Mittelmeerraum. **WISSENSWERTES** In Europa kommen zwei Unterarten der Ringdrossel vor: Im Alpenraum lebt die Unterart *alpestris*, die sich durch ihre hell geschuppte Unterseite von der nordischen Unterart *torquatus* unterscheidet. Nordische Ringdrosseln ziehen im Frühling und im Herbst durch Mitteleuropa und lassen sich dann auch im Alpenraum beobachten.

2 Alpenbraunelle
Prunella collaris

› Hochgebirgsvogel
› rostbraune Flanken
› lerchenartiger Gesang

MERKMALE 15–18 cm Körperlänge. Kräftig gebauter Vogel mit grauem Kopf, weißer, fein schwarz gefleckter Kehle und rostbraunen Flanken. Der spitze Schnabel ist an der Basis gelb. **VORKOMMEN** Bewohnt felsdurchsetzte Matten und Berghänge bis in 3000 m Höhe. Hält sich gern an Berghütten und Liftanlagen auf. **LEBENSWEISE** Alpenbraunellen legen ihre Nester aus Moosen und Halmen in Felsspalten oder Bodenmulden an. Sie ernähren sich im Sommer von Insekten und anderen Kleintieren, im Winter von Sämereien. Teilweise werden sie recht zutraulich und suchen in der Nähe von Hütten nach Essensresten. Im Winter tauchen sie gelegentlich an Futterstellen auf. **WISSENSWERTES** Die Männchen tragen ihren lerchenartigen, trällernden Gesang am Boden, auf Sitzwarten oder im Singflug vor. Außerhalb der Brutzeit schließen sich Alpenbraunellen gern zu kleineren Trupps zusammen, die einige Dutzend Vögel umfassen können.

3 Heckenbraunelle
Prunella modularis

› scheu und unscheinbar
› spatzenähnliches Gefieder
› huscht mausartig umher

MERKMALE 13–15 cm Körperlänge. Schlanker Vogel mit braunem, schwarz gestreiftem Gefieder und dunklem, dünnem Schnabel. Brust und Teile des Kopfes sind grau gefärbt. **VORKOMMEN** Bewohnt Gärten, Parks, Nadel- und Mischwälder mit viel Unterwuchs sowie die Krummholzzone bis über 2500 m Höhe. **LEBENSWEISE** Mit ihrem Tarngefieder und ihrer versteckten Lebensweise lässt sich die vielerorts häufige Heckenbraunelle nur schwer entdecken. Sie hält sich die meiste Zeit im dichten Gebüsch verborgen und verrät sich am ehesten während des Reviergesangs, der oft von einer Singwarte aus vorgetragen wird. Die Vögel fressen vor allem Insekten, im Winter auch Sämereien. **WISSENSWERTES** Heckenbraunellen gehen oft am Boden auf Nahrungssuche. Werden sie dabei gestört, huschen sie wie eine Maus schnell in Deckung. Ihre napfförmigen Nester legen sie im Dickicht versteckt in Bodennähe an.

1

2

3

1 Steinrötel
Monticola saxatilis

› Vogel der hohen Gebirgslagen
› Männchen mit leuchtendem Brutkleid
› flötender, melodischer Gesang

MERKMALE 17–20 cm Körperlänge. Männchen im Prachtkleid mit blaugrauem Kopf, rostroter Unterseite und weißem Rückenfleck. Weibchen und Männchen im Schlichtkleid bräunlich gefärbt und dunkel gebändert. Typisch ist der kurze, rostrote Schwanz. **VORKOMMEN** Bewohnt steile, sonnige Felshänge, Blockschutthalden und steinige alpine Matten bis in 2400 m Höhe. **LEBENSWEISE** Der seltene Steinrötel ist ein scheuer, einzelgängerisch lebender Vogel, der sein Bodennest in einer Felsspalte oder unter einem Steinblock versteckt. Er ernährt sich überwiegend von Insekten und anderen Wirbellosen, denen er am Boden nachstellt. **WISSENSWERTES** Die Männchen tragen ihren melodischen Gesang im wellenförmigen Singflug oder von einer Sitzwarte aus vor. Steinrötel lassen sich in den Alpen zwischen April und September beobachten. Als Langstreckenzieher überwintern sie größtenteils in Afrika südlich der Sahara.

2 Steinschmätzer
Oenanthe oenanthe

› Bodenvogel der Berge
› Gesang schnell, zwitschernd und knirschend
› ruft hart „täk"

MERKMALE 14–17 cm Körperlänge. Beide Geschlechter mit hellem Überaugenstreif und schwarzweißer Schwanzzeichnung, Männchen zusätzlich mit schwarzer Augenmaske. Im Prachtkleid sind Scheitel und Rücken des Männchens aschgrau, die Flügel schwarz gefärbt. **VORKOMMEN** Brütet in offenen, steinigen Landschaften mit kurzer Pflanzendecke bis in 2800 m Höhe. **LEBENSWEISE** Der Steinschmätzer baut seine napfförmigen Bodennester gern in Nischen, Löcher oder Steinhaufen. Häufig steht er in aufrechter Körperhaltung auf Felsen oder anderen Sitzwarten und beobachtet seine Umgebung. Er stellt vor allem Insekten und anderen kleinen Bodentieren nach. **WISSENSWERTES** Im Flug sticht bei beiden Geschlechtern die typische Schwanzzeichnung – ein auf dem Kopf stehendes, schwarzes „T" auf weißem Grund – besonders ins Auge. Der zierliche Singvogel fliegt zum Überwintern bis nach Afrika südlich der Sahara.

3 Grauschnäpper
Muscicapa striata

› fängt Insekten im Flug
› pinzettenartiger Schnabel
› zuckt in Sitzposition mit Flügeln und Schwanz

MERKMALE 13–15 cm Körperlänge. Graubrauner, unscheinbarer Vogel mit gestrichelter Stirn und gestrichelter Brust. Die großen, hervorstechenden Augen und die Beine sind schwarz. **VORKOMMEN** Brütet in lichten Wäldern, Baumgruppen, Parks und Gärten bis in 2000 m Höhe. **LEBENSWEISE** Der Grauschnäpper baut sein mit Moos oder Tierhaaren weich ausgepolstertes Nest in Halbhöhlen und Nischen. Als Ansitzjäger lauert er von einer Warte aus auf Beute. Kommt ein Fluginsekt in sein Blickfeld, startet er einen kurzen Verfolgungsflug und kehrt dann wieder zu seinem Sitzplatz zurück. Manchmal steht er beim Insektenfang auch rüttelnd in der Luft. **WISSENSWERTES** Die Langstreckenzieher lassen sich von April bis September in den Alpen beobachten. Den Winter verbringen sie im tropischen und südlichen Afrika. Der leise Gesang des Grauschnäppers besteht aus einer kurzen Folge hoher, rauer Laute („zizi-sri-zrü-tsr …").

1

2a

2b

3

1 Zwergschnäpper
Ficedula parva

- kleinster europäischer Schnäpper
- jagt Fluginsekten in den Baumkronen
- Männchen mit roter Kehle

MERKMALE 11–12 cm Körperlänge. Winziger Vogel mit schwarz-weißem Schwanz und einem hellen Ring ums dunkle Auge. Sein Gefieder ist oberseits braun, unterseits weißlich. Alte Männchen mit orangeroter Kehle und grauem Kopf. **VORKOMMEN** Lebt in naturnahen, alten Laub- und Mischwäldern im westlichen Teil der Alpen bis in 1600 m Höhe. **LEBENSWEISE** Zwergschnäpper lieben schattige, feuchte und strukturreiche Waldbereiche mit dichtem Kronendach. Dort stellen sie Insekten nach, die sie meist im Schwirr- oder Jagdflug erbeuten. Ihre Moosnester bauen sie gern in tiefe Astgabeln oder Halbhöhlen. **WISSENSWERTES** Die kleinen, stimmfreudigen Vögel lassen sich eher hören als sehen. Ihr dreiteiliger Gesang klingt etwas wehmütig und endet mit einer Folge abfallender Töne („tjü tjü tu to ta"). Zwergschnäpper verbringen nur den Sommer in den Alpen. Im Winter ziehen sie nach Osten bis nach Pakistan und Indien.

2 Hausrotschwanz
Phoenicurus ochruros

- Kulturfolger
- ruft hart „fist täk-täk-täk"
- knickst häufig und zittert mit dem Schwanz

MERKMALE 13–15 cm Körperlänge. Zierlicher Vogel, der ständig mit seinem rostroten Schwanz zittert. Alte Männchen grauschwarz mit weißem Flügelfleck. Weibchen und junge Männchen graubraun. **VORKOMMEN** Bewohnt menschliche Siedlungen und offenes, mit Felsen durchsetztes Bergland bis in 3200 m Höhe. **LEBENSWEISE** Der Hausrotschwanz baut sein Nest in Felsspalten, Mauernischen oder auf Dachbalken. Er ernährt sich von Insekten und Spinnen, im Herbst auch von Beeren. Die Männchen tragen ihren gepressten, kratzigen Gesang teils schon vor der Morgendämmerung von einer Warte aus vor. **WISSENSWERTES** Als ursprünglicher Felsbewohner zählt der Hausrotschwanz zu den am höchsten brütenden Singvögeln Europas. Seit dem 19. Jahrhundert ist er auch in Dörfern und Städten des Flachlandes ein vertrauter Anblick. Dort nutzt er Gebäude als felsenähnliche Ersatzlebensräume. Der Zugvogel überwintert im Mittelmeerraum.

3 Gartenrotschwanz
Phoenicurus phoenicurus

- farbenfrohes Männchen
- ruft weich pfeifend „hüit"
- scheuer Höhlenbrüter

MERKMALE 13–15 cm Körperlänge. Schlanker Vogel mit rostrotem Schwanz. Das Männchen schmückt sich im Prachtkleid mit schwarzer Kehle, orangeroter Unterseite und weißer Stirn, Scheitel und Mantel sind grau. Das Gefieder des Weibchens ist bräunlich mit heller Unterseite. **VORKOMMEN** Brütet in lichten Wäldern mit altem Baumbestand, Parks und Gärten bis in 2200 m Höhe. **LEBENSWEISE** Der Gartenrotschwanz nistet in Baumhöhlen und Nistkästen und hält sich meist im dichten Blattwerk der Bäume versteckt. Ähnlich wie der Hausrotschwanz zittert er ständig mit dem Schwanz und ernährt sich von Insekten, Spinnen und Beeren. **WISSENSWERTES** In den Alpen ist der Gartenrotschwanz ein reiner Sommervogel. Als Langstreckenzieher überwintert er in den Savannen West- und Zentralafrikas. Sein Gesang ist eine kurze, weiche Strophe, die meist mit der Phrase „sih-trüi-trüi-trüi" beginnt, danach aber stark variieren kann.

1

2a

2b

3a

3b

1 Braunkehlchen
Saxicola rubetra

› liebt niedrige Sitzwarten
› wippt häufig mit dem Schwanz
› warnt scharf „jü teck"

MERKMALE 12–14 cm Körperlänge. Kleiner, kurzschwänziger Vogel mit hellem Überaugenstreif und brauner, stark gestreifter Oberseite. Männchen mit orangeroter Kehle und Brust. **VORKOMMEN** Bewohnt reich strukturierte, extensiv bewirtschaftete Wiesen und Weiden, Hochstaudenfluren und Feuchtgebiete bis in 2300 m Höhe. **LEBENSWEISE** Braunkehlchen verstecken ihre Bodennester gut getarnt in der Vegetation. Häufig sitzen sie auf erhöhten Warten wie Stauden, Büschen, Felsen oder Zaunpfählen. Von dort gehen sie auf Insekten- und Spinnenjagd oder tragen ihren abwechslungsreichen Gesang vor, der aus rauen, knirschenden und flötenden Elementen besteht. **WISSENSWERTES** Auf ihren Sitzwarten nehmen Braunkehlchen eine sehr aufrechte Haltung ein, knicksen häufig und wippen oft mit dem Schwanz. In den Alpen lassen sie sich von Mai bis September beobachten. Als Langstreckenzieher überwintern sie im tropischen Afrika.

2 Rotsterniges Blaukehlchen
Luscinia svecica

› Männchen mit blauer Kehle
› ruft trocken und hart „track"
› seltener Brutvogel der Alpen

MERKMALE 13–14 cm Körperlänge. Kleiner Singvogel mit hellem Überaugenstreif und rostroten Bereichen an den Schwanzseiten. Weibchen unscheinbar braun, Männchen im Prachtkleid mit blauer Kehle. Die in den Alpen und Nordeuropa vorkommende Unterart *svecica* hat einen roten Fleck in der blauen Kehle, die mitteleuropäische Unterart *cyanecula* trägt einen weißen Fleck. **VORKOMMEN** Weißsternige Blaukehlchen besiedeln vor allem feuchte, nasse Lebensräume, rotsternige Exemplare leben in Mooren, Blocksteinhalden, Zwergstrauchheiden und Latschengürteln bis in 2100 m Höhe. **LEBENSWEISE** Blaukehlchen bauen ihr napfförmiges Nest am Boden. Sie ernähren sich von Insekten, im Herbst auch von Beeren und Früchten. **WISSENSWERTES** In den Alpen brütet nur eine kleine Population des Rotsternigen Blaukehlchens. Während der Zugzeiten lassen sich allerdings beide Unterarten in den Bergen bei der Rast beobachten.

3 Rotkehlchen
Erithacus rubecula

› beide Geschlechter mit rostroter Kehle
› ruft kurz und hart „tick"
› lebt einzelgängerisch

MERKMALE 12–14 cm Körperlänge. Kleiner, brauner, etwas pummelig wirkender Vogel mit orangeroter Brust, Kehle und Stirn. Hüpft oft schnell und ruckartig mit hängenden Flügeln über den Boden, knickst dabei immer wieder und stelzt den Schwanz auf. **VORKOMMEN** Lebt in Wäldern, Feldgehölzen, Hecken, Parks und Gärten bis in 2100 m Höhe. **LEBENSWEISE** Rotkehlchen finden ihre Nahrung überwiegend am Boden. Sie ernähren sich von Insekten, Würmern und anderen Wirbellosen. Im Spätsommer und Herbst fressen sie auch Beeren und weiche Früchte, im Winter Haferflocken am Futterhaus. Ihre tiefen Napfnester verstecken sie gern in Bodennähe im dichten Gestrüpp, in Baumhöhlen oder unter Wurzeln. **WISSENSWERTES** Ein Teil der Rotkehlchen-Population überwintert im Mittelmeerraum, der Rest zieht nicht. Der melancholische Gesang der Männchen ist recht variabel. Die Weibchen singen ebenfalls, aber kürzer.

1a

1b

2

3

1 Bergpieper
Anthus spinoletta

› Vogel der Bergwiesen
› sitzt gern auf Felsen
› ruft im Flug dünn „fist"

MERKMALE 15–17 cm Körperlänge. Graubrauner Pieper mit weißer, gestrichelter Unterseite, weißem Überaugenstreif und dunklen Beinen. Im sommerlichen Prachtkleid mit rosa überhauchter, kaum gestrichelter Brust, weißem Bauch und grauem Kopf. Wellenförmiger Flug. **VORKOMMEN** Besiedelt felsdurchsetzte alpine Rasen oberhalb der Baumgrenze bis in 3000 m Höhe. Lebt unterhalb der Baumgrenze auf offenen, kurzgrasigen Alpflächen. **LEBENSWEISE** Bergpieper brüten in einer mit Gras ausgelegten Mulde am Boden. Sie ernähren sich von Insekten und Spinnen, denen sie auf kurzrasigen Bergwiesen nachstellen. Im Winter fressen sie auch Sämereien. **WISSENSWERTES** Der Bergpieper trägt seinen abwechslungsreichen Gesang häufig im Singflug vor, wobei er bereits in der Aufstiegsphase mit dem Singen beginnt und meist erst nach der Landung damit endet. Im Oktober verlässt er sein Revier, um in tieferen Lagen zu überwintern.

2 Baumpieper
Anthus trivialis

› hält sich gern in Bäumen auf
› ruft im Flug rau „psiet"
› Singflug mit „Fallschirmlandung"

MERKMALE 14–16 cm Körperlänge. Oberseits braun gestreifter Pieper mit kräftig gestrichelter, gelbbeiger Brust, weißem Bauch und rötlichen Beinen. Der Schnabel ist etwas kräftiger als beim ähnlichen Wiesenpieper *(Anthus pratensis)*. **VORKOMMEN** Bewohnt offene Wälder, Waldränder, Lichtungen sowie Wiesen und Weiden mit Baumbestand bis in 2300 m Höhe. **LEBENSWEISE** Der Baumpieper baut sein napfförmiges Nest am Boden und ernährt sich von Insekten. Als Langsteckenzieher überwintert er in den Savannen West- und Ostafrikas. **WISSENSWERTES** Der laut schmetternde Gesang wird oft im Singflug vorgetragen. Dabei steigt der Baumpieper zunächst mit kräftigen Flügelschlägen von einem Baum aus in die Höhe, ehe er mit hängenden Beinen fallschirmartig abwärts gleitet, um wieder auf einer Baumspitze, einem Ast oder Zaunpfahl zu landen. Bei Berg- und Wiesenpiepern endet der Singflug hingegen auf dem Boden.

3 Haussperling
Passer domesticus

› geselliger Kulturfolger
› ständig am Lärmen und Tschilpen
› brütet in Kolonien

MERKMALE 14–16 cm Körperlänge. Robust gebauter Vogel mit schwarz gestreiftem, braunem Mantel und kräftigem Schnabel. Das Männchen hat einen grauen Scheitel und schmückt sich im Prachtkleid mit einer schwarzen Kehle, das Weibchen ist unscheinbar graubraun. **VORKOMMEN** Lebt in Dörfern und Städten und brütet in den Alpen lokal bis in 2300 m Höhe. **LEBENSWEISE** Als Kulturfolger ist der häufig in Schwärmen auftretende Haussperling eng an menschliche Gesellschaft gebunden. Er brütet meist in kleinen Kolonien und baut sein kugelförmiges Nest in Gebäudenischen, unter Dächern oder in Baumhöhlen. Auf dem Speiseplan stehen neben Sämereien auch Insekten und Haushaltsabfälle. **WISSENSWERTES** Haussperlinge sind sehr stimmfreudig und unablässig am Tschilpen. In Teilen der Südalpen werden sie durch den ähnlichen Italiensperling *(Passer italiae)* vertreten. Dessen Männchen tragen einen rotbraunen Scheitel.

1a

1b

2

3a

3b

1 Schneesperling
Montifringilla nivalis

› Spatz des Hochgebirges
› auch „Schneefink“ genannt
› tschilpender, quäkender Gesang

MERKMALE 16–19 cm Körperlänge. Großer, lang gestreckter Sperling mit grauem Kopf, braunem Rücken und schmutzigweißem Bauch. Im Flug fallen die weißen Flügelfelder und die weißen Schwanzkanten besonders auf. Männchen im Prachtkleid mit schwarzer Kehle und schwarzem Schnabel. **VORKOMMEN** Lebt oberhalb der Baumgrenze auf steinigen Matten, in Schutt- und Geröllfeldern und Felsgebieten bis zur Schneegrenze. Brütet meist zwischen 1900 und 3100 m Höhe, am Monte Rosa sogar bis auf 3650 m Höhe. **LEBENSWEISE** Schneesperlinge bauen ihre Nester in Felswänden oder zwischen Felsbrocken, seltener auch an frei stehenden Gebäuden. Im Sommer ernähren sich die wenig scheuen Vögel von Wirbellosen, im Winter von Sämereien. **WISSENSWERTES** Die außerhalb der Brutzeit sehr geselligen Vögel gehen im Winter oft in großen Trupps auf Nahrungssuche. Dann lassen sie sich häufig an Bergstationen und Alphütten beobachten.

2 Gebirgsstelze
Motacilla cinerea

› Stelze mit sehr langem Schwanz
› eng ans Wasser gebunden
› fliegt wellenförmig

MERKMALE 17–20 cm Körperlänge. Schlanker Singvogel mit gelbgrünem Bürzel, grauer Oberseite und braunrosa gefärbten Beinen. Männchen im Prachtkleid mit schwarzer Kehle und leuchtend gelber Unterseite. Typisch ist der sehr lange, beständig hin und her wippende Schwanz. **VORKOMMEN** Lebt an naturnahen, schnell fließenden Bächen und Flüssen bis in 2100 m Höhe, im Winter auch an stehenden Gewässern. **LEBENSWEISE** Gebirgsstelzen bauen ihre Nester in Nischen und Spalten nahe dem Wasser und ziehen in der Regel zwei Bruten pro Jahr auf. Sie fressen Insekten, Flohkrebse und Schnecken, die sie im und am Wasser finden. **WISSENSWERTES** Von allen europäischen Stelzen ist die Gebirgsstelze am engsten an den Lebensraum Wasser gebunden. Ihr Gesang besteht aus einer kurzen Folge harter Töne („ziss-ziss-ziss-ziss“), häufig kombiniert mit helleren Elementen. Er wird im Flug oder von einer Warte aus vorgetragen.

3 Bachstelze
Motacilla alba

› schwarz-weiß-graue Stelze
› wippt ständig mit langem Schwanz
› Kulturfolgerin

MERKMALE 16–19 cm Körperlänge. Grazil wirkender Vogel mit schwarz, weiß und grau gezeichnetem Gefieder. Beine, Kehle und Brust sind schwarz. Am Boden wippen Bachstelzen unablässig mit ihrem schwarzen, mit weißen Außenkanten versehenen, Schwanz. **VORKOMMEN** Bewohnt offene und halboffene Landschaften bis in 2000 m Höhe. Lebt gern in Wassernähe, aber auch in Agrarlandschaften, Dörfern, Städten, auf Industrieflächen und im Gebirge. **LEBENSWEISE** Als Kulturfolgerin sucht die Bachstelze oft die Nähe zum Menschen und baut ihre Nester häufig in Nischen und Halbhöhlen an Gebäuden und Brücken. Sie ernährt sich von Insekten, die sie über den Boden trippelnd oder auf kurzen Jagdflügen an Ufern, Straßenrändern und auf Weiden erbeutet. **WISSENSWERTES** Bachstelzen lassen sich an ihrem wellenförmigen Flug mit schnellen Flügelschlägen am tiefsten Punkt erkennen. Ihr Ruf ist ein kurzes „Zie-witt“ oder „Zi-ze-litt“.

1

2

3

1 | Alpenbirkenzeisig
Carduelis flammea cabaret

› mag lichte Nadelwälder
› gesellig

MERKMALE 11–14 cm Körperlänge. Kleiner Fink mit schwarzem Kinnfleck, kurzem Schnabel und braunem Gefieder. Rücken und Flanken mit feiner Strichelung, Stirn und Bauch sind rot. **VORKOMMEN** Bewohnt in den Alpen Lärchenwälder und andere lichte Nadelwälder sowie die Krummholzzone bis in 2200 m Höhe. **LEBENSWEISE** Der gesellige Finkenvogel nistet gern in kleinen Kolonien und ernährt sich überwiegend von Sämereien. **WISSENSWERTES** Beim Birkenzeisig werden mehrere Unterarten unterschieden: Der in Mitteleuropa und Südskandinavien brütende Alpenbirkenzeisig ist kleiner und dunkler gefärbt als sein nordeuropäischer Verwandter, der Taigabirkenzeisig *(Carduelis flammea flammea)*.

2 | Zitronenzeisig, Zitronengirlitz
Carduelis citrinella

› Gebirgsvogel
› singt schon ab Februar

MERKMALE 11–13 cm Körperlänge. Kleiner Fink mit komplett gelbgrüner Unterseite, gelbem Gesicht und grauem Kopf. Zwei gelbgrüne Flügelbinden. **VORKOMMEN** Lebt in lichten Nadelwäldern, gern an Waldrändern mit angrenzenden Wiesen zwischen etwa 1200 und 2200 m Höhe. **LEBENSWEISE** Im Sommer lässt sich der gesellig lebende Zitronenzeisig oft auf Bergwiesen und Alpweiden bei der Nahrungssuche beobachten: Er frisst vor allem Gras- und Blumensamen. Im Frühjahr ernährt er sich von Baumsamen und weicht bei Schneefall in tiefere Lagen aus. **WISSENSWERTES** Überwintert als Kurzstreckenzieher teilweise in Südwestfrankreich und Spanien. Trägt seinen Gesang oft im Singflug vor.

3 | Erlenzeisig, Zeisig
Carduelis spinus

› langer, spitzer Schnabel
› Frühbrüter

MERKMALE 11–13 cm Körperlänge. Zierlicher Vogel mit gelbgrünem Gefieder, gestreiften Flanken und einem spitzen, für einen Finken langen Schnabel. Männchen mit schwarzer Kopfplatte und gelber Brust. **VORKOMMEN** Lebt in Parks und Gärten, Misch- und Nadelwäldern bis über 2000 m Höhe. **LEBENSWEISE** Der Erlenzeisig errichtet sein Nest gut versteckt zwischen den Zweigen von Nadelbäumen und brütet teilweise bereits Anfang März. **WISSENSWERTES** Erlenzeisige bilden in der kalten Jahreszeit häufig individuenreiche Trupps, die in den Tallagen auf Nahrungssuche gehen. Sie ernähren sich dann gern von Birken- und Erlensamen (Name!) und tauchen häufig an Winterfütterungen auf.

4 | Girlitz
Serinus serinus

› klirrender Gesang
› kleinster europäischer Fink

MERKMALE 11–12 cm Körperlänge. Kleiner Vogel mit kurzem, dickem Schnabel. Männchen mit leuchtend gelber Stirn, Kehle und Brust. Mantel, Rücken und Flanken sind bei beiden Geschlechtern kräftig gestreift. **VORKOMMEN** Bewohnt halboffene Landschaften mit lockerem Baumbestand, lichte Lärchenwälder, Gärten und Parks bis in 2000 m Höhe. **LEBENSWEISE** Der Girlitz ernährt sich überwiegend von Sämereien. Als Kurzstreckenzieher überwintert er in West- und Südeuropa sowie in Nordafrika. **WISSENSWERTES** Girlitze zeigen ein rastloses Verhalten und einen hüpfenden Flug. Ihren an klirrendes Glas erinnernden Gesang tragen die Männchen gern im Singflug oder von einer Baumspitze aus vor.

1

2

3a

3b

4

1 Buchfink
Fringilla coelebs

› häufig und weit verbreitet
› typischer „Finkenschlag"

MERKMALE 14–16 cm Körperlänge. Finkenvogel mit zwei breiten, weißen Flügelbinden und weißen Schwanzkanten. Kopfseiten und Brust sind beim Männchen rostrot, Scheitel und Nacken blaugrau. Weibchen mit olivgrünem Gefieder. **VORKOMMEN** Lebt in Wäldern, Parks und Gärten bis in 2300 m Höhe. **LEBENSWEISE** Der weit verbreitete und sehr anpassungsfähige Buchfink baut sein Napfnest in Astgabeln und tarnt es mit Moosen und Flechten. Seine Nahrung – Sämereien, Beeren und Früchte – findet er überwiegend am Boden. **WISSENSWERTES** Im Frühjahr gibt es kaum ein Waldstück, in dem nicht der typische Gesang der Männchen, der „Finkenschlag", zu hören ist („zi zi zizizizi würzgebier").

2 Grünfink, Grünling
Chloris chloris

› mächtiger Schnabel
› häufig am Futterhaus

MERKMALE 14–16 cm Körperlänge. Kräftig gebauter Fink mit dickem Schnabel, gelbem Flügelfeld und gelben Schwanzseiten. Gefieder beim Männchen gelbgrün, beim blasser gefärbten Weibchen olivgrün. **VORKOMMEN** Besiedelt Waldränder, gehölzreiche Weidelandschaften, Parks und Gärten bis in 1800 m Höhe. **LEBENSWEISE** Grünfinken sind recht gesellig und ernähren sich überwiegend von Samen, Knospen, Beeren und Früchten. Jungvögel werden anfangs mit kleinen Insekten gefüttert. **WISSENSWERTES** Im Winter lassen sich Grünfinken oft in Trupps an Futterstellen beobachten. Dort verhalten sie sich dominant und vertreiben andere Vögel. Ihr trillernder Gesang klingt kanarienvogelartig.

3 Stieglitz, Distelfink
Carduelis carduelis

› mag Distelsamen
› ruft seinen Namen

MERKMALE 12–14 cm Körperlänge. Kleiner Fink mit schwarz-weißem Kopf, braunem Rücken und schwarzen Flügeln mit gelber Binde. Dank des roten Gesichts unverwechselbar. **VORKOMMEN** Bewohnt lichte Laub- und Mischwälder, Kulturland, Parks und Gärten bis in 2000 m Höhe. **LEBENSWEISE** Der Stieglitz ernährt sich überwiegend von Sämereien mit einer Vorliebe für Distelsamen („Distelfink"). Mit seinem spitzen Schnabel klaubt er sie, geschickt auf den Stängeln turnend, direkt aus den Samenständen. **WISSENSWERTES** Außerhalb der Brutzeit finden sich Stieglitze zu großen Schwärmen zusammen. Der dreisilbige, fröhlich klingende Ruf („Ticke-litt") erinnert an den Vogelnamen („Stiegelitt").

4 Bergfink
Fringilla montifringilla

› häufiger Wintergast
› weißer Bürzel

MERKMALE 14–16 cm Körperlänge. Unterscheidet sich vom Buchfink durch den weißen Bürzel und die orangen Flanken. Männchen im Prachtkleid mit glänzend schwarzem Kopf. **VORKOMMEN** Brütet in Nadel- und Birkenwäldern des hohen Nordens von Skandinavien bis Ostsibirien, überwintert in Mittel- und Südeuropa. In den Alpen selten über 1700 m Höhe. **LEBENSWEISE** Der Bergfink ist im Winter im ganzen Alpenraum ein häufiger Gast. Er frisst in der kalten Jahreszeit hauptsächlich Sämereien, vor allem Bucheckern. Häufig besucht er auch Futterstellen. **WISSENSWERTES** In Buchenmastjahren kann es in den Alpen zu invasionsartigen Masseneinflügen von mehreren Millionen Bergfinken kommen.

1a

1b

2

3

4

1 Bluthänfling, Hänfling

Carduelis cannabina,
Syn.: *Linaria cannabina*

- rote Brust und Stirn
- in Trupps auf Nahrungssuche
- Flugruf „Tett-ett-ett"

MERKMALE 12–14 cm Körperlänge. Schlanker Finkenvogel mit rostbraunem, beim Weibchen gestreiftem Rücken. Männchen im Prachtkleid mit grauem Kopf, roter Brust und roter Stirn. **VORKOMMEN** Bewohnt halboffenes Kulturland mit Sträuchern und Hecken, Heide- und Ödlandflächen, Gärten, Bergwiesen, Alpweiden und Zwergstrauchheiden bis in 2300 m Höhe. **LEBENSWEISE** Bluthänflinge nisten bevorzugt in sonnigen, offenen Flächen mit wenigen Bäumen und Sträuchern. Ihre Nester errichten sie gut versteckt im Gebüsch. Da sich die geselligen Vögel überwiegend von Sämereien ernähren, die sie von Kräutern und Stauden abernten, profitieren sie von extensiv bewirtschafteten Alpflächen. **WISSENSWERTES** Wenn im Winter die Nahrung knapp wird, ziehen die Vögel häufig in großen Trupps ins Flachland. Beim Auffliegen lassen sie sich oft an ihrem charakteristischen Flugruf, einem nasalen „Tett-ett-ett", erkennen.

2 Fichtenkreuzschnabel

Loxia curvirostra

- kräftiger, gekreuzter Schnabel
- Nahrungsspezialist
- ruft metallisch „gip-gip-gip"

MERKMALE 15–17 cm Körperlänge. Kräftiger Fink mit mächtigem, gekreuztem Schnabel. Das Gefieder alter Männchen ist ziegelrot, das der Weibchen olivgrün mit gelbem Bürzel. **VORKOMMEN** Besiedelt Nadelwälder, insbesondere Fichtenwälder, bis in 2200 m Höhe. **LEBENSWEISE** Der Fichtenkreuzschnabel ist ein Nahrungsspezialist, der mit seinem gekreuzten Schnabel die Zapfen von Fichten und anderen Nadelbäumen öffnet, um an die Samen zu gelangen. Das Nest befindet sich meist in größerer Höhe und gut versteckt in Nadelbäumen. Je nach Nahrungsangebot brütet der Fichtenkreuzschnabel übers ganze Jahr, vor allem aber im Winter. **WISSENSWERTES** Beim Fichtenkreuzschnabel hängt die Individuenanzahl in einem Gebiet stark vom Futterangebot ab. In Fichtenmastjahren kann es zu regelrechten Invasionen kommen, bei Nahrungsmangel wandert der nomadisch lebende Vogel hingegen in andere Regionen ab.

3 Gimpel, Dompfaff

Pyrrhula pyrrhula

- schwarze Kopfkappe
- Männchen mit rotem Bauch
- heimliche Lebensweise

MERKMALE 15–18 cm Körperlänge. Kompakt wirkender Fink mit kurzem, kräftigem Schnabel, grauem Rücken, schwarzem Schwanz und schwarzer Kopfkappe. Männchen mit rosa- bis orangeroter Unterseite („Dompfaff"), Weibchen mit beigegrauem Bauch. **VORKOMMEN** Brütet in Misch- und Nadelwäldern, Gärten und Parks bis in 2000 m Höhe. **LEBENSWEISE** Gimpel sind das ganze Jahr über paarweise unterwegs. Ihre trichterförmigen Nester verstecken sie meist gut im Gebüsch oder in jungen Nadelbäumen. Sie ernähren sich von Samen, Früchten und Knospen. Während der Brutzeit füttern sie ihre Nestlinge auch mit Insekten. **WISSENSWERTES** Gerade im Sommer leben Gimpel sehr versteckt. Sie verteidigen keine Reviere und machen sich deshalb auch nicht durch lauten Gesang bemerkbar. Manchmal ertönt ihr Ruf, ein leises, melancholisches „Djü". Im Winter lassen sich die heimlichen Vögel regelmäßig am Futterhaus beobachten.

1

2a

2b

3

1 | Goldammer
Emberiza citrinella

› Bodenvogel
› Männchen mit prächtiger Gelbfärbung
› singt „Wie, wie hab ich dich so liiieb"

MERKMALE 15–17 cm Körperlänge. Langschwänzige Ammer mit rotbraunem Bürzel, weißen Schwanzkanten und gestrichelter Unterseite. Männchen mit leuchtend gelbem Kopf und gelber Unterseite, Weibchen matter gelbgrün. **VORKOMMEN** Besiedelt offene und halboffene Landschaften mit Gehölzen, Hecken und Sträuchern sowie Lärchenweiden bis in 2000 m Höhe. **LEBENSWEISE** Die Goldammer versteckt ihr Nest in der Bodenvegetation oder baut es ins niedrige Gebüsch. Ihre Nahrung – überwiegend Sämereien, aber auch Insekten und Spinnen – sucht sie am Boden. **WISSENSWERTES** Goldammern tragen ihren Gesang auf exponierten Singwarten vor. Er besteht aus einer Reihe kurzer Elemente gleicher Tonhöhe und endet mit lang gezogenen Endtönen („zizizizi-zi-zii-düh"). Im Herbst und Winter schließen sich die Vögel zu Trupps zusammen, die gemeinsam auf Nahrungssuche gehen. Sie besuchen dann abgeerntete Getreidefelder und Futterstellen.

2 | Zippammer
Emberiza cia

› Ammer mit markantem Kopfmuster
› lebt an der Waldgrenze
› ruft kurz und scharf „tsi"

MERKMALE 15–17 cm Körperlänge. Langschwänzige, kräftig gestreifte Ammer mit grauem Kopf und grauer Brust. Typisch ist die kontrastreiche Kopfzeichnung mit schwarzem Scheitelseiten-, Augen- und Wangenstreif. Unterseite und Bürzel des Vogels sind rotbraun gefärbt. **VORKOMMEN** Bewohnt steile, steinige Berghänge mit lichter Baum- und Strauchvegetation bis in 2200 m Höhe. Bevorzugt nach Süden ausgerichtete, trockene und warme Hanglagen. **LEBENSWEISE** Die während der Brutzeit recht scheue Zippammer nistet am Boden, in Felsnischen oder in niedrigen Bäumen und Sträuchern. Ihre Nahrung – Sämereien und Insekten – sucht sie am Boden. **WISSENSWERTES** Als wärmeliebende Art ist die Zippammer in den Zentral- und Südalpen weit verbreitet. In den kühleren Nordostalpen kommt sie hingegen nur lokal und vereinzelt vor. Wie alle Ammern hat sie einen kurzen, kegelförmigen Schnabel. Ihr Gesang ist melodisch und hoch.

3 | Ortolan, Gartenammer
Emberiza hortulana

› scheu und wachsam
› Bodenbrüter
› ruft metallisch „sli-e"

MERKMALE 15–17 cm Körperlänge. Schlanke, langschwänzige Ammer mit rosafarbenem Schnabel. Dank der Gelbfärbung von Kehle, Bartsteif und Augenring unverwechselbar. Männchen sind lebhafter gefärbt als die Weibchen und haben im Prachtkleid einen olivgrauen Kopf. **VORKOMMEN** Lebt im Tiefland gern in offenen, landwirtschaftlich genutzten Gebieten. Bewohnt im Gebirge sonnige, trockene Hänge mit lichtem Baum- und Strauchbestand bis über 2000 m Höhe. **LEBENSWEISE** Der recht scheue und wachsame Ortolan versteckt sein Bodennest in der Krautschicht. Er ernährt sich von Insekten und Sämereien, die er am Boden findet. **WISSENSWERTES** In den Alpen ist der Ortolan inselartig verbreitet und weitgehend auf die West- und Südalpen beschränkt. Er lässt sich von April bis September beobachten. Als einziger Langstreckenzieher unter den mitteleuropäischen Ammerarten überwintert er im tropischen Afrika.

1
2
3

1 | Bergeidechse, Waldeidechse
Zootoca vivipara

› dringt bis ins Hochgebirge vor
› auch nördlich des Polarkreises

MERKMALE 12–18 cm Körperlänge. Kleine, braune Eidechse mit kurzen Beinen und dunklem, oft mehrfach unterbrochenem Mittelstreifen auf dem Rücken. Häufig mit breiten, dunkelbraunen Seitenstreifen. **VORKOMMEN** Besiedelt Wälder, Moore, alpine Rasen und Schutthalden bis in 2600 m Höhe. **LEBENSWEISE** Die Bergeidechse frisst Insekten und Spinnen und legt im Gegensatz zu den meisten anderen Eidechsenarten keine Eier ab. Stattdessen bringt sie im Sommer bis zu 12 voll entwickelte Junge zur Welt. **WISSENSWERTES** Als lebendgebärende Art ist die Bergeidechse unabhängig von warmen und trockenen Eiablagestätten – eine Anpassung, die ihr das Überleben im rauen Hochgebirgsklima ermöglicht.

2 | Mauereidechse
Podarcis muralis

› schlank und langschwänzig
› erklettert senkrechte Mauern

MERKMALE 20–25 cm Körperlänge. Schlanke, graubraun gefärbte Eidechse mit recht spitzer Schnauze, stark gefleckter Kehle und langem Schwanz. Färbung und Zeichnung variieren stark. **VORKOMMEN** Bewohnt sonnige, steinige Hänge, Böschungen, Trockensteinmauern, Felsfluren und Geröllhalden bis in 2000 m Höhe. **LEBENSWEISE** Die Wärme liebende, tagaktive Mauereidechse lässt sich häufig beim Sonnenbad beobachten. Sie klettert gern an Steinmauern, bei Gefahr zieht sie sich flink in Mauernischen zurück. Jagt Insekten und andere Wirbellose. **WISSENSWERTES** Die Männchen besetzen während der Paarungszeit im Frühjahr kleine Reviere, die sie in heftigen Kämpfen gegen Rivalen verteidigen.

3 | Zauneidechse
Lacerta agilis

› sonnt sich gern
› Kulturfolger

MERKMALE 20–28 cm Körperlänge. Sehr variabel gefärbte, kräftige Eidechse mit breitem Kopf, stumpfer Schnauze und gelbroter Iris. Männchen während der Paarungszeit mit smaragdgrünen Flanken und Kehlen. **VORKOMMEN** Besiedelt Böschungen, Bahndämme, Heidegebiete, Trockenrasen, Felsfluren und andere trockenwarme, halboffene Landschaften bis in 1600 m Höhe. **LEBENSWEISE** Zauneidechsen sonnen sich gern und ernähren sich von Insekten, Spinnen und Würmern. Im Frühsommer legen die Weibchen bis zu 10 Eier in ein selbst gegrabenes Erdloch. Die Jungen schlüpfen etwa 2 Monate später. **WISSENSWERTES** Die Zauneidechse kann, wie alle Eidechsenarten, bei Gefahr ihren Schwanz abwerfen.

4 | Westliche Smaragdeidechse
Lacerta bilineata

› hübsche Grünfärbung
› besetzt und verteidigt Reviere

MERKMALE 30–40 cm Körperlänge. Kräftige Eidechse mit grünem Rücken und langem Schwanz. Männchen tragen während der Paarungszeit eine blau gefärbte Kehle. **VORKOMMEN** Bewohnt südexponierte Hänge, Trockenrasen, Weinberge und Waldlichtungen in Frankreich, Italien, Westdeutschland und der Südschweiz bis in 2000 m Höhe. **LEBENSWEISE** Die flinke und scheue Eidechse bevorzugt sonnige, gestrüppreiche Lebensräume. Dort stellt sie Insekten, Schnecken und kleinen Wirbeltieren nach. **WISSENSWERTES** Die nahe verwandte, in Österreich und Bayern (Passau) vorkommende, Östliche Smaragdeidechse *(Lacerta viridis)* lässt sich äußerlich nicht von der Westlichen Smaragdeidechse unterscheiden.

1

2

3a

3b

4a

4b

1 Blindschleiche
Anguis fragilis

› Schleiche mit voll entwickelten Augen
› keine Schlange
› lebendgebärend

MERKMALE 30–50 cm Körperlänge. Braun oder grau glänzende, beinlose Echse mit schlangenförmigem Körper. Durch ihre steiferen Bewegungen und die beweglichen Augenlieder unterscheidet sich die Blindschleiche von den ähnlich aussehenden Schlangen. **VORKOMMEN** Besiedelt lichte Wälder, Wegränder, Gärten, Weinberge, Alpweiden und Geröllhalden mit genügend Schatten und Feuchtigkeit bis über 2000 m Höhe. **LEBENSWEISE** Blindschleichen leben versteckt. In der Dämmerung jagen sie Nacktschnecken und Würmer. Die Weibchen bringen im Spätsommer nach einer rund dreimonatigen Tragezeit bis zu 20 Junge zur Welt, die sich während der Geburt aus ihren dünnen Eihäuten befreien (Ovoviviparie). **WISSENSWERTES** Trotz ihres Namens verfügen Blindschleichen über gut entwickelte Augen. Die harmlosen Tiere überwintern in frostsicheren Bodenverstecken und sind äußerst langlebig: Sie können über 30 Jahre alt werden.

2 Kreuzotter
Vipera berus

› unsere häufigste Giftschlange
› Rücken mit schwarzem Zickzackmuster
› sonnt sich oft frühmorgens

MERKMALE 50–85 cm Körperlänge. Kräftig gebaute Schlange mit abgerundeter, nicht aufgerichteter Schnauze, senkrechten Pupillen und dunklem Zickzackband auf dem Rücken. Daneben kommen schwarze „Höllenottern" und rostrote „Kupferottern" vor. **VORKOMMEN** Bewohnt offene und halboffene Lebensräume wie Moorränder, Bergwiesen, Zwergstrauchheiden, Geröllhänge und Waldlichtungen bis in 3000 m Höhe. **LEBENSWEISE** Die Kreuzotter jagt vor allem Mäuse, Frösche und Eidechsen. Sie schleicht sich an die Beute an, beißt zu und injiziert ihr Gift. Flüchtende Beutetiere werden dank des hervorragenden Geruchssinns zielsicher aufgespürt. Zwischen August und Oktober bringen die Weibchen bis zu 18 lebende Junge zur Welt. **WISSENSWERTES** Die scheue Kreuzotter flieht bei Gefahr und greift nur an, wenn sie sich bedroht fühlt. Ihr Gift ist für Menschen zwar sehr schmerzhaft, aber nur selten tödlich.

3 Aspisviper
Vipera aspis

› Giftschlange mit senkrechten Pupillen
› dreieckiger Kopf
› Färbung und Zeichnung variieren stark

MERKMALE 60–85 cm Körperlänge. Variabel gefärbte Viper mit gedrungenem Körperbau, senkrechten Pupillen und kantiger, aufgewölbter Schnauze. Oberseite meist grau oder bräunlich mit zwei Reihen versetzt angeordneter, dunkler Barren. Bei manchen Tieren ist die Rückenzeichnung zu einem Zickzackband verschmolzen. In den Alpen kommen rein schwarze Aspisvipern vor. **VORKOMMEN** Bevorzugt sonnige, trockene und felsige Lebensräume mit lockerem Bewuchs. Bewohnt Berghänge, Böschungen, Geröllhalden, Alpweiden, lichte Wälder und sonnige Flusstäler bis in 3000 m Höhe. **LEBENSWEISE** Tagaktive Schlange, die ihre Beute – Mäuse, Eidechsen und Kleinvögel – durch einen Giftbiss tötet. Die lebendgebärenden Weibchen bringen im Spätsommer bis zu 15 Junge zur Welt. **WISSENSWERTES** Das Gift der Aspisviper ist wesentlich stärker als das Gift der Kreuzotter und kann ohne ärzliche Behandlung beim Menschen zum Tode führen.

1

2

3

1 Ringelnatter
Natrix natrix

› halbmondförmige Nackenflecken
› jagt gern im Wasser
› scheu und harmlos

MERKMALE 60–140 cm Körperlänge. Große, kräftige Natter mit schwarzgelben, halbmondförmigen Flecken am Nacken. Der ovale Kopf ist deutlich vom Körper abgesetzt, die Pupillen sind rund. Meist graublau oder grünlichgrau gefärbt. **VORKOMMEN** Lebt bevorzugt in Gewässernähe, aber auch in Moorgebieten, Auwäldern, Gärten, Alpweiden und Schuttfluren bis in 2000 m Höhe. **LEBENSWEISE** Ringelnattern können sehr gut schwimmen und tauchen und ernähren sich vor allem von Wassertieren wie Fröschen, Kröten, Molchen und Fischen. Am Vormittag wärmen sich die tagaktiven Tiere häufig in der Sonne. **WISSENSWERTES** Fühlen sich Ringelnattern bedroht, können die harmlosen Schlangen auf ein ganzes Sammelsurium an Abwehrreaktionen zurückgreifen: Sie blähen sich auf, stellen sich tot, richten sich wie eine Kobra auf und greifen mit „Scheinbissen" an oder scheiden aus ihren Analdrüsen eine übelriechende Flüssigkeit aus.

2 Schlingnatter, Glattnatter
Coronella austriaca

› kleine, ungiftige Schlange
› typische Nackenzeichnung
› heimliche Lebensweise

MERKMALE 50–90 cm Körperlänge. Kleine, glattschuppige Natter mit dunklen Fleckenreihen auf dem Rücken und runden Pupillen. Der längliche Kopf ist kaum vom Körper abgesetzt. Typisch sind der u-förmige, hinten offene Nackenfleck sowie der übers Auge laufende Wangenstreif. **VORKOMMEN** Bewohnt sonnige, trockene Lebensräume wie Waldlichtungen, Böschungen, Weinberge, Gärten, Magerrasen, Fels- und Schuttfluren bis in 2000 m Höhe. **LEBENSWEISE** Tagaktive, versteckt lebende Natter, die vor allem Eidechsen und Blindschleichen jagt. Größere Beutetiere werden mit den Zähnen gepackt, mit dem muskulösen Körper umschlungen und erstickt (Name!). Das Weibchen bringt im Spätsommer voll entwickelte Junge zur Welt, die während der Geburt ihre Eihüllen aufbrechen (Ovoviviparie). **WISSENSWERTES** Die gut getarnte Schlingnatter ist nur schwer zu entdecken. Bei Gefahr verharrt sie oft regungslos an Ort und Stelle.

3 Äskulapnatter
Zamenis longissimus

› größte Schlange Mitteleuropas
› geschickte Kletterin
› umschlingt und erdrosselt ihre Beute

MERKMALE 130–200 cm Körperlänge. Große, schlanke Natter mit schmalem Kopf und runden Pupillen. Die glatte, glänzende Oberseite ist gelbbraun, oliv oder graubraun gefärbt. Durch die weißen Ränder vieler Rücken- und Flankenschuppen entsteht eine typische, feine Strichelzeichnung. **VORKOMMEN** Bewohnt trockene, sonnige Lebensräume wie Flusstäler, lichte Laubwälder, gebüschreiche Hänge, Felsfluren, Gärten und Ruinen bis in 1600 m Höhe. **LEBENSWEISE** Äskulapnattern leben überwiegend am Boden. Mithilfe ihrer gekielten Bauchschuppen können sie aber auch Bäume und Sträucher erklimmen. Die am Tag und in der Dämmerung aktiven, ungiftigen Schlangen fressen Kleinsäuger, Eidechsen, Vogeleier und Jungvögel. **WISSENSWERTES** Während der Paarungszeit liefern sich die Männchen eindrucksvolle, aber harmlose „Kommentkämpfe". Bei den Auseinandersetzungen versuchen sie, sich gegenseitig zu Boden zu drücken.

1

2

3

1 | Gelbgrüne Zornnatter
Hierophis viridiflavus

- pfeilschnelle, geschickte Jägerin
- am Tag aktiv
- beißt wild um sich

MERKMALE 120–180 cm Körperlänge. Große, schlanke Natter mit länglichem Kopf und runden Pupillen. Charakteristisch sind die feinen Längsstreifen am Schwanz und die netzartige, gelbgrüne oder schwarze Oberseite. **VORKOMMEN** Besiedelt in den Südalpen trockenwarme, sonnige Lebensräume wie gebüschreiche Schotter- und Felshänge, Waldränder, Böschungen, Hochstaudenfluren, Gärten und Ruinen bis in 1800 m Höhe. **LEBENSWEISE** Sehr schnelle Natter, die sogar flüchtende Mäuse und Eidechsen überwältigen kann. Kleine Beutetiere werden lebend verschlungen, größere zunächst umschlungen und erwürgt. Auf dem Speiseplan der Gelbgrünen Zornnatter stehen auch Vögel, Frösche, Insekten, Schnecken und andere Schlangenarten. **WISSENSWERTES** In die Enge getrieben, verhält sich die eigentlich harmlose Schlange äußerst aggressiv: Sie versucht sofort zuzubeißen und wird so ihrem Namen (Zornnatter!) mehr als gerecht.

2 | Alpensalamander
Salamandra atra

- lackschwarzer Salamander des Gebirges
- versteckt sich tagsüber
- lebendgebärend

MERKMALE 12–15 cm Körperlänge. Kleiner und schlanker Salamander mit glänzender, lackschwarzer Färbung, großen Ohrdrüsen und Querwülsten an Rumpf und Schwanzansatz. **VORKOMMEN** Bewohnt schattige und feuchte Laub- und Mischwälder, Bergwiesen, Zwergstrauchheiden und Felsfluren bis in 2500 m Höhe. **LEBENSWEISE** Der überwiegend nachtaktive Alpensalamander versteckt sich tagsüber unter Steinen oder Totholz. Nur nach Regenfällen stellt er auch am Tag Würmern, Schnecken und Insekten nach. Im Gebirge hilft dem Alpensalamander eine für Amphibien ungewöhnliche Fortpflanzungsstrategie: Er bringt nur alle zwei bis drei Jahre zwei lebende Junge zur Welt (Viviparie). Dadurch ist er gänzlich unabhängig von Laichgewässern. **WISSENSWERTES** In den Cottischen Alpen (Italien) lebt Lanzas Alpensalamander *(Salamandra lanzai)*. Die sehr ähnliche Art wird etwas größer und hat eine glatte und drüsenfreie Rückenmitte.

3 | Feuersalamander
Salamandra salamandra

- an Land lebender Salamander
- schwarz-gelbe Warntracht
- schützt sich mit einem Hautgift

MERKMALE 14–25 cm Körperlänge. Kräftig gebauter, etwas plump wirkender Salamander mit breitem Kopf. Mit seinem glänzend schwarzen, mit gelben Flecken oder Streifen versehenen Körper unverwechselbar. **VORKOMMEN** Lebt in feuchten Laub- und Mischwäldern mit sauberen, sauerstoffreichen Quellen, Bächen oder Tümpeln bis in 1500 m Höhe. **LEBENSWEISE** Feuersalamander verstecken sich tagsüber unter Steinen oder Baumwurzeln. In der Nacht stellen sie Würmern, Schnecken und anderen Kleintieren nach. Die Weibchen legen keine Eier. Stattdessen setzen sie nach zehnmonatiger Tragezeit weit entwickelte Larven in geeignete Gewässer ab. Die Larven entwickeln sich in rund drei Monaten zu Jungsalamandern und gehen dann an Land. **WISSENSWERTES** Die Tiere bilden in ihren Hautdrüsen ein giftiges Sekret, das Salamandrin, welches sie in Verbindung mit der schwarz-gelben Warntracht wirkungsvoll vor Fressfeinden schützt.

1

2

3

1 | Bergmolch *Ichthyosaura alpestris*

› Männchen mit buntem Hochzeitskleid
› ungefleckter, oranger Bauch
› an Land nachtaktiv

MERKMALE 8–12 cm Körperlänge. Mittelgroßer Molch mit orangem Bauch. Während der Laichzeit sind die Männchen mit ihren himmelblauen Längsbändern und schwarzweißen Rückensäumen besonders farbenfroh. An Land sind beide Geschlechter unscheinbar gefärbt. **VORKOMMEN** Besiedelt feuchte, kühle Lebensräume in der Nähe fischfreier Gewässer bis in 2500 m Höhe. **LEBENSWEISE** Der Bergmolch ernährt sich von Wasserinsekten, Bachflohkrebsen und anderen wirbellosen Kleintieren. Die Weibchen legen ihre bis zu 300 Eier einzeln ab und wickeln sie in Unterwasserpflanzen ein. **WISSENSWERTES** Der eng ans Wasser gebundene Bergmolch ist bei der Wahl seiner Laichgewässer anspruchslos. Er sucht im zeitigen Frühjahr Tümpel, Gräben, wassergefüllte Traktorspuren und andere Kleingewässer auf, um einen Partner zu finden und abzulaichen. Die Gewässer werden zwischen Mai und August wieder verlassen.

2 | Teichmolch *Lissotriton vulgaris*

› lebt im Wasser und an Land
› Bauch orange mit dunklen Punkten
› frisst wirbellose Kleintiere

MERKMALE 6–11 cm Körperlänge. Schlanker Molch, am Kopf mit drei Längsfurchen und 5–7 dunklen Längsbinden (Streifenmolch!). Männchen tragen im Hochzeitskleid einen hohen, gewellten Rückenkamm. Kehle und Bauch bei beiden Geschlechtern gelborange mit dunklen Punkten. **VORKOMMEN** Lebt in vegetationsreichen Kleingewässern sowie in angrenzenden Landlebensräumen, ausnahmsweise bis über 2000 m Höhe. **LEBENSWEISE** Teichmolche pflanzen sich im Frühjahr im Wasser fort. Die Weibchen wickeln die Eier einzeln in Unterwasserpflanzen ein. Aus ihnen schlüpfen nach 3–5 Wochen kiementragende Larven, die sich innerhalb weniger Monate zu lungenatmenden Jungmolchen entwickeln (Metamorphose). Erwachsene Tiere verlassen bereits im Sommer das Wasser und leben den Rest des Jahres an Land. **WISSENSWERTES** In den Westalpen kommt der nahe verwandte Fadenmolch *(Lissotriton helveticus)* vor. Seine Kehle ist ungefleckt.

3 | Alpen-Kammmolch *Triturus carnifex*

› großer, kräftiger Molch
› Männchen mit gezacktem Rückenkamm
› Weibchen mit gelber Rückenlinie

MERKMALE 10–18 cm Körperlänge. Kräftiger Molch mit dunklen, runden Flecken auf den Flanken und breitem Kopf. Bauch orangerot mit schwarzen Flecken. Weibchen häufig mit einer gelben Rückenlinie, Männchen im Hochzeitskleid mit Rückenkamm und Schwanzsaum. **VORKOMMEN** Besiedelt während der Paarungszeit größere, stehende Gewässer und langsam fließende Bäche mit Pflanzenbewuchs. Bewohnt an Land Wiesen, Au-, Laub- und Mischwälder bis in 1800 m Höhe. **LEBENSWEISE** Der Alpen-Kammmolch pflanzt sich im Frühjahr im Wasser fort und hält sich ab dem Frühsommer an Land auf. Er frisst Insekten und Kaulquappen. **WISSENSWERTES** Der Alpen-Kammmolch kommt in den nordöstlichen (Österreich, Slowenien) und südlichen Alpen (Italien, Schweiz) vor. Im Norden überlappt sein Verbreitungsgebiet teilweise mit dem nahe verwandten Nördlichen Kammmolch *(Triturus cristatus)*, dessen Flanken zusätzlich weiß granuliert sind.

1

2a

2b

3

1 | Grasfrosch
Rana temporaria

› Frosch des Hochgebirges
› variabel gefärbt
› Laichballen mit 1000–4000 Eiern

MERKMALE 5–11 cm Körperlänge. Kräftiger, etwas plump wirkender Braunfrosch mit stumpfer Schnauze und dunklem Schläfenfleck. Das Trommelfell liegt etwa 2 mm hinter dem Auge und ist kleiner als der Augendurchmesser. Sehr variabel gefärbt und gezeichnet. **VORKOMMEN** Bewohnt feuchte und kühle Habitate in Gärten, Wiesen, Äckern und Wäldern; steigt im Hochgebirge bis in 2800 m Höhe. **LEBENSWEISE** Grasfrösche suchen bereits im zeitigen Frühjahr Tümpel, Teiche, Seen und Gräben zum Laichen auf. Außerhalb der Fortpflanzungszeit leben sie an Land. Sie ernähren sich von Insekten, Schnecken, Würmern und anderen Kleintieren. **WISSENSWERTES** Bei der Paarung der Grasfrösche geht es heftig zur Sache: Die Männchen kämpfen darum, die Huckepack-Position auf dem Rücken des Weibchens einzunehmen. Ein einziges Weibchen kann bis zu 4000 Eier abgeben, aus denen nach drei bis vier Wochen die Kaulquappen schlüpfen.

2 | Erdkröte
Bufo bufo

› größte europäische Kröte
› wandert im Frühjahr zum Laichgewässer
› warzige Haut

MERKMALE 6–18 cm Körperlänge. Kräftige, braune Kröte mit warziger Haut und großen Ohrdrüsen. Typisch sind die goldfarbenen Augen mit ihren waagrechten Pupillen. Die Weibchen sind meist deutlich größer als die Männchen. **VORKOMMEN** Bewohnt bodenfeuchte Wälder, Gärten, Parks und offene Landschaften bis in 2200 m Höhe. Laicht in Seen, Weihern, Teichen, Flüssen und Bächen. **LEBENSWEISE** Erdkröten versammeln sich jedes Frühjahr an ihrem Geburtsgewässer, um sich dort fortzupflanzen. Jedes Weibchen legt mehrere Tausend Eier in meterlangen Laichschnüren ab und heftet sie an Wasserpflanzen fest. Nach etwa zwei Wochen schlüpfen die Kaulquappen. An Land jagen Erdkröten in der Nacht Würmer, Schnecken und Insekten. **WISSENSWERTES** Obwohl Erdkröten sich meist nur langsam gehend fortbewegen, entfernen sie sich auf dem Weg zu ihren Sommerlebensräumen bis zu 3 km von ihren Laichgewässern.

3 | Gelbbauchunke
Bombina variegata

› Unke der Berge
› ruft melodisch „uuh … uuh … uuh"
› Schreckstellung bei Gefahr

MERKMALE 3–5 cm Körperlänge. Kleiner, krötenähnlicher Körper mit warziger Haut, aber ohne Ohrdrüsen. Auffallend sind die herzförmigen Pupillen und die gelbschwarze Zeichnung der Körperunterseite. **VORKOMMEN** Die Wasser und Wärme liebende Art bewohnt Auen, lichte Wälder, Kiesgruben und Ödland bis in 1900 m Höhe. **LEBENSWEISE** Zum Laichen suchen Gelbbauchunken kleine, nur zeitweise mit Wasser gefüllte Pfützen, Gräben oder Fahrspuren auf. Aus den abgelegten Eiern schlüpfen bereits nach acht Tagen Kaulquappen. Bei warmer Witterung entwickeln sie sich innerhalb eines Monats zu kleinen Gelbbauchunken. **WISSENSWERTES** Fühlt sich eine Gelbbauchunke bedroht, nimmt sie die „Kahnstellung" ein. Sie legt sich flach auf den Bauch und biegt ihre Beine seitlich hoch. Dabei wird die gelbschwarze Warnzeichnung auf dem Bauch und den Beinunterseiten sichtbar. So signalisiert sie Fressfeinden Ungenießbarkeit.

1

2

3

1 Elritze
Phoxinus phoxinus

› kleiner Schwarmfisch
› Seitenlinie bis zur Körpermitte

MERKMALE 6–14 cm Körperlänge. Lang gestreckter Karpfenfisch mit graugrünem Rücken, dunklen Querbinden auf den Flanken und goldglänzendem Längsband oberhalb der verkürzten Seitenlinie. Männchen zur Laichzeit mit rotem Bauch. **VORKOMMEN** Lebt in klaren, sauerstoffreichen Bächen, Flüssen und Seen bis in 2800 m Höhe. **LEBENSWEISE** Elritzen schwimmen oft in großen Schwärmen nahe der Wasseroberfläche und ernähren sich von Insekten, Kleinkrebsen und anderen kleinen Wassertieren. **WISSENSWERTES** Während der Laichzeit im Frühling führen Elritzen kurze Wanderungen bachaufwärts bzw. an die Ufer der Seen durch. Die Weibchen legen ihre klebrigen Eier an flachen, kiesigen Stellen ab.

2 Schmerle, Bachschmerle
Barbatula barbatula

› am Boden lebender Kleinfisch
› dämmerungs- und nachtaktiv

MERKMALE 8–16 cm Körperlänge. Dunkel marmorierter Bodenfisch mit lang gestrecktem, walzenförmigem Körper, deutlich sichtbarer Seitenlinie und sechs Barteln an der Oberlippe. **VORKOMMEN** Bewohnt schnell fließende Bäche und Flüsse der Forellen-, Äschen- und Barbenregion sowie klare Seen mit Kiesgrund bis in 2000 m Höhe. **LEBENSWEISE** Bachschmerlen verstecken sich tagsüber unter Steinen oder zwischen Wasserpflanzen. In der Dämmerung und nachts suchen sie den Gewässerboden nach Insektenlarven, Schnecken, Würmern und Kleinkrebsen ab. **WISSENSWERTES** Die Weibchen legen ihre klebrigen Eier im Frühjahr in mehreren Schüben ab. Bis zum Schlüpfen werden die Eier von den Männchen bewacht.

3 Groppe, Mühlkoppe
Cottus gobio

› nachtaktiver Bodenfisch
› „krabbelt“ mit Brustflossen

MERKMALE 10–18 cm Körperlänge. Kleiner Bodenfisch mit keulenförmigem, schuppenlosem Körper, großem Kopf und breitem Maul. Typisch sind die großen Brustflossen und der kräftige Dorn am Kiemendeckel. **VORKOMMEN** Besiedelt sauerstoffreiche, schnell fließende Bäche und Flüsse sowie die Uferregion sauberer Seen bis über 2000 m Höhe. **LEBENSWEISE** Die Groppe lebt versteckt am Grund unter großen Steinen. In der Dämmerung und nachts ernährt sie sich von bodenbewohnenden Wirbellosen, Fischlaich und Kleinfischen. **WISSENSWERTES** Die Männchen betreiben Brutpflege: Sie bewachen die in einer Laichgrube abgelegten Eier und fächeln ihnen mit ihren Brustflossen Frischwasser zu.

4 Äsche
Thymallus thymallus

› strömungsliebender Fisch
› fahnenartige Rückenflosse

MERKMALE 25–60 cm Körperlänge. Silberfarbener Fisch mit seitlich abgeflachtem Körper, langer Rückenflosse, Fettflosse, spitz zulaufendem Kopf und kleinem Maul. Die Pupillen sind vorne zugespitzt. **VORKOMMEN** Lebt in sauerstoffreichen, kühlen, rasch fließenden Bächen und Flüssen bis in 1800 m Höhe. **LEBENSWEISE** Kleine Äschen leben gesellig. Alte Fische werden zu Einzelgängern und halten sich meist in Grundnähe auf. Äschen ernähren sich von kleinen Wassertieren und Insekten, die sie von der Wasseroberfläche pflücken **WISSENSWERTES** In Seen findet man Äschen nur in der Nähe von Einmündungen. Ihr wohlschmeckendes Fleisch riecht nach Thymian (wissenschaftlicher Name!).

1

2

3

4

1 Bachforelle
Salmo trutta fario

› die „rotgetupfte" Forelle
› liebt klares, sauerstoffreiches Wasser
› in Fließgewässern Leitart der Forellenregion

MERKMALE 25–60 cm Körperlänge. Lang gestreckter, torpedoförmiger Fisch mit großem Maul und Fettflosse zwischen Rücken- und Schwanzflosse. Charakteristisch sind die meist hell umrandeten, schwarzen und roten Flecken auf den Flanken. **VORKOMMEN** Lebt in schnell fließenden Bächen, kleinen Flüssen und klaren, kalten Seen bis in 2500 m Höhe. **LEBENSWEISE** Bachforellen sind standorttreue Tiere, die auf Versteckmöglichkeiten angewiesen sind. In jungen Jahren ernähren sie sich von Insektenlarven und anderen kleinen Wassertieren. Im Alter werden die bis zu 35 km/h schnellen Fische zu geschickten Räubern, die Mühlkoppen, Elritzen und kleineren Artgenossen nachstellen. **WISSENSWERTES** Während der Laichzeit zwischen Oktober und Februar verlassen Bachforellen ihr Revier und wandern kurze Strecken stromaufwärts. Die Weibchen schlagen vor der Eiablage mit ihrem Schwanz Laichmulden ins Kiesbett.

2 Seeforelle
Salmo trutta lacustris

› großwüchsige Forelle
› nur schwarze Flecken
› wandert zum Laichen in Seezuflüsse

MERKMALE 40–140 cm Körperlänge. Große Forelle mit torpedoförmigem Körper, silberner oder brauner Grundfärbung und vielen schwarzen Flecken auf den Flanken. Trägt im Gegensatz zur Bachforelle keine roten Flecken. **VORKOMMEN** Bewohnt tiefe, kühle Seen und große Flüsse bis in 2000 m Höhe. **LEBENSWEISE** Als Wanderfische unternehmen Seeforellen im Herbst zum Teil weite Laichwanderungen in die Oberläufe einmündender Bäche und Flüsse. Dort erfolgt die Eiablage über Kiesbänken. Während die Elterntiere nach der Fortpflanzung wieder in den See zurückwandern, verbleiben die Jungfische meist für ein bis zwei Jahre im Fließgewässer. Junge Seeforellen fressen wirbellose Wassertiere, ältere Tiere fressen überwiegend Fische. **WISSENSWERTES** Bach-, Meer- und Seeforellen gelten als verschiedene Formen der Art *Salmo trutta*, die sich – abhängig von ihrem Lebensraum – im Verhalten, Aussehen und ihren ökologischen Ansprüchen unterscheiden.

3 Seesaibling
Salvelinus alpinus

› Bewohner tiefer Alpenseen
› dunkle Flanken mit hellen Punkten
› Zwergformen in nahrungsarmen Seen

MERKMALE 15–75 cm Körperlänge. Lang gestreckter, forellenähnlicher Fisch mit Fettflosse, großem Kopf und weiter Maulspalte. Brust-, Bauch- und Afterflosse sind weiß gesäumt, die Rückenflosse ist ungefleckt. Männchen im Hochzeitskleid mit roter Unterseite. **VORKOMMEN** Lebt in tiefen, kalten Voralpen- und Alpenseen bis in 2500 m Höhe. **LEBENSWEISE** Bei Seesaiblingen werden drei ökologische Formen mit unterschiedlicher Ernährungsweise unterschieden: „Normal-Saiblinge" stellen vor allem wirbellosen Kleintieren nach, „Tiefseesaiblinge" fressen Plankton, „Wildfangsaiblinge" jagen Fische. **WISSENSWERTES** Je nach ökologischer Form variiert die Größe stark. Während im Freiwasser jagende „Wildfangsaiblinge" bis zu 75 cm lang werden, bleiben die in den nahrungsarmen Tiefen lebenden „Tiefseesaiblinge" oder „Schwarzreuter" zwergwüchsig. „Normal-Saiblinge" werden immerhin bis zu 40 cm lang.

1

2

3

1 Hochalpen-Apollo, Alpenapollo
Parnassius phoebus

› weißer Falter mit roten Flecken
› Schmetterling der Berge
› an Feuchtgebiete gebunden

MERKMALE 55–70 mm Flügelspannweite. Großer, weißer Falter mit leicht gelber Flügeltönung und roten Flecken auf den Vorder- und Hinterflügeln. Im Gegensatz zum sehr ähnlichen Roten Apollo sind die Fühler deutlich schwarz-weiß geringelt. Flugzeit Juni bis September. **VORKOMMEN** Lebt entlang von Bergbächen, in Quellfluren und anderen feuchten Lebensräumen zwischen 1500 und 2500 m Höhe. **LEBENSWEISE** Der Hochalpen-Apollo ist eng an die Nähe von Wasserläufen und das Vorhandensein der Raupenfutterpflanzen gebunden. Die schwarzen Raupen fressen vor allem an Bach-Steinbrech *(Saxifraga aizoides)*, an etwas trockeneren Standorten auch an Rosenwurz *(Rhodiola rosea)*. Die Falter suchen gern auf Disteln nach Nektar. **WISSENSWERTES** Die großen, roten Augenflecken auf den Hinterflügeln dienen der Abschreckung von Fressfeinden. Der langsame, flatternde Flug des Falters ähnelt sehr dem des Roten Apollos.

2 Roter Apollo, Apollofalter
Parnassius apollo

› Vorderflügel mit 4 schwarzen Flecken
› Flug mit Gleitphasen
› saugt gern Nektar an Disteln

MERKMALE 65–80 mm Flügelspannweite. Stattlicher, weißer Falter, der auf jedem Hinterflügel zwei große, rote Flecken trägt. Sie haben meist einen weißen Kern und sind schwarz umrandet. Im Gegensatz zum ähnlichen Hochalpen-Apollo sind die Fühler nicht deutlich schwarz-weiß geringelt. Flugzeit Mai bis September. **VORKOMMEN** Bewohnt Magerweiden und felsige, besonnte Hänge bis weit über 2000 m Höhe. Straßen- und Bahnböschungen, Natursteinmauern und Abraumhalden von Steinbrüchen dienen ihm als Sekundärlebensräume. **LEBENSWEISE** Der Rote Apollo hat einen langsamen, flatternden und gleitenden Flug. Er kommt nur dort vor, wo auch die Futterpflanzen der schwarzen Raupen gedeihen. Sie fressen fast ausschließlich am Weißen Mauerpfeffer *(Sedum album)* und der Großen Fetthenne *(Sedum telephium)*. **WISSENSWERTES** Der seltene Schmetterling ist im Rahmen des Washingtoner Artenschutzabkommens weltweit geschützt.

3 Schwarzer Apollo
Parnassius mnemosyne

› weiß mit schwarzen Linien und Flecken
› kleinster heimischer Apollo
› Raupen fressen an Lerchensporn

MERKMALE 45–60 mm Flügelspannweite. Weißer Schmetterling ohne rote Flecken und mit pergamentartigen, transparent wirkenden Flügeln. Im Gegensatz zum ähnlichen Baum-Weißling *(Aporia crataegi)* mit schwarzen Flecken auf den Vorder- und Hinterflügeln. Flugzeit Mai bis Juli. **VORKOMMEN** Besiedelt Waldlichtungen, Waldsäume mit angrenzenden, extensiv genutzten Wiesen und Hochstaudenfluren bis in 2000 m Höhe. **LEBENSWEISE** Die Falter sind sehr standorttreu und fliegen keine größeren Strecken. Sie halten sich meist in blütenreichen Wiesen auf, in deren Nähe sich Lerchenspornbestände (*Corydalis* sp.) befinden, die Futterpflanzen der Raupen. **WISSENSWERTES** Wie die Falter während der Eiablage im Hochsommer den Lerchensporn finden, ist nicht abschließend geklärt. Zu dieser Zeit ist die Pflanze bereits nicht mehr zu sehen, da sich alle oberirdischen Teile in die Wurzelknollen zurückgezogen haben.

1

2a

2b

3

1 Schwalbenschwanz
Papilio machaon

› imposanter, hübscher Falter
› fliegt gern in Gipfelnähe

MERKMALE 65–80 mm Flügelspannweite. Großer Falter mit auffallender, schwarz-gelber Zeichnung und schwalbenschwanzartigen Hinterflügelanhängen (Name!). Roter Augenfleck und blaue Binde am Rand des Hinterflügels. Flugzeit April bis Juni (1. Generation) und Juli bis September (2. Generation). **VORKOMMEN** Bewohnt Mager- und Trockenrasen, extensiv genutztes Grünland, Brachflächen und Gärten bis in 3000 m Höhe. **LEBENSWEISE** Der Schwalbenschwanz ist ein kräftiger und schneller Flieger, der zahlreiche, verschiedene Lebensräume aufsucht. **WISSENSWERTES** Die großen, hellgrünen Raupen haben schwarze und gelbe Streifen sowie orange Punkte. Sie fressen an verschiedenen Doldenblütlern.

2 Berg-Weißling
Pieris bryoniae

› Gebirgsart
› grau bestäubte Flügel

MERKMALE 35–50 mm Flügelspannweite. Kleiner Weißling mit deutlich grau bestäubten Adern auf der Flügelunterseite. Die Vorderflügeloberseiten der Männchen sind weiß, die der Weibchen gelblich, stark verdunkelt und mit einem schmalen „Bryostrich" am unteren Flügelrand versehen. Flugzeit Juni bis August. **VORKOMMEN** Besiedelt Bergwiesen, Matten und Waldlichtungen bis in 2500 m Höhe. **LEBENSWEISE** Der Falter fliegt in ein bis zwei Generationen und hält sich gern in der Nähe von Bergbächen auf. Seine Raupen fressen an Kreuzblütlern wie dem Brillenschötchen *(Biscutella laevigata)*. **WISSENSWERTES** Kann in tieferen Lagen mit dem Grünader-Weißling *(Pieris napi)* verwechselt werden.

3 Alpen-Gelbling
Colias phicomone

› oberseits grau bestäubt
› Sexualdimorphismus

MERKMALE 40–50 mm Flügelspannweite. Falter mit stark grau bestäubten Flügeloberseiten. Die Männchen sind gelbgrün, die Weibchen grünlich-weiß gefärbt. Auf der Unterseite der Hinterflügel ein schwarz gefasster, weißer Augenfleck mit darüber liegendem, kleinerem Fleck. Flugzeit Juni bis August. **VORKOMMEN** Bewohnt Alpweiden, Bergwiesen und alpine Matten zwischen 1000 und 2500 m Höhe. **LEBENSWEISE** Alpen-Gelblinge sind schnelle und kräftige Flieger. Ihre Raupen ernähren sich von verschiedenen Schmetterlingsblütlern wie Wicken, Hufeisenklee, Hornklee oder Weißklee. **WISSENSWERTES** Der Alpen-Gelbling lässt sich auf Blüten nur selten mit ausgebreiteten Flügeln beobachten.

4 Hochmoor-Gelbling
Colias palaeno

› Charakterart intakter Moore
› mehrere, ähnliche Arten

MERKMALE 40–50 mm Flügelspannweite. Schmetterling mit Sexualdimorphismus: Die Männchen sind schwefelgelb, die Weibchen weißlich bis gelblich gefärbt. Oberseiten der Vorder- und Hinterflügel mit breiter, schwarzer Randbinde, Hinterflügel mit kleinem, weißen, nicht umrandeten Fleck. Flugzeit Juni bis August. **VORKOMMEN** Lebt auf offenen Hochmoorflächen und in lückigen Zwergstrauchheiden bis in 2500 m Höhe. **LEBENSWEISE** Die Falter suchen in den ans Hochmoor angrenzenden, blumenreichen Moor- und Streuwiesen nach Nektar. **WISSENSWERTES** Die Weibchen legen ihre Eier einzeln auf den Blättern der Rauschbeere *(Vaccinium uliginosum)* ab, der einzigen Futterpflanze ihrer Raupen.

1

2a

2b

3

4

1 Kleiner Fuchs
Aglais urticae

› häufiger Schmetterling
› überwintert als Falter

MERKMALE 45–50 mm Flügelspannweite. Bunter, rötlich-orangebrauner Falter mit gelbschwarzer Tigerzeichnung am vorderen Rand des Vorderflügels und leuchtend blauen Flecken an den Flügelrändern. Die Vorderflügel-Unterseite ist hellgelb gefärbt. Flugzeit Mai bis Oktober in 2 Generationen; überwinternde Falter erscheinen zwischen März und Mai. **VORKOMMEN** Besiedelt unterschiedlichste Lebensräume bis zu 3000 m Höhe. **LEBENSWEISE** Die Falter fliegen bereits zeitig im Frühjahr und lassen sich an den unterschiedlichsten Blüten beobachten. **WISSENSWERTES** Die schwarzen, mit gelben Längsstreifen verzierten Raupen fressen ausschließlich an der Großen Brennnessel *(Urtica dioica).*

2 Tagpfauenauge
Aglais io, Syn.: *Inachis io*

› wehrhaft wirkende Raupen
› überwintert als Falter

MERKMALE 50–60 mm Flügelspannweite. Unverwechselbarer, braunroter Schmetterling mit 4 großen, bunten Augenflecken auf den Flügeloberseiten (Pfauenaugen). Die Flügelunterseiten sind dunkelbraun bis schwarz marmoriert. Flugzeit Juni bis Oktober in 1–2 Generationen; überwinternde Falter erscheinen zwischen März und Mai. **VORKOMMEN** Bewohnt zahlreiche Offenlandstandorte, aber auch menschliche Siedlungen bis in 2500 m Höhe. **LEBENSWEISE** Die Falter saugen mit ihren langen Rüsseln an den unterschiedlichsten Blütenpflanzen Nektar. **WISSENSWERTES** Die tiefschwarz gefärbten Raupen wirken mit ihren langen Dornen recht wehrhaft. Sie fressen ausschließlich an der Großen Brennnessel.

3 Distelfalter
Vanessa cardui

› hübscher Wanderfalter
› wandert oft in Schwärmen

MERKMALE 45–60 mm Flügelspannweite. Auffälliger Schmetterling mit lebhaft gelborange und schwarz gemusterten Flügeloberseiten. Der Hinterflügel weist auf der Unterseite eine Reihe großer Augenflecken auf. Flugzeit April bis Oktober. **VORKOMMEN** Lebt in allen Offenlandlebensräumen und kommt als Wanderfalter in Höhen bis über 3000 m vor. **LEBENSWEISE** Der Distelfalter zieht jedes Jahr aus Nordafrika und dem Mittelmeerraum nach Norden. In Mitteleuropa bringt er 1–2 Nachfolgegenerationen hervor, die im Herbst teilweise wieder Richtung Süden fliegen. **WISSENSWERTES** Die Raupen ernähren sich von Kohldisteln, verschiedenen Kratzdistelarten und der Großen Brennnessel.

4 Admiral
Vanessa atalanta

› wandert einzeln
› im Herbst oft an Fallobst

MERKMALE 50–60 mm Flügelspannweite. Attraktiver, durch die leuchtend orangerote Bandzeichnung auf der Flügeloberseite unverwechselbarer Schmetterling. Schwarze Flügelspitzen mit weißen Punkten. Flugzeit Juni bis November, erste Einwanderer ab April. **VORKOMMEN** Besiedelt als Wanderfalter alle offenen Lebensräume bis über 2500 m Höhe. **LEBENSWEISE** Der Admiral wandert im Frühsommer aus Südeuropa Richtung Norden und bringt in Mitteleuropa meist 2 Nachfolgegenerationen hervor. Im Herbst fliegt ein großer Teil zurück in den Süden. Der Rest versucht zu überwintern, schafft das aber in der Regel nicht. **WISSENSWERTES** Die Raupen fressen ausschließlich an der Großen Brennnessel.

1

2

3

4

1 | Gelbgefleckter Mohrenfalter
Erebia manto

› Gebirgsschmetterling
› zahlreiche, ähnliche Arten

MERKMALE 35–45 mm Flügelspannweite. Sehr variabler, dunkelbrauner Falter mit orangeroten, zu einer Binde angeordneten Flecken auf der Oberseite des Vorderflügels. Dabei sind die beiden schwarz punktierten Flecken meist breiter als die übrigen. Weibchen meist mit gelblichen Flecken auf der Unterseite des Hinterflügels. Flugzeit Juni bis September. **VORKOMMEN** Lebt auf Bergwiesen, Alpweiden und Hochstaudenfluren zwischen 1000 und 2500 m Höhe. **LEBENSWEISE** Die Falter fliegen auf blumenreichen Bergwiesen, die Raupen fressen an verschiedenen Gräsern. **WISSENSWERTES** Die meisten der oft nur schwer voneinander zu unterscheidenden Mohrenfalterarten leben im Gebirge.

2 | Thymian-Ameisenbläuling
Maculinea arion

› Raupen als trojanisches Pferd
› viele, ähnliche Arten

MERKMALE 30–40 mm Flügelspannweite. Großer Bläuling mit Sexualdimorphismus: Die Männchen sind oberseits tiefblau und haben schwarze Flecken auf den Vorderflügeln, die Weibchen sind noch dunkler gefärbt und tragen noch größere Flecken. Flugzeit Juni bis August. **VORKOMMEN** Lebt auf blütenreichen Trockenwiesen bis in 2300 m Höhe. **LEBENSWEISE** Der Falter legt seine Eier an verschiedenen Thymianarten ab. Die Raupen werden von Knotenameisen *(Myrmica sabuleti)* eingesammelt und ins Nest verschleppt. **WISSENSWERTES** Die Bläulingsraupen überlisten die Ameisen, indem sie den Duft der Ameisenlarven nachahmen. Den Winter über ernähren sie sich von den Larven und Puppen des Ameisenvolks.

3 | Alpen-Perlmutterfalter
Boloria thore

› dunkel wirkender Falter
› mehrere, ähnliche Arten

MERKMALE 38–46 mm Flügelspannweite. Hübscher, orangebrauner Schmetterling mit im Vergleich zu anderen Perlmutterfaltern deutlich verdunkelter Oberseite. Die kontrastarme Unterseite der Hinterflügel weist ein Band aus gelben Feldern auf. Flugzeit Juni bis August. **VORKOMMEN** Bewohnt feuchte, halbschattige Bergwaldlebensräume wie Waldwiesen, Hochstaudenfluren, Lawinenrunsen und Ufersäume von Bergbächen bis in 2000 m Höhe. **LEBENSWEISE** Die Falter halten sich häufig in Lebensräumen mit Adlerfarnen, Brombeeren oder Erlengebüschen auf. **WISSENSWERTES** Die Raupen, deren Entwicklung zwei Jahre dauert, überwintern zweimal.

4 | Goldener Scheckenfalter
Euphydryas aurinia ssp. *aurinia*

› Tiefland- und Gebirgsform
› mehrere, ähnliche Arten

MERKMALE 30–45 mm Flügelspannweite. Variabel gezeichneter Falter mit oft verwaschen wirkender, wenig kontrastreicher Unterseite. Wirkt durch den Kontrast zwischen orangen und gelben Flecken auf der Flügeloberseite oft goldfarben. Helle Ringflecken mit schwarzen Kernen auf der Unterseite der Hinterflügel. Flugzeit Mai bis August. **VORKOMMEN** Lebt auf Wiesen, Weiden, Matten und Flachmooren bis in 2500 m Höhe. **LEBENSWEISE** Der Falter fliegt gern auf blütenreichen, nährstoffarmen Wiesen. Die Raupen fressen an verschiedenen Enzianarten, Skabiosen und am Teufels-Abbiss. **WISSENSWERTES** In den Hochlagen der Alpen fliegt die kleinere und blasser gefärbte Gebirgsform.

1a

1b

2a

2b

3

4

1 Torf-Mosaikjungfer
Aeshna juncea

› typische Moorlibelle
› gute Fliegerin

MERKMALE 70–80 mm Körperlänge. Große, kräftige Libelle mit braunschwarzem, bei geschlechtsreifen Männchen blau und gelb gemustertem Hinterleib. Weibchen mit gelben oder grünen Hinterleibsflecken. T-Zeichnung auf der Stirn mit dickem Längsbalken. Flugzeit Juli bis September. **VORKOMMEN** Besiedelt Flach-, Übergangs- und Hochmoore bis in 2400 m Höhe, kommt in den Alpen aber auch an anderen Stillgewässern vor. **LEBENSWEISE** Die Larven leben 2–4 Jahre im Wasser. Männchen besetzen Reviere und patrouillieren unermüdlich entlang des Ufers und über der Wasserfläche. **WISSENSWERTES** Die Larven der Torf-Mosaikjunger häuten sich 13–18-mal, ehe sie sich zum erwachsenen Insekt entwickeln.

2 Alpen-Mosaikjungfer
Aeshna caerulea

› eher kleine Mosaikjungfer
› sonnt sich gern und viel

MERKMALE 55–65 mm Körperlänge. Kleine, sehr blau wirkende Mosaikjungfer. Der Hinterleib der Männchen ist schwarz mit großen blauen Flecken, das Abdomen der Weibchen braun mit gelben oder hellblauen Flecken. Flugzeit Juli bis September. **VORKOMMEN** Lebt an kleinen, stehenden Moorgewässern zwischen 1000 und 2600 m Höhe. **LEBENSWEISE** Die Entwicklung der im Wasser lebenden Larven dauert 3–5 Jahre. Erwachsene Libellen sonnen sich gern und ausdauernd auf hellen Holzstücken und Steinen. Die Männchen patrouillieren in geringer Flughöhe an den Gewässerufern entlang. **WISSENSWERTES** Bei einer Körpertemperatur unter 16 °C sind die Hinterleibsflecken der Männchen grau gefärbt.

3 Kleine Moosjungfer
Leucorrhinia dubia

› lebt im Moor
› ruht in dichter Vegetation

MERKMALE 30–40 mm Körperlänge. Eher kleine Libelle mit weißem Gesicht und dunklem Körper. Während die Weibchen gelbe Flecken auf ihren schwarzen Körpern tragen, sind die Flecken der Männchen tiefrot gefärbt. Flugzeit April bis September. **VORKOMMEN** Bewohnt vor allem fischfreie, saure Gewässer in Hoch- und Übergangsmooren bis in 2300 m Höhe. **LEBENSWEISE** Die räuberisch lebenden Larven verbringen 2–5 Jahre im Wasser. Erwachsene Tiere ruhen und jagen in der Nähe ihrer Fortpflanzungshabitate und lassen sich in Gewässernähe oft bei ihrem unsteten Flug beobachten. **WISSENSWERTES** Die Weibchen legen ihre Eier an sonnigen Uferstellen oder zwischen überfluteten Torfmoosen ab.

4 Alpen-Smaragdlibelle
Somatochlora alpestris

› Libelle der alpinen Moore
› mehrere, ähnliche Arten

MERKMALE 45–50 mm Körperlänge. Mittelgroße Libelle mit metallisch grün glänzender Brust und mattschwarzem, nur an der Basis etwas glänzendem Hinterleib. Leuchtend blaugrüne Augen. Heller, unterbrochener Ring zwischen dem 2. und 3. Hinterleibssegment. Flugzeit Juni bis September. **VORKOMMEN** Besiedelt stehende Gewässer in Hoch- und Übergangsmooren zwischen 1000 und 2600 m Höhe. **LEBENSWEISE** Die Entwicklung der räuberischen, im Wasser lebenden Larven dauert 2–5 Jahre. Die Männchen patrouillieren im niedrigen Flug über die Gewässer und vertreiben Artgenossen. **WISSENSWERTES** Bei Sonnenschein wandern die Männchen auf der Suche nach Weibchen kilometerweit.

1

2

3a

3b

4

1 Alpine Gebirgsschrecke
Miramella alpina

› kann nicht singen
› knirschende Mandibellaute

MERKMALE 15–30 mm Körperlänge. Glänzend grüne Heuschrecke mit auffälligem, schwarzem Längsband auf dem Halsschild und knallroten Hinterschenkelunterseiten. Die Stummelflügel sind so lang wie das Halsschild. Erwachsene Tiere von Juni bis September. **VORKOMMEN** Besiedelt feuchte, kühle Lebensräume mit dichter Vegetation an Gewässern, Waldrändern und auf Alpwiesen zwischen 1000 und 2800 m Höhe. **LEBENSWEISE** Die sich rein pflanzlich ernährenden Heuschrecken treten in Pestwurzfluren oft in großer Zahl auf und können die Blätter dann stark zerfressen. **WISSENSWERTES** Bei der Balz vollführen die kleineren Männchen oft rhythmische Bewegungen mit den Hinterschenkeln.

2 Rotflügelige Schnarrschrecke
Psophus stridulus

› Männchen mit roten Flügeln
› schnarrt beim Auffliegen

MERKMALE 23–40 mm Körperlänge. Große Feldheuschrecke mit hohem, durchgängigem Kiel auf der Oberseite des Halsschilds. Die flugunfähigen, größeren Weibchen sind gelbbraun oder grau, die Männchen fast schwarz gefärbt. Beim Flug der Männchen werden die leuchtend roten Hinterflügel sichtbar. Erwachsene Tiere von Juli bis Oktober. **VORKOMMEN** Lebt auf dürren, mit Steinen durchsetzten Alpweiden und alpinen Rasen bis über 2000 m Höhe. **LEBENSWEISE** Da die Weibchen nicht fliegen können, lebt die Art recht ortsgebunden und kann neue Lebensräume nur langsam erobern. **WISSENSWERTES** Die auffliegenden Männchen erzeugen mit ihren Hinterflügeln einen weithin hörbaren Schnarrton.

3 Sibirische Keulenschrecke
Gomphocerus sibiricus

› Art des Hochgebirges
› laute Sängerin, gute Fliegerin

MERKMALE 18–25 mm Körperlänge. Wie bei allen Keulenschrecken sind die Enden der Fühler bei der variabel gefärbten Art keulenförmig erweitert. Die Männchen sind dank ihrer blasenartig angeschwollenen Vorderschienen am vordersten Beinpaar unverwechselbar. Erwachsene Tiere von Juli bis September. **VORKOMMEN** Bewohnt trockene, steinige Matten, Alpweiden und Alpenrosengebüsche zwischen 1000 und 2900 m Höhe. **LEBENSWEISE** Die sich rein pflanzlich ernährenden Tiere lassen während der sommerlichen Paarungszeit einen lauten, knarrenden, rund 20 s dauernden Gesang („trä … trä …") erklingen. **WISSENSWERTES** Die Männchen vollführen bei der Balz ausgefallene, schaukelnde Bewegungen.

4 Warzenbeißer
Decticus verrucivorus

› lange Fühler
› jagt Insekten

MERKMALE 25–45 mm Körperlänge. Kräftig gebaute, große Laubheuschrecke mit kurzen Flügeln, variabler, kontrastreicher Färbung und dunklen Würfelflecken auf den Vorderflügeln. Halsschild mit durchgehendem Mittelkiel. Weibchen mit langer, säbelförmiger Legeröhre. Erwachsene Tiere von Juni bis Oktober. **VORKOMMEN** Lebt auf Bergwiesen, Alpweiden, Heideflächen und Feuchtwiesen bis in 2600 m Höhe. **LEBENSWEISE** Ernährt sich überwiegend räuberisch von Insekten. Der bei Sonnenschein vorgetragene Gesang besteht aus einer Reihe scharfer „Zick"-Laute. **WISSENSWERTES** Der Name leitet sich von dem alten Volksglauben ab, beim Biss freigesetzte Darmsäfte würden Warzen verätzen.

1

2

3

4

1 Alpenbock
Rosalia alpina

› einzigartige Färbung
› in alten Buchenwäldern

MERKMALE 15–38 mm Körperlänge. Sehr großer, matt hellblauer Bockkäfer mit schwarzem Zeichnungsmuster. Die kräftigen, blauschwarz gemusterten Fühler sind beim Männchen fast doppelt so lang wie der Körper, beim Weibchen gut körperlang. Flugzeit Juli bis September. **VORKOMMEN** Lebt in naturnahen, lichten Buchenwäldern im Alpenvorland und im Gebirge bis rund 1500 m Höhe. **LEBENSWEISE** Die erwachsenen Käfer lassen sich im Sommer an besonnten Rot-Buchen und Buchenholzstapeln beobachten. Ihre Eier legen sie in morsches Buchenholz. Die Entwicklung der Larven dauert 3–4 Jahre. **WISSENSWERTES** Der Alpenbock ist kein sehr geschickter Flieger und vielerorts vom Aussterben bedroht.

2 Großer Pestwurzrüssler
Liparus glabrirostris

› größter heimischer Rüsselkäfer
› flugunfähig

MERKMALE 14–19 mm Körperlänge. Der große, glänzend schwarze Käfer hat gelbliche Haarflecken, die an den Längsseiten des Halsschildes als sich vorne gabelnde Bänder angeordnet sind. Beobachtungszeit Mai bis Juli. **VORKOMMEN** Besiedelt im Gebirge die Uferzonen der Bäche und Flüsse und andere Feuchtgebiete mit Pestwurzfluren bis in 2000 m Höhe. **LEBENSWEISE** Die Larven des Käfers fressen am Wurzelstock der Pestwurz (*Petasites* sp.), die erwachsenen Tiere ernähren sich von Huflattich- *(Tussilago farfara)* und Pestwurzblättern. **WISSENSWERTES** Der Große Pestwurzrüssler ist – wie auch der sehr ähnliche Kleine Pestwurzrüssler *(Liparus germanus)* – flugunfähig.

3 Rote Waldameise
Formica rufa

› verspritzt Ameisensäure
› mehrere, sehr ähnliche Arten

MERKMALE 4–11 mm Körperlänge. Große, ganzjährig aktive Ameise mit schwarzbraun gefärbtem Kopf und Hinterleib. Der übrige Körper ist rot gefärbt. Auffällige, große Bodennester. **VORKOMMEN** Lebt an Waldrändern und in lichten Wäldern. **LEBENSWEISE** Die Kolonie aus bis zu einer Million Tieren funktioniert als soziale Einheit. Die Königin ist für die Produktion des Nachwuchses zuständig, die geflügelten Männchen für die Fortpflanzung. Das Heer der Arbeiterinnen kümmert sich um Nestbau, Nachwuchs und Nahrungsbeschaffung. **WISSENSWERTES** Waldameisen sind wahre Baumeister. Ihre aus Nadeln und Ästchen aufgebauten, von Kammern durchzogenen Nesthügel sind oft über 1 m hoch.

4 Winterhaft, Schneefloh
Boreus westwoodi

› auffälliger Schnabel
› Schneebewohner

MERKMALE 3–4 mm Körperlänge. Kleines, zu den Schnabelkerfen gehörendes, grünmetallisch glänzendes Insekt. Kopf mit gelbem, an der Spitze braunem Schnabel. Die flügellosen Weibchen haben einen gelben Legebohrer, die Männchen sichelförmig gebogene Flügelstummel. Beobachtungszeitraum Oktober bis März. **VORKOMMEN** Bewohnt lichte Wälder und steigt im Gebirge bis in 3800 m Höhe. **LEBENSWEISE** Die winzigen Tiere sind im Winter bei Temperaturen über dem Gefrierpunkt aktiv und lassen sich oft auf der Schneeoberfläche beobachten. **WISSENSWERTES** Der Schneefloh kann mit seinen langen Hinterbeinen sehr gut springen. Die nah verwandte Art *Boreus hyemalis* hat einen dunkelbraunen Schnabel.

1

2

3a

3b

4

Pflanzen

1 | Landkartenflechte
Rhizocarpon geographicum

› schwarz-gelb gescheckt
› Charakterart der Silikatfelsen

MERKMALE Krustenflechten *(Rhizocarpaceae)*. Bis zu 5 mm hohe, gelbe oder gelbgrüne Krustenflechte, die große Flächen auf Steinen bedeckt. Sie besteht aus kleinen, eckigen Feldern, die jeweils durch einen schwarzen Rand voneinander getrennt sind. Am Rand der Felder sind schwarze, kantige Fruchtkörper eingesenkt. Durch das Vorkommen größerer Bestände ergeben sich oft Muster, die an eine Landkarte erinnern. **VORKOMMEN** Wächst an sonnigen Standorten auf Silikatgestein wie Gneis und Granit bis in 4000 m Höhe. **WISSENSWERTES** Landkartenflechten bestehen aus einer Alge und einem Pilz, die in Symbiose zusammenleben. Sie wachsen sehr langsam und können weit über 1000 Jahre alt werden.

2 | Isländisches Moos
Cetraria islandica

› Lappen mit feinen Zähnchen
› alte Heilpflanze

MERKMALE Flechten *(Parmeliaceae)*. Bis zu 10 cm hohe, strauchförmige Flechte mit 2–10 mm breiten, graugrünen, braunen oder braunschwarzen Lappen. Die aufsteigenden, verzweigten Lappen sind am Rand regelmäßig gezähnt und auf der helleren Unterseite oft weiß gefleckt. Die Flechte ist farblich sehr variabel und an schattigen Standorten viel heller gefärbt als an Standorten mit hoher UV-Einstrahlung. **VORKOMMEN** Gedeiht auf mageren Böden in Mooren, Trockenrasen, Zwergstrauchheiden und lichten Wäldern bis in 2400 m Höhe. **WISSENSWERTES** In der Medizin wird die Flechte zur Herstellung von schleimlösenden und reizlindernden Hustenpastillen und Hustentees verwendet.

3 | Alpen-Rentierflechte
Cladonia stellaris

› bildet lockere Rasen
› mehrere, ähnliche Arten

MERKMALE Flechten *(Parmeliaceae)*. Bis zu 10 cm hohe, bäumchenförmige Flechte mit dichten, regelmäßig verzweigten, gelblichen bis gelblichgrauen Ästchen. Die stielrunden Ästchen sind innen hohl, ein deutlich entwickelter Hauptstamm fehlt. Bildet am Boden oft lockere, schwammartige Polster aus zahlreichen kugelförmigen „Sträuchlein". Heißt auch „Kuppelförmige Rentierflechte". **VORKOMMEN** Wächst auf sauren, nährstoffarmen Böden meist oberhalb der Waldgrenze in Zwergstrauchheiden, Hochmooren und Geröllhalden bis in 3000 m Höhe. **WISSENSWERTES** Die Flechte ist in den Alpen selten, bildet in den Tundren und Nadelwäldern Skandinaviens aber oft große, flächendeckende Bestände.

4 | Bartflechte, Baumbart
Usnea spec.

› hängt von Bäumen
› mehrere, sehr ähnliche Arten

MERKMALE Flechten *(Parmeliaceae)*. Bis zu 30 cm lange, fädige, bartförmige Flechte, die von Ästen oder Baumstämmen herunterhängt. Zahlreiche abstehende, gelbgrüne bis silbergraue Kurzzweige sitzen an schwach verzweigten Hauptästen und ergeben ein fischgrätenähnliches Muster. Die äußere Hülle der Hauptäste reißt bei Dehnung ringförmig auf und gibt einen zähen, weißen Zentralstrang frei. **VORKOMMEN** Gedeiht in niederschlags- und nebelreichen Bergwäldern, seltener an frei stehenden Bäumen und Felsen bis in 3300 m Höhe. **WISSENSWERTES** Bartflechten gelten als Indikator für gute Luftqualität und sind auch arzneilich interessant: In ihnen wurde das Antibiotikum Usninsäure entdeckt.

1

2

3

4

1 Torfmoos
Sphagnum sp.

- typische, sternförmige Gestalt
- bildet Torf im Hochmoor
- zahlreiche, ähnliche Arten

MERKMALE Torfmoosgewächse *(Sphagnaceae)*. Bis zu 15 cm hohes, oft in dichten Polstern wachsendes Moos mit unverkennbarer Gestalt. Die einzelnen Stämmchen haben eine palmenartige Krone, darunter befinden sich in mehreren Wirteln angeordnete Seitenäste. Je nach Torfmoosart sind die Blättchen grün, rot oder bräunlich gefärbt. **VORKOMMEN** Wächst auf nassen, torfigen Böden in Hochmooren, Quellfluren, Sumpfwiesen und Moorwäldern bis in 2300 m Höhe. **WISSENSWERTES** Torfmoose können das 20-fache ihres Trockengewichts an Wasser speichern und spielen bei der Entstehung meterdicker Torfschichten im Hochmoor eine zentrale Rolle: Sie wachsen nur an der Spitze, ihre unteren Teile sterben rasch ab. Im nassen, sauerstoffarmen und sauren Untergrund wird dieses abgestorbene Material nur unvollständig abgebaut und unter zunehmendem Druck gepresst – Torf entsteht. In Mitteleuropa bilden Moore etwa 1 mm Torf pro Jahr.

2 Schlangen-Bärlapp, Sprossender Bärlapp
Lycopodium annotinum

- kriechende Sprosse
- immergrüne, nadelförmige Blätter
- ungestielte Sporangienähren

MERKMALE Bärlappgewächse *(Lycopodiaceae)*. Bis zu 30 cm hohe, moosähnliche Pflanze mit kriechenden, bis zu 1 m langen Trieben und aufsteigenden Ästen. Die schmal-lanzettlichen, 3–10 mm langen, steifen Blätter sind spiralig angeordnet, haben eine feine Spitze und enden nicht in einem Haar. Die bis zu 3 cm langen Sporangienähren sind ungestielt und stehen einzeln am Ende der Triebe. Sporenreife Juli bis September. **VORKOMMEN** Gedeiht im Schatten auf feuchten, sauren, humusreichen Böden in Nadelwäldern, Zwergstrauchheiden, Grünerlengebüschen und Blockhalden bis in 2800 m Höhe. **WISSENSWERTES** Beim ähnlich aussehenden Keulen-Bärlapp *(Lycopodium clavatum)* stehen die Sporangienähren meist zu 2–3 auf langen, beblätterten Stielen und die Blattspitzen enden in einem feinen Haar. Bärlappgewächse zählen zu den ältesten Vertretern der Gefäßpflanzen und sind bereits vor über 400 Millionen Jahren entstanden.

3 Tannen-Bärlapp, Tannen-Teufelsklau
Huperzia selago

- nur aufrechte Sprosse
- immergrün
- kalkmeidend und giftig

MERKMALE Bärlappgewächse *(Lycopodiaceae)*. Bis zu 25 cm hoher Bärlapp mit bogig aufsteigenden, nicht kriechenden, oft gabelig verzweigten Trieben. Die bis zu 8 mm langen, nadelförmigen und fein zugespitzen Blätter stehen zu 4–5 in Quirlen oder sind spiralig angeordnet. Die Sporenbehälter befinden sich in den Blattwinkeln. Bildet Brutknospen an den Sprossenden. Sporenreife Juli bis September. **VORKOMMEN** Wächst an schattigen Standorten mit hoher Luftfeuchtigkeit auf feuchten, sauren Böden in Nadelwäldern, Zwergstrauchheiden, Latschengebüschen und Felsfluren bis in 3100 m Höhe. **WISSENSWERTES** Früher wurde die Pflanze in der Volksheilkunde zur Herstellung eines starken Abführ-, Brech- und Wurmmittels verwendet. Davon ist abzuraten: Der Tannen-Bärlapp ist durch verschiedene Alkaloide wie Selagin stark giftig und kann bei Einnahme zu Symptomen wie Schwindel, Taumeln und Bewusstlosigkeit führen.

1

2

3

1 Bunter Schachtelhalm
Equisetum variegatum

› unverzweigte Stängel
› Sporangienähre mit Spitze

MERKMALE Schachtelhalmgewächse *(Equisetaceae)*. Bis zu 30 cm hoher Schachtelhalm mit unverzweigten, 2–3 mm dicken, gleich gestalteten fruchtbaren und unfruchtbaren Stängeln. Wie bei allen Schachtelhalmgewächsen ist der hohle Stängel in Abschnitte gegliedert. Die becher- oder trichterförmig erweiterten Stängelscheiden haben 4–10 Zähne. Die Sporangienähren am Ende der Triebe sind spitz. Sporenreife Mai bis August. **VORKOMMEN** Wächst auf kiesig-sandigen Böden an Bach- und Flussufern, in Quellfluren und Kalkflachmooren bis in 2100 m Höhe. **WISSENSWERTES** Der Bunte Schachtelhalm zählt oft zu den ersten Besiedlern auf neu entstandenen, vegetationslosen Kiesbänken der Fließgewässer.

2 Wald-Schachtelhalm
Equisetum sylvaticum

› verzweigte Äste in Quirlen
› giftig

MERKMALE Schachtelhalmgewächse *(Equisetaceae)*. Bis zu 80 cm hohe, grazile Pflanze mit unterschiedlich gestalteten fruchtbaren und unfruchtbaren Stängeln. Die sterilen Sprosse haben feine, verzweigte, bogig herabhängende Äste. Die bis zu 50 cm hohen fertilen Stängel sind zuerst blass und astlos. Später ergrünen sie und treiben quirlig angeordnete Äste aus. Die glockenförmigen Stängelscheiden haben 3–6 Zähne. Sporenreife April bis Mai. **VORKOMMEN** Gedeiht auf kalkarmen, sauren, feuchten Böden in Wäldern, Weiden und Mooren bis in 1900 m Höhe. **WISSENSWERTES** Die Pflanze bildet ihre grünen, sterilen Triebe und die zunächst bräunlichen, fertilen Triebe im Frühjahr gleichzeitig.

3 Adlerfarn
Pteridium aquilinum

› größter einheimischer Farn
› Massenbestände

MERKMALE Adlerfarngewächse *(Dennstaedtiaceae)*. Bis zu 3 m hoher, mehrjähriger Farn mit lang gestielten, im Umriss dreieckigen Blättern. Diese sind 2–3-fach gefiedert und unterseits meist dicht behaart. Die Wedel entspringen unterirdisch kriechenden, weit verzweigten Sprossen. Die Sporenkapseln auf der Blattunterseite sind unter dem umgebogenen Rand der Fiederchen teilweise verdeckt. Sporenreife Juli bis September. **VORKOMMEN** Wächst auf sauren, humosen Böden in lichten Wäldern, Kahlschlägen und an Waldrändern bis in 2100 m Höhe. **WISSENSWERTES** In der Alpwirtschaft ist der giftige Adlerfarn, der vom Vieh gemieden wird, nicht gern gesehen. Er kann über 1000 Jahre alt werden.

4 Gewöhnlicher Wurmfarn
Dryopteris filix-mas

› trichterförmiger Wuchs
› giftiger Wurzelstock

MERKMALE Wurmfarngewächse *(Dryopteridaceae)*. Bis zu 120 cm hoher Farn mit in Rosetten wachsenden, im Umriss schmal lanzettlichen Wedeln. Weiche, einfach gefiederte Blätter mit am Rand fein gesägten Fiederblättchen. Der Blattstiel ist mit blassbraunen Streuschuppen besetzt. Die Sporenbehälter auf der Blattunterseite stehen in 2 Reihen, mit nierenförmigem Schleier. Sporenreife Juli bis September. **VORKOMMEN** Gedeiht auf feuchten, nährstoffreichen Böden in Wäldern, Hochstaudenfluren und Weiden bis in 2400 m Höhe. **WISSENSWERTES** Im Wurzelstock des Wurmfarns sind medizinisch wirksame Substanzen enthalten, die früher als Mittel gegen Bandwurmbefall eingesetzt wurden (Name!).

1

2

3

4a

4b

1 | Lanzenfarn
Polystichum lonchitis

› wintergrüne Blätter
› einfach gefiedert

MERKMALE Schildfarngewächse *(Aspidiaceae)*. Bis zu 50 cm hoher, mehrjähriger Farn mit starren, schmal-lanzettlichen, einfach gefiederten Blättern. Die ledrig derben, dunkelgrünen Wedel stehen in einer Rosette. Die einzelnen Fiederblättchen sind sichelförmig aufwärts gekrümmt und am Rand stachelig gezähnt. Auf der Blattunterseite sind die Sporenbehälter 2-reihig angeordnet, mit rundem Schleier. Sporenreife Juli bis September. **VORKOMMEN** Gedeiht auf kalkhaltigen, steinigen Böden in Bergwäldern und Felsschuttfluren bis in 2700 m Höhe. **WISSENSWERTES** Als einer der am höchsten steigenden Farne der Alpen wächst die Pflanze am Morteratschgletscher (Schweiz) noch in 2700 m Höhe.

2 | Echte Mondraute
Botrychium lunaria

› mondförmige Blattabschnitte
› Magerkeitszeiger

MERKMALE Natternzungengewächse *(Ophioglossaceae)*. Bis zu 25 cm hoher Farn, der jedes Jahr nur einen Blattwedel ausbildet. Dieser besteht aus einem lang gestielten, rispig angeordneten, fruchtbaren Sporenblattabschnitt und einem mittig von der Pflanze abzweigenden, unfruchtbaren Blattabschnitt. Der gelbgrüne, sterile Abschnitt ist fleischig-starr, länglich und fiederschnittig. Er setzt sich aus 3–9 halbmondförmigen, fettglänzenden Blattfiedern zusammen. Sporenreife Mai bis August. **VORKOMMEN** Wächst auf nährstoff- und kalkarmen Böden in mageren Wiesen und Weiden bis in 3100 m Höhe. **WISSENSWERTES** Die Mondrauke verträgt keine Düngung und ist deshalb vielerorts selten geworden.

3 | Rippenfarn
Blechnum spicant

› zwei Wedeltypen
› mag es schattig und feucht

MERKMALE Rippenfarngewächse *(Blechnaceae)*. Bis zu 75 cm hoher Farn mit 2 unterschiedlichen Wedelformen. Alle Blätter sind länglich-lanzettlich und einfach fiederteilig. Die immergrünen, unfruchtbaren Wedel bilden eine dem Boden anliegende Rosette. Sie sind kurz gestielt, dunkelgrün und ledrig glänzend. Die sporentragenden, fruchtbaren Blätter wachsen in der Mitte dieser Rosette. Sie stehen steif aufrecht, sind heller gefärbt, lang gestielt und sommergrün. Sporenreife Juli bis September. **VORKOMMEN** Gedeiht auf nährstoffarmen, sauren Böden in Wäldern und Zwergstrauchheiden bis in 2100 m Höhe. **WISSENSWERTES** Der Rippenfarn wird als Zierpflanze in schattigen Gärten verwendet.

4 | Grünstieliger Streifenfarn
Asplenium viride

› Spaltenwurzler
› wächst nur auf Kalk

MERKMALE Streifenfarngewächse *(Aspleniaceae)*. Bis zu 15 cm hoher Farn mit im Umriss lineal-lanzettlichen, einfach gefiederten, bis zu 25 cm langen Wedeln. Der Stiel ist wie die Blattspindel grün und nur am Grund schwarzbraun. Einzelne Wedel mit jederseits 10–30 abgestumpften, dreieckigen Fiedern. Die Fiederblättchen verwelken im Herbst am Stängel, ohne abzufallen. 4–8 längliche Sori (Sporangien) pro Fieder. Sporenreife Juli bis August. **VORKOMMEN** Wächst an kalkhaltigen, feuchten, schattigen Standorten an Felsen, Felswänden und Mauern bis in 3100 m Höhe. **WISSENSWERTES** Beim ähnlichen Braunstieligen Streifenfarn *(Asplenium trichomanes)* ist der gesamte Stängel schwarzbraun.

1

2

3

4

1 Europäische Lärche
Larix decidua

› schlanker Nadelbaum
› wirft Nadeln im Winter ab
› bis zu 800 Jahre alt

MERKMALE Kieferngewächse *(Pinaceae)*. Bis zu 40 m hoher, sommergrüner Nadelbaum. Die hellgrünen, weichen Nadeln stehen gebüschelt an Kurztrieben. Im Herbst verfärben sie sich goldgelb und fallen schließlich ab – alle anderen Nadelbäume der Alpen sind wintergrün. Männliche und weibliche Blüten wachsen am selben Zweig. Die reifen, eiförmigen Zapfen werden 2–4 cm lang. Blütezeit April bis Juni. **VORKOMMEN** Wächst in Bergwäldern auf nährstoffreichen, frischen Böden. In den Ost- und Zentralalpen bildet die Lärche zusammen mit der Arve *(Pinus cembra)* die Waldgrenze und steigt bis in 2500 m Höhe. **WISSENSWERTES** Im Forst wird die schnellwüchsige Lärche gern auch in tieferen Lagen angepflanzt. Ihr Holz gilt als sehr witterungsbeständig und wird oft im Außenbereich, etwa beim Bau von Terrassen, verwendet. Da Lärchen ihre Nadeln abwerfen, können ihnen Herbst- und Winterstürme nur wenig anhaben.

2 Fichte
Picea abies

› „Brotbaum" der Waldbesitzer
› wintergrün mit hängenden Zapfen
› „die Fichte sticht, die Tanne nicht"

MERKMALE Kieferngewächse *(Pinaceae)*. Bis zu 60 m hoher, kegelförmiger Nadelbaum mit spitzer Krone und allseitig abstehenen, spitzen, vierkantigen Nadeln. Die reifen Zapfen werden 10–15 cm lang und hängen an den Ästen nach unten. Sie fallen als Ganzes ab. Die männlichen und weiblichen Blütenstände des einhäusigen Baumes stehen aufrecht. Blütezeit Mai bis Juni. **VORKOMMEN** Fichten sind Gebirgsbäume, die ab rund 800 m Höhe in größeren Beständen vorkommen und in den Alpen bis in 2200 m Höhe steigen. Durch die Forstwirtschaft haben sie den Weg in tiefere Lagen gefunden. **WISSENSWERTES** Das Holz der schnell wachsenden Fichte gilt als unser wichtigstes Bauholz und wird zudem bei der Papierherstellung und im Instrumentenbau verwendet. Die Fichten höherer Lagen sind schlanke Bäume mit schmalen Kronen und herabhängenden Seitenästen. Dadurch wird die Auflagefläche für Schneelasten gering gehalten.

3 Weiß-Tanne
Abies alba

› immergrün mit aufrechten Zapfen
› bis zu 600 Jahre alt
› gutes Bau- und Konstruktionsholz

MERKMALE Kieferngewächse *(Pinaceae)*. Bis zu 50 m hoher, dunkelgrüner Nadelbaum mit breiter, im Alter storchennestartiger Krone. Die flachen, stumpfen Nadeln sind zweizeilig angeordnet und haben auf der Unterseite zwei silberweiße Wachsstreifen. Die 8–12 cm langen Zapfen stehen aufrecht. Nach der Reifung zerfallen sie direkt am Baum. Einhäusig. Blütezeit April bis Juni. **VORKOMMEN** Wächst auf nährstoffreichen, frischen bis feuchten Böden, im Bergwald häufig vergesellschaftet mit Rot-Buchen und Fichten. Steigt bis auf 1700 m Höhe. **WISSENSWERTES** Da ihre Pfahlwurzeln tief in den Boden reichen, halten Weiß-Tannen Stürmen besser stand als flach wurzelnde Fichten. Dafür sind sie anfälliger für Verbiss: Rehe und Rothirsche schätzen ihre zarten Knospen. Als schattenverträgliche Bäume überdauern junge Weiß-Tannen oft Jahrzehnte im Unterholz. Wird eine Lücke im Bestand frei, schießen sie in die Höhe.

1a

1b

2a

2b

3a

3b

1 Wald-Kiefer, Föhre
Pinus sylvestris

› Pionierbaum
› schirmförmiger Wuchs
› beliebtes Möbelholz

MERKMALE Kieferngewächse *(Pinaceae).* Bis zu 40 m hoher, immergrüner Nadelbaum mit schirmförmiger Krone und rotbrauner Rinde. Die steifen Nadeln werden bis zu 7 cm lang und stehen paarweise zusammen. Auf der Innenseite sind sie bläulich-grün. Die rundlichen, hängenden Zapfen erreichen eine Länge von 3–6 cm. Blütezeit April bis Mai. **VORKOMMEN** Die Wald-Kiefer liebt lichtreiche Standorte, verträgt Trockenheit und gedeiht auch auf kargen Böden. Als Pionierbaumart wächst sie an Standorten, an der viele andere Baumarten keine Chance hätten. In den Alpen bis in 2200 m Höhe. **WISSENSWERTES** Das Holz der Wald-Kiefer wird unter anderem für Fenster, Türen und Möbel verwendet. Es ist leicht, dauerhaft und sehr harzreich. Durch den hohen Harzgehalt kann es in reinen Kiefernforsten schnell zu Waldbränden kommen. Die Bäume verankern sich mit bis zu 5 m langen Pfahlwurzeln fest im Boden.

2 Zirbel-Kiefer, Arve
Pinus cembra

› Baum des Hochgebirges
› oft von knorriger Gestalt
› bis zu 1000 Jahre alt

MERKMALE Kieferngewächse *(Pinaceae).* Bis zu 25 m hoher, immergrüner Nadelbaum mit kegelförmiger, breiter Krone. Die bis zu 8 cm langen, steifen Nadeln sind 3-kantig und stehen jeweils zu 5 in Büscheln. Arvenzapfen werden 5–8 cm lang, stehen meist schief aufrecht am Baum und haben eine eiförmige Form. Die Samen („Zirbelnüsse") sind dick und werden bis zu 14 mm lang. Blütezeit Juni bis August. **VORKOMMEN** Die Gebirgsbäume kommen erst ab 1300 m Höhe vor und steigen in den Alpen bis auf 2800 m Höhe. In den inneralpinen Trockentälern bilden Zirbel-Kiefern zusammen mit Lärchen *(Larix decidua)* die obere Waldgrenze. **WISSENSWERTES** Da die Arve nur sehr langsam wächst, ist sie in tieferen Lagen gegenüber der Fichte *(Picea abies)* nicht konkurrenzfähig. Ihre Samen bilden die Hauptnahrung des Tannenhähers *(Nucifraga caryocactates)*, der maßgeblich zur Verbreitug des Nadelbaumes beiträgt.

3 Leg-Föhre, Latsche
Pinus mugo ssp. *mugo*

› Pflanze des Krummholzgürtels
› niederliegender Wuchs
› zäh und genügsam

MERKMALE Kieferngewächse *(Pinaceae).* Die Leg-Föhre oder Latsche ist ein maximal 5 m hoher, niederliegender, strauchartig wachsender Nadelbaum mit aufsteigenden Ästen und dunkler Rinde. Ihre 3–5 cm langen, dunkelgrünen Nadeln sind paarweise angeordnet, die Zapfen werden bis zu 5 cm lang. Blütezeit Juni bis Juli. **VORKOMMEN** Latschen bilden oberhalb der Baumgrenze den Krummholzgürtel, wachsen in Hochmooren und steigen bis auf 2300 m Höhe. **WISSENSWERTES** Als niederliegende Unterart der Berg-Kiefer (*Pinus mugo* agg.) ist die Latsche hervorragend an den winterlichen Schneedruck angepasst. Dank ihres flachen, strauchförmigen Wuchses donnern Lawinen einfach über sie hinweg, ohne dauerhaften Schaden anzurichten. Mit ihrem ausgedehnten Wurzlwerk festigt sie instabile Hänge. Neben der Latsche kommen in den Alpen mit der Haken-Kiefer und der Spirke weitere, hochwüchsige Unterarten der Berg-Kiefer vor.

1

2

3a

3b

1 Berg-Ahorn
Acer pseudoplatanus

- knorriger Baum der Alpweiden
- verfärbt sich im Herbst goldgelb
- zweiflügelige Früchte

MERKMALE Ahorngewächse *(Aceraceae)*. Bis zu 40 m hoher Laubbaum mit bis zu 20 cm großen, fünflappigen Blättern. Die Lappen der Blätter sind stumpf oder spitz, aber im Gegensatz zum Spitz-Ahorn *(Acer platanoides)* nie zu einer Spitze ausgezogen. Die gelbgrünen Blüten hängen in rispigen, bis zu 15 cm langen Blütenständen herab. Blütezeit April bis Mai. **VORKOMMEN** Liebt frische, nährstoffreiche Böden und eine hohe Luftfeuchtigkeit. Berg-Ahorne bilden keine Reinbestände, sondern wachsen im Bergmischwald bis über 1600 m Höhe. **WISSENSWERTES** Der Berg-Ahorn wird wegen seines wertvollen Holzes sehr geschätzt. Es wird für den Bau von Zupf- und Streichinstrumenten, für Möbel, Werkzeugstiele und Parkettböden verwendet. Der langlebige Baum kann über 500 Jahre alt werden. Auf Alpweiden stehen oft mächtige Einzelbäume, die als knorrige Baumgestalten das Vieh seit Jahrhunderten vor Regen und Schnee schützen.

2 Rot-Buche
Fagus sylvatica

- häufigster Laubbaum
- dreikantige Bucheckern-Frucht
- hochwertiges Möbelholz

MERKMALE Buchengewächse *(Fagaceae)*. Bis zu 40 m hoher Laubbaum mit meist glatter, grauer Rinde und eiförmigen, in der Jugend seidig behaarten Blättern. Die dreikantigen Nussfrüchte (Bucheckern) sind von einer weichstacheligen Schale umgeben. Blütezeit April bis Mai. **VORKOMMEN** Natürlicherweise wäre die Rot-Buche in weiten Teilen Europas von den Tieflagen bis in die mittleren Gebirgsstufen die dominierende Baumart. Durch Aufforstungen mit Fichten *(Picea abies)* wurde sie vielerorts ins zweite Glied gedrängt. Steigt bis auf 1600 m Höhe. **WISSENSWERTES** Rot-Buchen sind konkurrenzstarke Bäume, die eine hohe Schattenverträglichkeit aufweisen. Sie wachsen noch, wenn nur 1 Sechzigstel des Tageslichts den Waldboden erreicht. In höheren Lagen zeigen sie oft einen verzweigten und gedrungenen Wuchs. Die nährstoffhaltigen Bucheckern bestehen bis zu einem Viertel aus fettem Öl und dienen vielen Tieren als Nahrung.

3 Eberesche, Vogelbeere
Sorbus aucuparia

- Strauch oder kleiner Baum
- Doldentrauben mit 200–300 Blüten
- korallenrote „Vogelbeere"

MERKMALE Rosengewächse *(Rosaceae)*. Bis zu 15 m hoher Laubbaum mit unpaarig gefiederten Blättern, die aus 5–9 Paaren eilanzettlicher, scharf gezähnter Teilblätter bestehen. Die weißen Blüten sind in reichblütigen, doldigen Blütenständen angeordnet. Auffallend sind die korallenroten, kugeligen, etwa 1 cm großen Früchte. Blütezeit Mai bis Juni. **VORKOMMEN** Wächst in lichten Wäldern, im Krummholzgebüsch und an Felshängen bis in 2400 m Höhe. **WISSENSWERTES** Der Name Vogelbeere geht auf die frühere Verwendung der Früchte als Lockmittel beim Vogelfang zurück. Die vitaminreichen Scheinbeeren helfen über 60 Vogelarten durch den Winter. Vor allem nach dem ersten Frost stürzen sich Singvögel und Kleinsäuger auf die bunten Leckerbissen. Für den menschlichen Verzehr sind die Früchte im rohen Zustand nicht geeignet. Die schwach giftige Parasorbinsäure verschwindet erst beim Einkochen zu Marmelade.

1a

1b

2

3a

3b

1 Alpen-Waldrebe
Clematis alpina

› giftiger Kletterstrauch
› federartige Früchte

MERKMALE Hahnenfußgewächse *(Ranunculaceae)*. Sich bis zu 3 m hochwindender Strauch mit verholztem Stängel und doppelt 3-zähligen, tief gesägten Blättern. Die violetten oder blauen, 6–9 cm breiten Blüten hängen einzeln an langen Stielen. Zwischen den 4 Blütenhüllblättern und den Staubblättern sitzen 10–20 weiße Honigblätter. Blütezeit Mai bis Juli. **VORKOMMEN** Wächst auf kalkhaltigen Böden in Latschen- und Alpenrosengebüschen, Nadelwäldern und auf Schutthalden bis in 2400 m Höhe. **WISSENSWERTES** Die Alpen-Waldrebe klettert mit ihren stielartigen Blattabschnitten an Sträuchern empor. Die verholzenden Blattranken geben ihr auch dann noch Halt, wenn die Blätter abgestorben sind.

2 Besenheide, Heidekraut
Calluna vulgaris

› langsamwüchsig
› lichtliebend

MERKMALE Heidekrautgewächse *(Ericaceae)*. 10–90 cm hoher, immergrüner Zwergstrauch mit winzigen, dachziegelartig in 4 Längszeilen angeordneten Blättchen. Die 4-zähligen, rosa- bis violettroten Blüten stehen in einem dichten, traubigen Blütenstand. Blütenglöckchen etwa 4 mm lang. Blütezeit Juli bis Oktober. **VORKOMMEN** Gedeiht auf nährstoffarmen, sauren, eher trockenen Böden in Wäldern, Zwergstrauchheiden, Hochmooren und auf mageren Weiden bis in 2600 m Höhe. **WISSENSWERTES** Aus den biegsamen Stängeln wurden früher Besen gefertigt (Name!). Durch den späten Blühtermin ist die Besenheide eine wichtige Insektenweide, die oft von Honigbienen und Kleinschmetterlingen besucht wird.

3 Schneeheide, Graue Heide
Erica carnea

› kriechender Zwergstrauch
› Schnee- und Frühblüher

MERKMALE Heidekrautgewächse *(Ericaceae)*. 15–30 cm hoher, immergrüner Zwergstrauch mit nadelförmigen, bis zu 1 cm langen Blättern. Die Nadelblätter sind am Rand umgerollt und stehen zu viert in einem Quirl. Lebhaft rosa gefärbte Blüten in endständigen, einseitswendigen Trauben. Die braunroten Staubbeutel ragen aus den rund 5 mm langen Blütenglöckchen heraus. Blütezeit Februar bis Mai. **VORKOMMEN** Besiedelt kalkhaltige Kiefernwälder, Latschengebüsche und Felsfluren bis über 2600 m Höhe. **WISSENSWERTES** Die Schneeheide stammt ursprünglich aus dem Mittelmeergebiet. Sie kann so früh im Jahr blühen, weil sie ihre Blütenknospen bereits im Herbst des Vorjahres fertig ausbildet.

4 Gestreifter Seidelbast
Daphne striata

› Blüten nach Flieder duftend
› stark giftig

MERKMALE Seidelbastgewächse *(Thymelaeaceae)*. Bis zu 30 cm hoher, immergrüner Zwergstrauch mit schmal-ovalen, bis zu 25 mm langen, an den Zweigenden büschelig gehäuften, ledrigen Blättern. 5–15 kurz gestielte, rosafarbene bis weiße Blüten in endständigen Dolden. Die Blüten werden von 4 verwachsenen Kelchblättern gebildet, Kronblätter fehlen. Blütezeit Mai bis Juli. **VORKOMMEN** Die kalkliebende Pflanze wächst in lichten Nadelwäldern, Latschenbeständen, Zwergstrauchheiden und Felsschuttfluren bis in 2700 m Höhe. **WISSENSWERTES** Die Blüten werden von Tagfaltern und anderen langrüsseligen Insekten bestäubt. Alle Pflanzenteile sind äußerst giftig und können beim Verzehr zum Tode führen.

1

2a

2b

3

4

1 Alpen-Heckenrose, Gebirgsrose
Rosa pendulina

› kompakter, sommergrüner Strauch
› flaschenförmige Hagebutten
› durch Ausläufer Kolonien bildend

MERKMALE Rosengewächse *(Rosaceae)*. Bis zu 2 m hoher Strauch mit 7–9-zähligen Blättern an den Blütenzweigen; Teilblätter oval bis rundlich und doppelt gezähnt. Blütenzweige meist stachellos, untere Teile mit dünnen, geraden Stacheln. 5-zählige, rosa bis purpurrote, etwa 4 cm große Blüten mit flach abgerundeten Kronblättern und ganzrandigen Kelchblättern. Die hängenden, ei- bis flaschenförmigen, ziegelroten Früchte (Hagebutten) reifen ab September. Blütezeit Mai bis Juli. **VORKOMMEN** Wächst auf kalkarmen, steinigen Lehmböden in Hochstaudenfluren, Bergwäldern, im Krummholzgürtel und an Felshängen bis in 2600 m Höhe. **WISSENSWERTES** Die Alpen-Heckenrose ist die am höchsten im Gebirge vorkommende Wildrose. Sie lässt sich durch die meist flaschenförmigen Hagebutten gut von anderen Arten unterscheiden, neigt allerdings zur Hybridbildung. Die Früchte der uralten Heilpflanze enthalten viel Vitamin C.

2 Alpen-Bärentraube
Arctostaphylos alpina

› sommergrüner Zwergstrauch
› leuchtend rote Herbstfärbung
› wächst nur im Hochgebirge

MERKMALE Heidekrautgewächse *(Ericaceae)*. Kriechender, bis 20 cm hoher Zwergstrauch mit sparrig verzweigtem, teppichartigem Wuchs. Die sommergrünen, länglich verkehrt eiförmigen Blätter sind dünn und haben einen fein gezähnten, lang bewimperten Rand. Die krugförmigen, rosa oder grünlichweißen Blüten bilden eine 2–5-blütige, endständige Traube. Die kirschgroßen Steinfrüchte sind zunächst grün, später rot und schließlich blauschwarz glänzend. Blütezeit Mai bis Juni. **VORKOMMEN** Gedeiht auf kalkhaltigen, feuchten und steinigen Böden mit langer Schneebedeckung in lichten Latschen- und Zwergstrauchbeständen zwischen 1800 und 2600 m Höhe. **WISSENSWERTES** Die Blätter der Alpen-Bärentraube verfärben sich im Herbst leuchtend rot und bleiben bis zum nächsten Frühjahr stehen. Ihre Früchte sind für Menschen ungenießbar, werden aber von Drosseln, Kolkraben, Alpenschnee- und Birkhühnern geschätzt.

3 Immergrüne Bärentraube
Arctostaphylos uva-ursi

› immergrüner Spalierstrauch
› Heil- und Gartenpflanze
› hoher Gerbstoffgehalt

MERKMALE Heidekrautgewächse *(Ericaceae)*. Bis zu 20 cm hoher, niederliegender Zwergstrauch mit teppichartigem Wuchs. Die immergrünen, ledrig derben, bis zu 3 cm langen Blätter sind oval, unbehaart und ganzrandig. Sie sind oberseits olivgrün glänzend, unterseits matt. Die krugförmigen, weißen Blütenkronen mit ihren rosa Zipfeln stehen in einer 3–10-blütigen, überhängenden, endständigen Traube. Die reifen Steinfrüchte weisen eine leuchtend rote Färbung auf. Blütezeit März bis Juli. **VORKOMMEN** Wächst auf kalkhaltigen, trockenen, steinig-lehmigen Böden in lichten Kiefernwäldern, Latschengebüschen, auf Zwergstrauchheiden und in geschützten Felsnischen bis in 2800 m Höhe. **WISSENSWERTES** Die Immergrüne Bärentraube kann bis zu 100 Jahre alt werden und bis in 1 m Tiefe wurzeln. Ihre Samen werden durch beerenfressende Vögel wie Alpenschneehühner, Tannenhäher oder Wacholderdrosseln verbreitet.

1

2

3a

3b

1 Rauschbeere, Moorbeere
Vaccinium uliginosum

› sommergrüner Zwergstrauch
› Fruchtfleisch und Saft hell
› blaugrün bereifte Blätter

MERKMALE Heidekrautgewächse *(Ericaceae)*. Bis über 50 cm hoher, reich verzweigter Strauch mit verkehrt eiförmigen, ganzrandigen, oberseits blaugrün, unterseits graugrün gefärbten Blättern. Die zylindrisch-glockigen, nickenden Blüten sitzen in den Achseln der oberen Blätter. Sie sind weiß oder rosafarben. Blaue Früchte mit hellem Fruchtfleisch und Saft (bei Heidelbeeren dunkel!). Blütezeit Mai bis Juli. **VORKOMMEN** Wächst auf sauren, feuchten Böden in Mooren, Moorwäldern und Zwergstrauchheiden bis in 3000 m Höhe. **WISSENSWERTES** Beim Verzehr größerer Beerenmengen kann es zu Übelkeit, Kopfschmerzen, Erbrechen, Schwindel und rauschartigen Zuständen kommen. Ursache dafür ist eine Infektion der Rauschbeere mit dem Pilz *Sclerotinia megalospora*. Im Volksmund heißt sie deshalb auch Schwindel-, Trunkel- oder Tollbeere. Ihre Blätter dienen den Raupen des Hochmoor-Gelblings *(Colias palaeno)* als Nahrung.

2 Heidelbeere, Blaubeere
Vaccinium myrtillus

› reich verzweigter Zwergstrauch
› beliebtes Wildobst
› Fruchtfleisch und Saft dunkel

MERKMALE Heidekrautgewächse *(Ericaceae)*. Bis zu 50 cm hoher, sommergrüner Zwergstrauch mit kantigen, grünen Zweigen. Die länglich ovalen Blätter sind fein gesägt und zugespitzt. Die kugeligen, grünlichen bis roten Blüten sitzen einzeln in den Blattwinkeln. Krone mit 4–5 zurückgeschlagenen Zipfeln. Kugelige, blauschwarze Früchte mit dunklem Saft und Fruchtfleisch. Blütezeit April bis Juni. **VORKOMMEN** Besiedelt bodensaure Standorte in Nadelwäldern, Mooren und Zwergstrauchheiden bis in 2600 m Höhe. **WISSENSWERTES** Die wohlschmeckenden Früchte können als Wildobst roh gegessen oder zu Marmelade, Kompott und Saft verarbeitet werden. Heidelbeeren enthalten Gerbstoffe, reichlich Zucker, Fruchtsäure und Vitamine. Frisch verzehrt wirken sie eher abführend, getrocknet als altbewährtes Mittel gegen Durchfall. Die Beeren des Zwergstrauchs sind zudem im Herbst eine wichtige Nahrung für Birk- und Auerhühner.

3 Preiselbeere
Vaccinium vitis-idaea

› aufrechter, ledrig wirkender Strauch
› säuerlich schmeckende Früchte
› immergrüne Blätter

MERKMALE Heidekrautgewächse *(Ericaceae)*. Bis zu 30 cm hoher, immergrüner Zwergstrauch mit derben, bis zu 3 cm langen Blättern. Die ovalen, wechselständig angeordneten Blätter haben einen verdickten, nach unten gebogenen Rand. Oberseits glänzen sie dunkelgrün, unterseits sind sie heller und im Gegensatz zur Immergrünen Bärentraube *(Arctostaphylos uva-ursi)* dunkel punktiert. Die meist 4-zähligen, glockenförmigen, weißen oder rötlichen Blüten sitzen am Zweigende in kurzen, hängenden Trauben. Kugelige, rote Beeren. Blütezeit Mai bis Juli. **VORKOMMEN** Gedeiht auf sauren, von Rohhumus überlagerten Böden in Bergwäldern, Mooren und Zwergstrauchheiden bis in 2700 m Höhe. **WISSENSWERTES** Die roten Beeren reifen ab September und bleiben oft über den Winter stehen. Vögel fressen sie gern und verbreiten die Samen so oft kilometerweit. Die vitaminreichen Preiselbeeren können zu Marmelade verarbeitet werden.

1
2a
2b
3a
3b

1 Rostblättrige Alpenrose
Rhododendron ferrugineum

› kalkmeidender Strauch
› rostbraune Blattunterseiten
› berühmte Alpenrosenblüte

MERKMALE Heidekrautgewächse *(Ericaceae)*. Bis zu 1 m hoher, immergrüner Strauch. Die ovalen oder lanzettlichen, ledrig derben Blätter sind unbehaart und haben einen nach unten gebogenen Rand. Oberseits sind sie glänzend grün, unterseits rostbraun. 6–12 leuchtend rote, trichterförmig vertiefte Blüten stehen als doldenartige Traube am Triebende. Blütezeit Juni bis August. **VORKOMMEN** Wächst auf sauren, humusreichen Böden in lichten Nadelwäldern, auf Alpweiden und in den Zwergstrauchheiden der Krummholzstufe zwischen 1500 und 2600 m Höhe. **WISSENSWERTES** Während der berühmten Alpenrosenblüte leuchten ganze Berghänge in kräftigem Rot. Die 2 cm starken Stämmchen des langsam wachsenden Zwergstrauchs können 100 Jahre alt sein. Auf Kalkgestein wächst die Rostrote Alpenrose nur, wenn der aufliegende Boden ausgelaugt und versauert ist. Sie wird von den Bergbauern auch Rostzetten genannt.

2 Bewimperte Alpenrose
Rhododendron hirsutum

› kalkliebender Zwergstrauch
› bewimperte Blattränder
› giftig

MERKMALE Heidekrautgewächse *(Ericaceae)*. Bis zu 1 m hoher, immergrüner Strauch. Die ovalen oder lanzettlichen, ledrig derben Blätter sind beiderseits grün und haben einen bewimperten, flachen Rand. Die 6–12 trichterförmig vertieften, hellroten Blüten stehen als doldenartige Traube am Zweigende. Blütezeit Mai bis Juli. **VORKOMMEN** Besiedelt kalkhaltige, steinige Böden und kommt in Latschengebüschen, Zwergstrauchheiden, lichten Kiefernwäldern und an felsigen Hängen zwischen 1200 und 2500 m Höhe vor. **WISSENSWERTES** Sowohl Bewimperte als auch Rostblättrige Alpenrose sind äußerst frostempfindliche Pflanzen und können im Winter nur unter einer schützenden Schneedecke überleben. Beide Arten enthalten in ihren Blüten, Früchten, Blättern und Sprossachsen den Inhaltsstoff Andromedotoxin und sind stark giftig. Die Bewimperte Alpenrose wird von den Bergbauern auch Rauzetten oder Almrausch genannt.

3 Zwergalpenrose
Rhodothamnus chamaecistus

› zierlicher Zwergstrauch
› kalkliebend
› wird bis zu 40 Jahre alt

MERKMALE Heidekrautgewächse *(Ericaceae)*. Bis zu 30 cm hoher, reich verzweigter Zwergstrauch mit zarten, rosaroten Blüten. Die immergrünen, ledrig derben, lanzettlichen Blätter sind am Rand fein gesägt und bewimpert. Sie glänzen und werden nur bis zu 15 mm lang. Jeweils 1–3 Blüten stehen am Ende der Zweige. Im Gegensatz zur Bewimperten Alpenrose sind ihre Blüten radförmig ausgebreitet und bilden keine Kronröhre. Blütezeit Mai bis Juli. **VORKOMMEN** Gedeiht auf kalkhaltigen, steinig-lehmigen Böden in Felsfluren, Schutthalden, Latschengebüschen und Zwergstrauchheiden zwischen 1200 und 2400 m Höhe. Ostalpenpflanze mit westlicher Verbreitungsgrenze im Allgäu. **WISSENSWERTES** Die Zwergalpenrose legt ihre Blütenknospen bereits im Herbst an und wird vor allem von Bienen und Hummeln bestäubt. Auch Selbstbestäubung ist möglich. Sie ist ein Relikt der tertiären Alpenflora und in den Ostalpen endemisch.

1

2

3

1 Gamsheide, Alpenazalee
Kalmia procumbens, Syn.: *Loiseleuria procumbens*

- reich verzweigter Spalierstrauch
- Pionier auf Schuttflächen
- wird über 50 Jahre alt

MERKMALE Heidekrautgewächse *(Ericaceae)*. Bis zu 5 cm hoher, niederliegender, flache Teppiche bildender Zwergstrauch mit bis zu 45 cm langen Zweigen. Die immergrünen, derben, ovalen Blätter sind nur 4–7 mm lang, haben einen umgelegten Rand und eine glänzende Oberseite. Die Blüten stehen zu 2–5 in endständigen Trauben und haben eine glockige, im äußeren Drittel 5-spaltige Krone. Kelch dunkelrot, Krone rosa. Blütezeit Mai bis Juli. **VORKOMMEN** Besiedelt kalkfreie, trockene und humose Böden in Zwergstrauchheiden, Schuttfluren, auf Felsen und windexponierten Graten zwischen 1500 und 3000 m Höhe. **WISSENSWERTES** Die Gamsheide ist eine wahre Überlebenskünstlerin, die dank ihres niedrigen, teppichartigen Wuchses Trockenheit, Wind und extreme Temperaturschwankungen zwischen –40 °C und 50 °C ertragen kann. Als Rohhumusbildnerin ist sie eine wichtige Pionierpflanze auf Schuttflächen.

2 Zwittrige Krähenbeere
Empetrum hermaphroditum

- niederliegender Spalierstrauch
- nadelförmige Blätter
- Verdauungsausbreitung durch Vögel

MERKMALE Heidekrautgewächse *(Ericaceae)*. Bis zu 20 cm hoher, Teppiche bildender Spalierstrauch mit immergrünen, nadelförmigen Blättern. Die schmal-ovalen, 5 mm langen und 1,5–2 mm breiten Blätter sind am Rand umgerollt. Die 3-zähligen, roten Blüten sind meist zwittrig, nur 2–3 mm lang und stehen einzeln in den Blattwinkeln. Beerenartige, blauschwarze Steinfrucht. Blütezeit Mai bis Juni. **VORKOMMEN** Wächst auf kalk- und nährstoffarmen Böden in Zwergstrauchheiden und Krummseggenrasen zwischen 1700 und 3000 m Höhe. **WISSENSWERTES** Die Früchte der Krähenbeere werden gern von Rabenvögeln, Birk- und Alpenschneehühnern gefressen. Da die Samen den Verdauungstrakt der Vögel unversehrt passieren, tragen sie so zur Verbreitung des Zwergstrauchs bei. Die nahe verwandte Schwarze Krähenbeere *(Empetrum nigrum)* ist meist einhäusig und besiedelt Torfmoore. Die Spaliersträucher können über 80 Jahre alt werden.

3 Grün-Erle
Alnus alnobetula, Syn.: *Alnus viridis*

- reich verzweigter Strauch
- „Laublatsche"
- schützt vor Lawinen

MERKMALE Birkengewächse *(Betulaceae)*. Bis zu 3 m hoher Strauch mit glatter, graubrauner Rinde. Die eiförmigen, doppelt gesägten und zugespitzen Blätter sind oberseits dunkel-, unterseits hellgrün. Sie haben 5–7 Seitennervenpaare und werden 5–8 cm lang. Männliche Blütenstände als bis zu 6 cm lange, hängende Kätzchen. Weibliche Blütenstände zapfenartig. Sie erscheinen mit dem Laubaustrieb und sind 1 cm lang. Blütezeit April bis Juni. **VORKOMMEN** Gedeiht auf lehmigen, nassen Böden an steinigen Hängen, Bachufern, Waldrändern, in Lawinenzügen und Schuttfluren bis in 2200 m Höhe. **WISSENSWERTES** An schattigen Nordhängen bilden Grün-Erlen im Krummholzgürtel oft geschlossene Bestände. Mit ihren weit verzweigten Wurzeln und Ausläufern festigen sie den Boden. Im Winter halten ihre biegsamen Zweige den Schnee zurück und schützen so vor Lawinen. Die Knospen sind eine wichtige Winternahrung für Birkhühner.

1

2

3a

3b

1 Kraut-Weide
Salix herbacea

- sommergrün
- im Boden eingewachsene Zweige
- „kleinster Baum der Welt"

MERKMALE Weidengewächse *(Salicaceae)*. Bis zu 8 cm hoher, niederliegender Spalierstrauch mit unterirdisch kriechendem, verholztem Stamm und im Boden eingewachsenen Ästen. Die krautigen, oberirdischen Triebe werden nur 2–8 cm lang und tragen bis zu 3 cm lange, beiderseits glänzend grüne Blätter. Diese sind rundlich geformt und am Rand fein gesägt. Der Blütenstand ist unscheinbar. Die Staubbeutel sind vor dem Aufblühen violett, später gelb, die fruchtenden Kätzchen zuerst grün, später braunrot. Blütezeit Juli bis August. **VORKOMMEN** Wächst auf kalkfreien, feuchten Böden in Schneetälchen, Felsschutt und alpinen Rasen zwischen 1800 und 3300 m Höhe. **WISSENSWERTES** Da ein Großteil der Kraut-Weide unterirdisch wächst, ist sie hervorragend an die extremen Klimabedingungen im Hochgebirge angepasst. Carl von Linné, der Begründer der biologischen Systematik, bezeichnete sie als „kleinsten Baum der Welt".

2 Netz-Weide
Salix reticulata

- niederliegender Zwergstrauch
- netzartig geaderte Blätter
- hält 9 Monate Schneebedeckung aus

MERKMALE Weidengewächse *(Salicaceae)*. Bis zu 10 cm hoher, sommergrüner Spalierstrauch mit auf dem Boden aufliegenden, wurzelnden Zweigen. Die ovalen bis kreisrunden Blätter werden bis zu 4 cm lang, glänzen oberseits dunkelgrün und weisen eine tiefe Netzaderung auf (Name!). Unterseits sind sie dicht anliegend behaart. Die Blüten erscheinen zeitgleich mit den Blättern, die Früchte sind filzig behaart. Weibliche Kätzchen 1,5–2 cm, männliche Kätzchen bis zu 3 cm lang. Blütezeit Juni bis August. **VORKOMMEN** Besiedelt kalkhaltige, humose Böden in Schneetälchen, Felsschutt und lockere Rasen zwischen 1400 und 3000 m Höhe. **WISSENSWERTES** Netz-Weiden wachsen extrem langsam, ihr Jahresringzuwachs beträgt teilweise nur 0,1 mm. Dafür können sie 40 Jahre alt werden. Wie bei den anderen niederliegenden Spalierweiden des Hochgebirges („Gletscherweiden") stehen ihre Kätzchen an endständigen Kurztrieben.

3 Stumpfblättrige Weide
Salix retusa

- sommergrüner Zwergstrauch
- gelb gefärbtes Herbstlaub
- duftet im Herbst nach Baldrian

MERKMALE Weidengewächse *(Salicaceae)*. Bis zu 10 cm hoher, flacher Sparlierstrauch, der Wurzeln ausbildet und dessen Zweige sich an den Untergrund anschmiegen. Die verkehrt eiförmigen, bis zu 3 cm langen Blätter sind vorne oft etwas eingebuchtet, glattrandig und unbehaart. Sie sind beiderseits glänzend grün und weisen 4–6 Seitennerven auf. Die Blüten erscheinen mit den Blättern. Zweihäusig. Die Kätzchen sind bis zu 2 cm lang. Blütezeit Juni bis August. **VORKOMMEN** Gedeiht auf kalkhaltigen, humosen Böden auf steinigen Weiden, Schutt und Fels und in Schneetälchen zwischen 1400 und 2600 m Höhe. **WISSENSWERTES** Da sich die Stumpfblättrige Weide auch durch Zweigbruchstücke vermehrt, kann sie Lawinenrutschungen schnell neu besiedeln. Ihr ähnelt die nahe verwandte Quendelblättrige Weide *(Salix serpyllifolia)*. Deren Blätter werden allerdings höchstens 8 mm lang und weisen 3–4 Seitennerven auf.

1

2

3

Blumen und Gräser

1 Borstgras, Bürstling
Nardus stricta

› unauffälliger Blütenstand
› steife, borstige Halme und Blätter
› auf Silikatgestein

MERKMALE Süßgräser *(Poaceae)*. Bis zu 30 cm hohes, dichte Horste bildendes Gras mit steifen, nur am Grund beblätterten Halmen. Die graugrünen Blätter sind borstenförmig eingerollt, steif und stechend spitz. Der bis zu 10 cm lange Blütenstand bildet eine schlanke, einseitswendige Ähre. Ährchen einblütig, anfangs grau, später gelb. Die violetten Deckspelzen sind mit Granne 8–10 mm lang. Reif stehen die Ährchen kammartig ab. Blütezeit Mai bis Juli. **VORKOMMEN** Wächst auf kalk- und nährstoffarmen, sauren, mageren Böden in Bergwiesen und Alpweiden bis zu 2900 m Höhe. Kennart des Borstgrasrasens. **WISSENSWERTES** Das Borstgras ist mit seinen derben Blättern und der schützenden Strohtunika sehr gut an trockene Standorte angepasst. Vom Alpvieh wird das raue, spitze Gras größtenteils gemieden und meist nur büschelweise ausgerupft. Da es auch Tritt gut verträgt, profitiert es von dauerhafter Beweidung.

2 Alpen-Rispengras
Poa alpina

› pyramidenförmige Rispe
› „lebendgebärend"
› Charakterart der Alpen-Fettweiden

MERKMALE Süßgräser *(Poaceae)*. Bis zu 50 cm hohes, horstbildendes Gras mit am Grund durch Blattscheiden zylindrisch verdickten Halmen. Die grünen oder blaugrünen Blätter sind glatt und 2–5 mm breit, die oberen mit bis zu 4 mm langen, zerschlitzten Blatthäutchen. Die unteren Zweige der pyramiden- oder eiförmigen Rispe stehen oft weit ab. Ährchen 5–10-blütig, meist violett überlaufen. Blütezeit Mai bis September. **VORKOMMEN** Gedeiht auf feuchten, basen- und nährstoffreichen Böden in Fettweiden, Krummseggenrasen, Lägerfluren und Schneetälchen zwischen 1400 und 3600 m Höhe. **WISSENSWERTES** Das Alpen-Rispengras gilt als wertvolle Futterpflanze fürs Alpvieh. Das Gras zählt zu den „lebendgebärenden" Pflanzenarten: Nach der Blüte bilden sich im Herbst auf den Ährchen der Mutterpflanzen junge Tochterpflänzchen, die später zu Boden fallen. Sie gehen aus Brutknospen und nicht aus Samen hervor.

3 Kalk-Blaugras
Sesleria caerulea

› starre, stachelspitze Blätter
› Pionierpflanze auf steilen Berghängen
› Kennart des Blaugras-Horstseggenrasens

MERKMALE Süßgräser *(Poaceae)*. Bis zu 50 cm hohes, lockere Horste bildendes, bläuliches Gras mit tief reichendem Wurzelsystem. Die Halme sind am Grund von alten, verwelkten Blattscheiden umgeben („Strohtunika"), die bis zu 5 mm breiten, oft gefalteten Blätter enden in einer kurzen Stachelspitze. Der ährige, eiförmige bis zylindrische Blütenstand wird bis zu 5 cm lang. Ährchen 2–4-blütig. Deckspelzen bläulich oder schwarzviolett. Blütezeit März bis August. **VORKOMMEN** Wächst auf kalkreichen, mageren Böden in Stein- und Trockenrasen, lichten Wäldern und auf Felsvorsprüngen bis in 2800 m Höhe. **WISSENSWERTES** Das Kalk-Blaugras blüht schon zeitig im Frühling und gilt als Magerkeits- und Kalkzeiger, Schuttstauer und Humusbildner. Mit seinem zähen Wurzelwerk verankert es sich fest im Boden. Auf steilem Gelände sind die Blaugrashalden durch die ständigen Rutschungen oft treppenartig gestuft.

1

2

3

Blumen und Gräser

1 | Schmalblättriges Wollgras
Eriophorum angustifolium

- mehrere, weißwollige Haarschöpfe
- glatte Ährenstiele
- bildet Massenbestände

MERKMALE Riedgräser *(Cyperaceae)*. Bis zu 60 cm hohes, unterirdische Ausläufer bildendes Gras mit fast rundem Stängel und mehreren Wollknäueln. Die meist rinnigen Blätter sind zu einer langen, 3-kantigen Spitze ausgezogen. 3–7 ungleich lang gestielte Ähren, nach dem Blühen überhängend und mit borstenartig verlängerten Wollhaaren. Die Ährenstiele sind glatt. Blütezeit April bis Juni. **VORKOMMEN** Wächst in kalkhaltigen Nasswiesen, Quellfluren und Flachmooren bis in 2600 m Höhe. **WISSENSWERTES** Für alle Wollgräser ist der weiße Wollschopf typisch. Er wird von den langen Blütenhüllfäden der Früchte gebildet. Das Schmalblättrige Wollgras lässt sich leicht mit dem in kalkhaltigen Flachmooren vorkommenden Breitblättrigen Wollgras *(Eriophorum latifolium)* verwechseln. Dieses hat einen stumpf 3-kantigen Stängel, etwas breitere, meist flache Blätter und raue Ährenstiele. Außerdem bildet es keine Ausläufer.

2 | Scheuchzers Wollgras
Eriophorum scheuchzeri

- Wollgras mit einzelnem Köpfchen
- bildet flächige Rasen
- kalkmeidend

MERKMALE Riedgräser *(Cyperaceae)*. Bis zu 40 cm hohes, Ausläufer bildendes Gras mit rundem Stängel und einer einzelnen, endständigen, kugeligen Ähre. Die Grund- und unteren Stängelblätter sind binsenförmig rund, die oberste Blattscheide ist nicht deutlich aufgeblasen. Die Perigonborsten werden nach der Blüte zu langen Fäden und bilden einen auffälligen, weißwolligen Schopf. Blütezeit Juni bis September. **VORKOMMEN** Wächst auf torfigen, nassen und sauren Böden an den Ufern von Seen und Tümpeln sowie im Verlandungsbereich von Mooren zwischen 1500 und 2700 m Höhe. **WISSENSWERTES** Scheuchzers Wollgras bildet lange unterirdische Ausläufer, die ins Flachwasser von Seen und Tümpeln vordringen und so zur Verlandung der Gewässer beitragen. An den Ufern hochalpiner Seen bildet es oft ausgedehnte Massenbestände. Wie alle heimischen Wollgräser ist es durch die Trockenlegung von Feuchtgebieten gefährdet.

3 | Scheidiges Wollgras
Eriophorum vaginatum

- einzelne Wollköpfchen
- Horste bildend im Moor
- kalkmeidend

MERKMALE Bis zu 70 cm hohes, horstbildendes Wollgras mit oben 3-kantigem Stängel, borstenförmigen, graugrünen Blättern und einer einzelnen endständigen, eiförmigen Ähre. Die Pflanze bildet keine Ausläufer. Stängelblätter mit aufgeblasenen Blattscheiden, das oberste ohne Spreite. Die Perigonborsten werden nach der Blüte zu langen Fäden und bilden einen weißen Wollschopf. Blütezeit April bis Juni. **VORKOMMEN** Wächst auf sauren, nassen Böden auf Torfmoorbulten in Hochmooren bis in 2400 m Höhe. **WISSENSWERTES** Die auffälligen, weißen Köpfchen des Scheidigen Wollgrases werden aus zahlreichen langen Samenhaaren gebildet. Sie dienen als Flughilfe für die kleinen Nussfrüchte der Pflanze. Ähnlich wie die Fruchtschirmchen des Löwenzahns („Pusteblume“) können die federleichten Haare bis zu 10 km weit fliegen – und so auch weit entfernte Moorlebensräume erreichen.

1

2

3

Blumen und Gräser

1 | Krumm-Segge
Carex curvula

› bildet dichte Bestände
› Kennart: Krummseggenrasen

MERKMALE Riedgräser *(Cyperaceae)*. Bis zu 30 cm hohes, dichte Horste bildendes Gras mit 3-kantigen, glatten Halmen. Stängel und Blätter auffällig gekrümmt. Die Blätter sind 1–2 mm breit und sterben im obersten Drittel früh ab. Der kopfige, dunkelbraune Blütenstand besteht aus zahlreichen, dicht gedrängten Ährchen. Männliche Blüten oben, weibliche unten. Blütezeit Juli bis August. **VORKOMMEN** Wächst auf kalkfreien, humosen Böden mit kurzer Schneebedeckung in alpinen Rasen zwischen 1800 und 3400 m Höhe. **WISSENSWERTES** Die Krumm-Segge verbreitet sich häufig durch Ausläufer und bildet weitläufige Rasen, die schon im Hochsommer durch die absterbenden Blätter gelbbraun aussehen.

2 | Rost-Segge
Carex ferruginea

› geschätztes Weidegras
› Kennart: Rostseggenrasen

MERKMALE Riedgräser *(Cyperaceae)*. Bis zu 60 cm hohes, Ausläufer bildendes Gras mit rundlichem Stängel. Am Grund mit rotbraunen Blattscheiden (Name!), ohne Faserschopf. Die flachen, schlaffen Blätter werden nur 1–2 mm breit. Bis zu 15 cm langer Blütenstand mit einer endständigen männlichen Ähre und 1–4 lang gestielten, zuletzt nickenden weiblichen Ähren. Ähren rotbraun. Blütezeit Juni bis August. **VORKOMMEN** Gedeiht auf gut durchfeuchteten, kalkhaltigen Böden in alpinen Matten, Geröllhalden, feuchten Runsen und wasserzügigen Hängen zwischen 1000 und 2500 m Höhe. **WISSENSWERTES** Rostseggenrasen zählen zu den buntesten Blumenwiesen der Alpen und gelten als produktive Bergweiden.

3 | Polster-Segge
Carex firma

› derbe, immergrüne Blätter
› Kennart: Polsterseggenrasen

MERKMALE Riedgräser *(Cyperaceae)*. Bis zu 20 cm hohes, mit Rosetten dichte Polster bildendes Gras mit glatten, 3-kantigen, aufrechten Halmen. Die steifen, 2–4 mm breiten Blätter sind viel kürzer als die Stängel und liegen auf dem Boden auf. Der Blütenstand besteht aus einer endständigen männlichen Ähre und 1–3 eiförmigen weiblichen Ähren. Blütezeit Juni bis August. **VORKOMMEN** Wächst auf kalkreichen, trockenen Steinböden in Schutthalden, felsigen Hängen und Magerrasen bis in 2900 m Höhe. **WISSENSWERTES** Der Polsterseggenrasen, eine besonder robuste, kälteresistente Pflanzengesellschaft, findet sich an Graten und Kuppen, über die der Wind mit großer Kraft hinwegbläst.

4 | Horst-Segge
Carex sempervirens

› Pionierpflanze der Felshalden
› Blaugras-Horstseggenrasen

MERKMALE Riedgräser *(Cyperaceae)*. Bis zu 40 cm hohes, feste Horste bildendes Gras mit rundem Stängel. Am Grund mit gelbbraunem Faserschopf, ohne rotbraune Blattscheiden (Unterschied zur Rost-Segge!). Die 2–3 mm breiten, flachen und schlaffen Blätter werden nur halb so lang wie die Halme. Blütenstand mit 1–4 lang gestielten, aufrecht bleibenden weiblichen Ähren und einer (2–3) endständigen männlichen Ähre. Blütezeit Juni bis August. **VORKOMMEN** Besiedelt trockene, meist kalkhaltige Böden an grasigen, steinigen Hängen bis in 3100 m Höhe. **WISSENSWERTES** Die Horst-Segge ist eine Pionierpflanze auf nacktem Fels und kommt häufig zusammen mit dem Blaugras *(Sesleria caerulea)* vor.

1

2

3

4

1 Jacquins Binse, Gams-Binse
Juncus jacquinii

› kopfiger Blütenstand
› 3 lange, korkenzieherartige Narben
› Feuchtigkeitszeiger

MERKMALE Binsengewächse *(Juncaceae)*. Bis zu 30 cm hohes Gras mit kopfigem Blütenstand. Im oberen Drittel des runden Stängels setzt ein einzelnes Hüllblatt an, das den endständigen, 5–12-blütigen Blütenstand weit überragt. Die grundständigen Blätter sind dünn, glatt und höher als der Stängel. Blütenblätter und Frucht schwarzbraun glänzend, Staubbeutel schwefelgelb, Narben rosa und korkenzieherartig. Blütezeit Juni bis August. **VORKOMMEN** Wächst auf kalkarmen, feuchten bis staunassen, steinigen Böden in feuchten Rasen, Quellfluren und an Bachufern zwischen 1600 und 3000 m Höhe. **WISSENSWERTES** Jacquins Binse kommt praktisch nur in den Alpen vor und ist eine der wenigen hochalpinen Binsenarten mit kopfigem Blütenstand. Ihren Namen trägt sie zu Ehren des österreichischen Botanikers Nicolas Joseph Freiherr von Jacquin (1727–1817). Auf beweideten Matten zeigt sie ausgesprochen feuchte Stellen an.

2 Braune Hainsimse
Luzula alpinopilosa

› nickender Blütenstand
› bildet dichte Horste
› wächst auf Silikatgestein

MERKMALE Binsengewächse *(Juncaceae)*. Bis zu 50 cm hohes Gras mit meist weniger als 2 mm breiten, blaugrünen, spärlich behaarten Blättern. Die grundständigen Blattscheiden sind braun, seltener braunrot. Das Hochblatt ist kürzer als der lockere, nickende Blütenstand. Dieser besteht aus mehreren abstehenden Ästen mit 2–5-blütigen, braunen Büscheln. Die etwa 2 mm kleinen, bräunlich-häutigen Perigonblätter haben eine grannige Spitze, die reife Frucht ist dunkelbraun und kugelig. Blütezeit Juni bis August. **VORKOMMEN** Gedeiht auf kalkarmen, nassen und steinigen Böden in Schneetälchen und Lawinenrunsen sowie auf Felsschutt und Magerrasen zwischen 1600 und 3300 m Höhe. **WISSENSWERTES** Die Braune Hainsimse ist in Schneetälchen teilweise recht häufig und kann mit ihren dichten Horsten sogar bestandsbildend sein. Neben ihr kommen im Alpenraum noch rund ein Dutzend weitere Arten der Gattung *Luzula* vor.

3 Gold-Hainsimse, Gelbe Hainsimse
Luzula lutea

› goldgelbe Blüten
› oberhalb der Waldgrenze
› südwesteuropäisch-montane Art

MERKMALE Binsengewächse *(Juncaceae)*. Bis zu 25 cm hohes, lockere Horste bildendes Gras mit 3–5 mm breiten, blaugrünen Blättern, die nur an der Scheidenmündung zerstreut behaart sind. Stängel aufrecht, rund und glatt, Blattscheide rotbraun. Der meist nickende Blütenstand besteht aus mehreren, ungleich langen Ästen mit jeweils 6–10 in Knäueln angeordneten Blüten. Die Blütenhüllblätter sind etwa 3 mm lang und auffallend gelb gefärbt. Reife Frucht rotbraun. Blütezeit Juni bis August. **VORKOMMEN** Wächst auf kalkarmen, humosen und lockeren Böden in alpinen Rasen und Bergweiden zwischen 1800 und 3400 m Höhe. **WISSENSWERTES** Trotz ihrer attraktiv wirkenden, goldgelben Blüten lockt die Gold-Hainsimse keine Insekten zur Bestäubung an. Wie alle anderen Arten ihrer Gattung ist sie ausschließlich windblütig. Bei der ähnlichen Gelblichen Hainsimse *(Luzula luzulina)* stehen die Blüten einzeln und aufrecht.

1

2

3

Blumen und Gräser

1 Alpen-Ampfer
Rumex alpinus

› kräftige Pflanze
› riesige, am Grund herzförmige Blätter
› Weideunkraut

MERKMALE Knöterichgewächse *(Polygonaceae)*. Bis zu 150 cm hohe, ausdauernde Staude mit längs gerilltem Stängel, sehr großen Blättern und mächtigem Blütenstand. Die gestielten, rundlich-herzförmigen Grundblätter werden bis zu 50 cm lang und 35 cm breit. Am Rand sind sie meist gewellt. Typisch ist der dicht zusammengezogene, rostbraune Gesamtblütenstand mit seinen verzweigten, aufrechten Ästen. Zahlreiche, unscheinbare Einzelblüten hängen knäuelig in endständiger Rispe. Blütezeit Juni bis August. **VORKOMMEN** Wächst auf feuchten, nährstoffreichen Böden in überdüngten Wiesen und Weiden, bei Alphütten, an Viehlagerplätzen und Bachufern zwischen 1000 und 2500 m Höhe. **WISSENSWERTES** Der Alpen-Ampfer wächst vor allem an stickstoffreichen Standorten, also überall dort, wo viel Dung und Gülle hinkommt. Wegen seines hohen Oxalgehalts wird er vom Alpvieh nicht gefressen und gilt als Weideunkraut.

2 Schild-Ampfer
Rumex scutatus

› spießförmige Blätter
› Schuttwanderer
› „Römischer Salat"

MERKMALE Knöterichgewächse *(Polygonaceae)*. Bis zu 50 cm hoher Ampfer mit aufsteigendem Stängel. In der unteren Hälfte oft strauchig verzweigt. Typisch sind die gestielten, spießförmigen Blätter. Sie sind blaugrün bis grasgrün gefärbt, bis zu 5 cm lang und höchstens 2-mal so lang wie breit. Der locker rispenartige Blütenstand besteht aus zahlreichen, rötlich überlaufenen Einzelblüten. Zweihäusige Pflanze. Blütezeit Mai bis August. **VORKOMMEN** Besiedelt lockere Stein- und Felsschuttböden, steinige Matten, Geröllhalden und Flussgeschiebe bis in 2700 m Höhe. **WISSENSWERTES** Der Schild-Ampfer mag basenreiche, offene und sonnige Standorte. Als Schuttwanderer, der lange, wandertriebähnliche Stängel durchs Geröll sendet, kommt er mit den besonderen Lebensbedingungen in Schutthalden gut zurecht. Er wird seit der Römerzeit als Wildgemüse angebaut und ist als Gartenflüchtling mancherorts verwildert.

3 Alpen-Säuerling
Oxyria digyna

› sauerampferähnlich, aber mit 4 Blütenblättern
› Pionierpflanze
› linsenförmige Früchte

MERKMALE Knöterichgewächse *(Polygonaceae)*. Bis zu 30 cm hohe Pflanze mit sauerampferähnlichen, unscheinbaren Blüten. Die grundständigen Blätter sind lang gestielt, breiter als lang, rundlich bis nierenförmig und vorne oft ausgerandet. Der unverzweigte Stängel ist meist blattlos. Zahlreiche, grünliche oder rötliche Blüten in endständiger Rispe. Die Blüten mit jeweils 4 Blütenblättern – im Gegensatz zu den Ampferarten (*Rumex* sp.) mit ihren 6 Blütenblättern. Blütezeit Juli bis August. **VORKOMMEN** Wächst auf lockeren, feuchten und kalkarmen Gesteinsschuttböden, in Schneetälchen, steinigen Weiderasen, Lawinenrunsen und Moränen zwischen 1700 und 2800 m Höhe. **WISSENSWERTES** Als Pionierpflanze kann der Alpen-Säuerling frisch freigelegte Moränenböden schon im ersten Jahr nach dem Rückzug des Eises besiedeln. Die kleinen Blüten haben eine einfache Blütenhülle (Perigon), also nicht Kelch und Krone.

1

2

3

Blumen und Gräser

1 Gewöhnlicher Frauenmantel
Alchemilla vulgaris agg.

› formenreiche Sammelart
› handförmige Blätter
› silberglänzende Tropfen am Morgen

MERKMALE Rosengewächse *(Rosaceae)*. Bis zu 50 cm hohe, kräftige Pflanze mit unscheinbaren, gelbgrünen Blüten. Meist in dichten Knäueln in einem rispigen Blütenstand, 4 Blütenblätter pro Blüte. Die fächerartig ausgebreiteten Grundblätter sind 5–11-lappig und am Rand gezähnt. Blütezeit Mai bis Oktober. **VORKOMMEN** Wächst auf nährstoffreichen, feuchten Böden in Wiesen, Wäldern, ufernahen Gebüschen, Quellfluren und Gräben bis in 2800 m Höhe. **WISSENSWERTES** Die Gattung *Alchemilla* besteht aus zahlreichen, schwer unterscheidbaren Kleinarten, die in mehrere Sammelarten wie *Alchemilla vulgaris* und *Alchemilla alpina* zusammengefasst werden. Am Morgen lassen sich an den Blättern des Frauenmantels oft feine Wassertröpfchen beobachten. Dabei handelt es sich nicht um Tau oder Regen, sondern um sogenannte Guttationstropfen. Sie werden von der Pflanze aktiv aus Wasserspalten an den Blatträndern ausgeschieden.

2 Alpen-Frauenmantel, Silbermantel
Alchemilla alpina agg.

› formenreiche Sammelart
› unterseits silberglänzende Blätter
› uralte Heilpflanze

MERKMALE Rosengewächse *(Rosaceae)*. Bis zu 30 cm hohe Pflanze mit niederliegenden, sterilen Seitentrieben und unscheinbaren, 4-zähligen, gelbgrünen Blüten. Die Grundblätter sind 5–7-lappig, tief eingeschnitten, vorne gezähnt und unterseits dicht silbrig behaart. Die Blüten stehen in Knäueln in einem rispigen Blütenstand. Blütezeit Juni bis August. **VORKOMMEN** Gedeiht auf kalkarmen, sauren und humusreichen Böden in Borstgrasrasen, Felsschuttfluren, Zwergstrauchheiden und Silikat-Felsspalten bis in 2700 m Höhe. **WISSENSWERTES** Der Alpen-Frauenmantel gilt in der Volksmedizin als besonders heilkräftig. Seine gerbstoffreichen Blätter werden seit dem Altertum für Tees bei Frauenleiden verwendet. Frauenmantel-Arten können sich durch Samenbildung ohne vorherige Befruchtung (Apomixis) fortpflanzen. So entstehen zahlreiche Kleinarten, die sich in ihren ökologischen Ansprüchen oft stark unterscheiden.

3 Alpen-Wegerich
Plantago alpina

› kleine Pflanze mit zylindrischen Ähren
› lange, schmale Blätter
› beliebte Futterpflanze

MERKMALE Wegerichgewächse *(Plantaginaceae)*. Bis zu 15 cm hohe Pflanze mit lineal-lanzettlichen Blättern in grundständiger Rosette. Diese sind 6–20-mal so lang wie breit und verschmälern sich plötzlich zur Spitze hin. Sie sind 3-nervig, wobei die seitlichen Nerven näher beim Rand als beim Mittelnerv liegen. Die blattlosen Stängel tragen zylindrische, bis zu 3 cm lange, hellbraune Ähren mit zahlreichen, unscheinbaren Einzelblüten. Krone außen behaart, mit 4 weißlichen Zipfeln. Gelbe Staubbeutel. Blütezeit Mai bis August. **VORKOMMEN** Gedeiht auf kalkarmen, humos-steinigen Lehmböden in alpinen Matten, lückigen Rasen und Schneetälchen zwischen 1000 und 2700 m Höhe. **WISSENSWERTES** Der Alpen-Wegerich gilt als wertvolle Futterpflanze fürs Alpvieh, was ihm den Volksnamen „Adelgras" eingebracht hat. Bei der Nahrungsaufnahme grast das Vieh meist nur die Blätter ab und lässt die Ährenstiele stehen.

1

2

3

1 Echte Edelraute
Artemisia umbelliformes

› silberglänzend und duftend
› alte Heilpflanze

MERKMALE Korbblütler *(Asteraceae)*. Bis zu 30 cm hohe, aromatisch duftende Pflanze mit graufilziger Behaarung. Die radiär 3–5-teiligen Blätter sind gestielt, die einzelnen Abschnitte in etwa 1 mm breite Zipfel geteilt. 3–20 eiförmige, gelbliche Blütenköpfchen verteilen sich locker und unregelmäßig am Stängel. Unten sind sie lang gestielt, oben sitzend und meist gehäuft. Innere Hüllblätter mit braunem Hautrand. Blütezeit Juli bis August. **VORKOMMEN** Besiedelt Felsen, Felsschutt und steinige Rasen zwischen 1600 und 3700 m Höhe. **WISSENSWERTES** Die Echte Edelraute enthält Bitterstoffe und ätherische Öle und wird in der Volksmedizin seit langem als Heilpflanze geschätzt.

2 Zwerg-Ruhrkraut
Gnaphalium supinum

› weißfilzig behaart
› häufig in Schneetälchen

MERKMALE Korbblütler *(Asteraceae)*. Kleine, bis zu 10 cm hohe, weißfilzige Pflanze mit schmal-lanzettlichen Blättern und unauffälligem Blütenstand. Die Blätter sind höchstens 3 cm lang und beiderseits seidenwollig behaart. 1–6 Blütenköpfchen in anfangs gedrungener, später aufgelockerter, endständiger Ähre. Blüten blass bräunlich. Blütezeit Juli bis September. **VORKOMMEN** Wächst auf kalkarmen, feucht-kalten Böden in Schneetälchen, Lawinenrunsen, Moränen sowie feuchten Wiesen, Weiden und Wegen zwischen 1300 und 3300 m Höhe. **WISSENSWERTES** Das kälteresistente Zwerg-Ruhrkraut ist eine typische Pflanze der nivalen Flora. In Schneetälchen bildet es oft lockere Rasen.

3 Vogel-Nestwurz
Neottia nidus-avis

› Pflanze ohne Blattgrün
› blüht erst nach etwa 9 Jahren

MERKMALE Orchideen *(Orchidaceae)*. Bis zu 40 cm hohe, in allen Teilen gelbbraun gefärbte Pflanze mit kräftigem, gerilltem Stängel und 4–6 schuppenförmigen, den Stängel scheidig umfassenden Blättern. Ähriger Blütenstand mit 20–60 Blüten. Die Blütenhüllblätter neigen sich zu einem lockeren Helm zusammen. Lippe am Grund mit napfartiger Vertiefung, kein Sporn. Blütezeit Mai bis Juli. **VORKOMMEN** Gedeiht auf basen- und nährstoffreichen Böden in schattigen Wäldern bis in 2050 m Höhe. **WISSENSWERTES** Da der Orchidee das Blattgrün fehlt, kann sie keine Photosynthese betreiben. Sie wird über einen Mykorrhizapilz in ihren Wurzeln mit allen lebenswichtigen Stoffen versorgt.

4 Einknolle, Honigorchis
Herminium monorchis

› vielblütige Orchidee
› starker Honigduft

MERKMALE Orchideen *(Orchidaceae)*. Bis zu 30 cm hohe Orchidee mit meist 2, seltener 5 grundständigen, lanzettlichen Blättern. Schlank zylindrischer, allseitswendiger Blütenstand mit 10–30 Blüten. Die grünlichgelben Blüten sind spornlos und duften nach Honig, ihre 3-teilige Lippe hat einen langen, schmalen Mittelabschnitt. Blütezeit Mai bis Juli. **VORKOMMEN** Wächst auf kalkhaltigen Böden in feuchten Wiesen und Weiden bis in 1900 m Höhe. **WISSENSWERTES** Die Einknolle wird von kleinen Insekten wie Zwergschlupfwespen, Fliegen und Käfern bestäubt. Im Unterschied zu den meisten anderen heimischen Orchideen kann sie sich auch vegetativ durch bis zu 20 cm lange Ausläufer vermehren.

1

2

3

4

1 Zwergorchis, Zwergstendel
Chamorchis alpina

› unscheinbare Orchidee
› Blätter grasartig und grundständig
› wird von Ameisen bestäubt

MERKMALE Orchideen *(Orchidaceae)*. Bis zu 15 cm hohe, kleinwüchsige Orchidee mit langen, grasartigen Blättern und kantigem Stängel. Die 4–10 lineal-lanzettlichen Blätter stehen in einer grundständigen Rosette und reichen oft bis zum Blütenstand. Dichtblütig mit 5–15 gelbgrünen bis rotbraunen Blüten. Die 3–4 mm lange Lippe ist meist gelb gefärbt, die übrigen Blütenblätter neigen sich helmförmig zusammen. Kein Sporn. Blütezeit Juli bis August. **VORKOMMEN** Besiedelt kalkhaltige Rasen, steinige Weiden und windgefegte Grate zwischen 1400 und 2900 m Höhe. **WISSENSWERTES** Die unscheinbaren und duftlosen Blüten der Zwergorchis sondern reichlich Honig ab. Als einzige Orchidee Europas wird sie von Ameisen bestäubt. Die Blüten locken aber auch Fliegen, Schlupfwespen und Käfer an. Von allen heimischen Orchideen steigt die Zwergorchis in den Alpen am höchsten. Zudem ist sie unsere kleinste Orchidee.

2 Grüne Hohlzunge, Hohlzungen-Fingerwurz
Dactylorhiza viridis, Syn.: *Coeloglossum viride*

› Blüten schwach duftend
› Blütenlippe zungenförmig
› wie alle Orchideen geschützt

MERKMALE Orchideen *(Orchidaceae)*. Bis zu 25 cm hohe Pflanze mit 3–7 blaugrünen Blättern am kantigen Stängel. Die oberen Blätter lanzettlich, die unteren eiförmig. Der zylindrische, allseitswendige Blütenstand besteht aus 5–25 Blüten. Die kleinen Einzelblüten sind grünlich bis gelblich, oft auch rot überlaufen. Bei der 3-lappigen Lippe ist der Mittelabschnitt deutlich kürzer. Die Perigonblätter bilden einen halbkugeligen Helm, der Sporn ist kurz und sackförmig. Blütezeit Mai bis Juli. **VORKOMMEN** Wächst auf mageren, kalkfreien, humusdurchsetzten Lehmböden in Zwergstrauchheiden, alpinen Rasen, Magerwiesen und lichten Wäldern bis in 2700 m Höhe. **WISSENSWERTES** Der schwache Duft der Grünen Hohlzunge lockt Bienen, Käfer und Nachtfalter als Bestäuber an. Die feilspanförmigen Samen der Orchidee werden nur 0,5 mm lang und sind federleicht. Als sogenannte Ballonflieger werden sie mit dem Wind verbreitet.

3 Großes Zweiblatt
Neottia ovata, Syn.: *Listera ovata*

› 2 große Laubblätter
› Stängel oben behaart
› lebt mit Wurzelpilz zusammen

MERKMALE Orchideen *(Orchidaceae)*. Bis zu 50 cm hohe Orchidee mit 2 breit-eiförmigen, fast gegenständigen Stängelblättern mit deutlicher Nervatur. Die derben Blätter stehen etwas über dem Boden. 20–40 Blüten stehen in einer langen, allseitswendigen Traube. Die gelbgrünen, 2-lappigen Lippen der Einzelblüten sind bis zur Mitte eingeschnitten, die grünen Perigonblätter neigen sich zusammen. Ohne Sporn. Blütezeit Mai bis Juli. **VORKOMMEN** Gedeiht auf frischen, oft kalkhaltigen Böden in Wäldern, Ufergebüschen, Feucht- und Bergwiesen bis in 2500 m Höhe. **WISSENSWERTES** Wie bei den meisten Orchideenarten werden die Pollen des Großen Zweiblatts als klebrige Masse (Pollinien) auf blütenbesuchende Insekten übertragen. Berührt eine Schlupfwespe oder ein Käfer einen Teil der Narbe, das Rostellum, erfolgt der explosionsartige Ausstoß eines klebrigen Tropfens. Er heftet die Pollinien an den Kopf des Insekts.

1a

1b

2

3

Blumen und Gräser

1 Sendtners Alpen-Mohn, Weißer Alpen-Mohn
Papaver alpinum ssp. *sendtneri*

› weiße Blüten mit gelbem Grund
› Charakterart der Schuttflora
› Endemit der Ostalpen

MERKMALE Mohngewächse *(Papaveraceae)*. Bis zu 20 cm hohe, kleine Polster bildende Pflanze mit beiderseits behaarten, fiederschnittigen, graugrünen Blättern in grundständiger Rosette. An den blattlosen, mit weißen Haaren besetzten Stängeln sitzt jeweils eine einzelne, bis zu 4 cm große, duftende Blüte. Die 4 weißen Kronblätter sind am Grund oft gelb oder schwarz gefärbt. Blütezeit Juli bis August. **VORKOMMEN** Wächst auf lehmhaltigem Kalk und Dolomitgestein in Schutthalden und Geröllhängen – auch in solchen, die sich noch bewegen. Kommt nur in den Nördlichen Kalkalpen zwischen 2000 und 2700 m Höhe vor. **WISSENSWERTES** Der Weiße Alpen-Mohn verankert sich mit seiner kräftigen Pfahlwurzel im fließenden Schutt fest im Boden, hangaufwärts sichert er sich mit zusätzlichen Wurzelfasern ab. Als Charakterart der Schuttflora bildet er kräftige, polsterförmige Horste. Die Pflanze enthält giftige Alkaloide.

2 Alpen-Gämskresse
Hornungia alpina,
Syn.: *Pritzelago alpina*

› klein und vielblütig
› Stängel mit Sternhaaren
› Alpenschwemmling

MERKMALE Kreuzblütler *(Brassicaceae)*. Bis zu 12 cm hohe, reichblütige Pflanze mit blattlosen Stängeln und am Grund gehäuften, gefiederten bis fiederteiligen Blättern. Die Blüten stehen in einer lockeren, doldigen Traube, die weißen Kronblätter sind vorne abgerundet. Die schmal-eiförmigen, abgeflachten Schötchen werden 4–5 mm lang und stehen aufrecht von der Traubenachse ab. Blütezeit Mai bis August. **VORKOMMEN** Besiedelt sickerfrische Felsschuttfluren, Moränen und Schneetälchen zwischen 1300 und 3100 m Höhe. Gelangt als sogenannter „Alpenschwemmling" mit den Alpenflüssen auch in die Täler und ins Alpenvorland. **WISSENSWERTES** In den Alpen kommen 3 Unterarten vor: Die kalkliebende ssp. *alpina* mit 3–5 mm langen Kronblättern, die auf Silikat wachsende ssp. *brevicaulis* (Kronblattlänge 1,5–2,5 mm) und die kalkliebende, in den Südostalpen gedeihende ssp. *austroalpina* (Kronblattlänge 2,5–3 mm).

3 Alpen-Gänsekresse
Arabis alpina

› rau behaart
› bis 6 cm lange Schoten
› für Steingärten geeignet

MERKMALE Kreuzblütler *(Brassicaceae)*. Bis zu 40 cm hoher Kreuzblütler mit sternhaarigen, meist abstehend verzweigten Stängeln. Die breit ovalen, grundständigen Blätter stehen in einer Rosette, sind kurz gestielt und grob gezähnt. Am Stängel 3–10 gezähnte, stängelumfassende Blätter. Die weißen Blüten stehen in einer armblütigen, lockeren Doldentraube, der Blütenstand ist nach der Blüte verlängert. Stabförmige, bis zu 6 cm lange Früchte, oft aufrecht abstehend. Blütezeit März bis Oktober. **VORKOMMEN** Wächst auf kalkhaltigen, feuchten, lockersteinigen Böden in Felsspalten, Gesteinsschutt und Kiesbänken bis in 3200 m Höhe. **WISSENSWERTES** Die Alpen-Gänsekresse ist ein sogenannter „Wintersteher". Sie überdauert in den Winter hinein und streut ihre geflügelten Samen über den Schnee. Als Alpenschwemmling gelangt sie mit Bächen und Flüssen in tiefere Lagen und besiedelt dort Kiesbänke. Schuttüberkriecher.

1

2a

2b

3

Blumen und Gräser

1 Alpen-Schaumkraut
Cardamine alpina

› winzige Pflanze
› stabförmige, gerade Früchte
› mag es feucht

MERKMALE Kreuzblütler *(Brassicaceae)*. Kleine, bis zu 10 cm hohe Pflanze mit unverzweigtem, kantigem Stängel und dunkelgrünen, ungeteilten, derben Blättern. Die lang gestielten grundständigen Blätter wachsen rosettig gehäuft und sind oval bis rundlich, oft auch etwas gelappt. 1–3 Stängelblätter, am Grund verschmälert oder kurz gestielt. Die weißen Blüten stehen in kurzer, endständiger Traube. Die Kronblätter sind vorne häufig etwas ausgerandet, die Kelchblätter an der Spitze oft violett. Blütezeit Juni bis August. **VORKOMMEN** Wächst auf kalkarmen oder kalkfreien, feuchten bis nassen Böden in Schneetälchen, Quellfluren und an feuchten Felsen zwischen 1500 und 3400 m Höhe. **WISSENSWERTES** Das Alpen-Schaumkraut treibt seine Blüten bereits aus, ehe sich die Stängel strecken. Dadurch ist es gut gerüstet für die kurzen Vegetationszeiten in Schneetälchen, die oft nur 2–3 Monate betragen.

2 Bitteres Schaumkraut
Cardamine amara

› alte Heilpflanze
› bitterer Geschmack
› mag es feucht und nass

MERKMALE Kreuzblütler *(Brassicaceae)*. Bis zu 60 cm hohe, dunkelgrüne Pflanze mit zahlreichen Blättern und Blüten. Die unpaarig gefiederten Blätter bestehen aus 4–10 Fiederpaaren und einem größeren Endabschnitt. Teilblättchen schmal eiförmig, Stängel markgefüllt. Die weißen Blüten stehen gehäuft in endständigen Doldentrauben. Die Länge der Kronblätter beträgt 5–10 mm, die Staubbeutel sind violett. Blütezeit Mai bis Juli. **VORKOMMEN** Gedeiht auf wasserreichen Böden an Gräben, Bächen und Quellfluren sowie in sickerreichen Geröllhalden und feuchten Bergwäldern bis in 2500 m Höhe. **WISSENSWERTES** Das Bittere Schaumkraut enthält neben Bitterstoffen auch viel Vitamin C. Deshalb wurde es früher als Mittel gegen Skorbut eingesetzt. Wie die ähnliche Brunnenkresse *(Nasturtium officinale)* kann es als Salat zubereitet werden. Die Brunnenkresse hat einen hohlen Stängel, kleinere Blüten und gelbe Staubbeutel.

3 Felsen-Kugelschötchen
Kernera saxatilis

› zierliche Felsspaltenpflanze
› kugelförmige Schötchen
› Alpenschwemmling

MERKMALE Kreuzblütler *(Brassicaceae)*. Bis zu 30 cm hohe Pflanze, mit kantigem, unten anliegend borstig behaartem Stängel. Die grundständigen, bis zu 4 cm langen Blätter sind in einer Rosette angeordnet, rauhaarig, spatelförmig und kurz gestielt. Die lineal-lanzettlichen Stängelblätter werden nach oben hin kleiner. Blüten in einer armblütigen, lockeren Traube. Die vorne abgerundeten Kronblätter sind weiß, die Kelchblätter gelblichgrün. Früchte kugelig an dünnen, abstehenden Stielen. Blütezeit Mai bis Juli. **VORKOMMEN** Wächst auf kalkreichen, feinerdearmen Böden in Felsspalten, Schutthalden, Flussgeröllen und steinigen Hängen bis in 2700 m Höhe. **WISSENSWERTES** Die zierliche Pflanze gelangt als Alpenschwemmling bis in die Täler und weit ins Alpenvorland. Dort besiedelt es die Kiesbänke im Uferbereich der Bäche und Flüsse. Der Name „Kugelschötchen" geht auf die kugelige Gestalt der Früchte zurück.

1

2

3

Blumen und Gräser

1 | Eisenhutblättriger Hahnenfuß *Ranunculus aconitifolius*

- › üppig wachsende Gebirgspflanze
- › bildet Massenbestände
- › feuchtigkeitsliebend

MERKMALE Hahnenfußgewächse *(Ranunculaceae)*. Bis zu 60 cm, in Ausnahmefällen sogar über 1 m hohe Staude mit ästig verzweigtem Stängel, zahlreichen, 1–2 cm großen weißen Blüten und gelben Staubgefäßen. Die lang gestielten, handförmigen Grundblätter sind 3–7-teilig, die einzelnen Teilblätter gezähnt und am Grund frei. Die Blüten stehen in lockerer Rispe, die Blütenstiele sind 1–3-mal so lang wie ihre Tragblätter und anliegend behaart. Blütezeit Mai bis Juli. **VORKOMMEN** Wächst auf feuchten, kalkhaltigen Lehmböden in Hochstaudenfluren, Schluchtwäldern und Feuchtwiesen sowie an Bachrändern und Quellfluren bis in 2500 m Höhe. **WISSENSWERTES** Während des Bergfrühlings kann der Eisenhutblättrige Hahnenfuß ganze Hänge in ein weißes Kleid betten. Er gilt als düngerverträgliches Weideunkraut, das vom Alpvieh wegen seiner giftigen Inhaltsstoffe verschmäht wird. Seine Blätter ähneln denen des Eisenhuts (Name!).

2 | Alpen-Hahnenfuß *Ranunculus alpestris*

- › manchmal mehr als 5 Blütenblätter
- › fettig glänzende Blätter
- › kleinwüchsig und giftig

MERKMALE Hahnenfußgewächse *(Ranunculaceae)*. Bis zu 15 cm hohe, gänzlich unbehaarte Pflanze mit 2–2,5 cm großen Einzelblüten an aufrechten Stängeln. Die lang gestielten, glänzenden, rundlichen bis nierenförmigen Grundblätter sind 3–5-lappig mit ungleichen, stumpfzähnigen Abschnitten. Die vorne herzförmig eingekerbten Kronblätter sind weiß, die Kelchblätter grün. Blütezeit Mai bis August. **VORKOMMEN** Gedeiht auf feuchten, kalkhaltigen Böden in Felsspalten, Schneetälchen, alpinen Rasen und Feinschuttrinnen zwischen 1500 und 2900 m Höhe. **WISSENSWERTES** Die Blätter des Alpen-Hahnenfußes entwickeln sich bereits unter der geschlossenen Schneedecke und entfalten sich sofort nach dem Ausapern. Seine Blüten werden vor allem von Fliegen bestäubt. Sein „Bruder", der Gletscher-Hahnenfuß, vertritt ihn auf sauren Standorten – die beiden nahe verwandten Pflanzen bilden ein vikariierendes Artenpaar.

3 | Gletscher-Hahnenfuß *Ranunculus glacialis*

- › Hochgebirgspflanze
- › fleischige Blätter und große Blüten
- › Schuttstauer

MERKMALE Hahnenfußgewächse *(Ranunculaceae)*. Bis zu 20 cm hohe Pflanze mit zuerst weißen, später rötlich überlaufenen Blüten und dicht rotbraun behaarten Kelchblättern. Stängel 1–5-blütig, ebenso wie die Blätter meist kahl. Die fleischigen, grundständigen Blätter sind 3-teilig, die einzelnen Abschnitte gestielt und noch einmal tief gefurcht. Stängelblätter 3–5-teilig, Blüten 1,5–3 cm groß. Blütezeit Juli bis August. **VORKOMMEN** Besiedelt kalkarme, steinige Böden in Felsspalten, Steinschuttfluren und Moränen zwischen 1900 und 4300 m Höhe. **WISSENSWERTES** Der Gletscher-Hahnenfuß zählt – zusammen mit Gegenblättrigem Steinbrech *(Saxifraga oppositifolia)* und Zweiblütigem Steinbrech *(Saxifraga biflora)* – zu den am höchsten steigenden Blütenpflanzen der Alpen. Am Finsteraarhorn (Schweiz) wächst er in 4275 m Höhe. Mit seinem knollig verdickten Wurzelstock verankert er sich im beweglichen Schutt.

1

2

3

Blumen und Gräser

1 | Schneerose, Christrose
Helleborus niger

› Winterblüher („Christrose")
› geschützt und giftig
› beliebte Gartenpflanze

MERKMALE Hahnenfußgewächse *(Ranunculaceae)*. Bis zu 30 cm hohe, im Winter blühende Pflanze. Der Stängel ist dick, unverzweigt, meist einblütig und trägt 1–2 ovale Hochblätter. Die wintergrünen, ledrigen Grundblätter setzen sich aus 7–9 lanzettlichen Teilblättern zusammen. Auffallend sind die 5–10 cm großen, weiß- bis blassrosafarbenen Blüten, die sich beim Verblühen grünlich oder rötlich verfärben. Zahlreiche gelbe Staubgefäße. Blütezeit Dezember bis Mai. **VORKOMMEN** Besiedelt kalkhaltige, nährstoffreiche Lehmböden in Wäldern, Gebüschen und Hochstaudenfluren der nördlichen und südlichen Kalkalpen bis in 1800 m Höhe. **WISSENSWERTES** Die gepulverten, schwarzen Wurzelstöcke der stark giftigen Pflanze wurden früher zur Herstellung von Niespulver und Schnupftabak verwendet. Sie heißt deshalb auch „Schwarze Nieswurz". Galt im Alterum als Brechmittel und Heilmittel bei Epilepsie und Geisteskrankheiten.

2 | Zwerg-Miere
Minuartia sedoides

› bildet dichte Polster
› winzige Blüten ohne Kronblätter
› hochalpine Pionierpflanze

MERKMALE Nelkengewächse *(Caryophyllaceae)*. Bis zu 6 cm hohe, dichte, moosartige Polster bildende Pflanze mit winzigen Blüten und Blättern. Die schmal-lanzettlichen, ledrigen, meist kahlen Blätter werden nur 3–6 mm lang. Die Blüten sitzen einzeln auf kurzen Stielen und haben keine Kronblätter. Die 5 cremefarbenen bis hellgrünen Kelchblätter sind 2–3 mm lang. Blütezeit Juli bis August. **VORKOMMEN** Wächst auf kalkarmen oder kalkfreien, lehmigen Böden in steinigen Rasen, lückigen Matten, Schuttfeldern und Felsspalten sowie an windverblasenen Graten zwischen 1800 und 3300 m Höhe. **WISSENSWERTES** Die Zwerg-Miere wird von kurzrüsseligen Fliegen bestäubt und gehört zu den ersten Pflanzen, die auf frischen Moränenböden Fuß fassen. Ihre dichten, halbkugeligen Polster schmiegen sich eng an den Untergrund an und bieten so den in großen Höhen vorherrschenden, heftigen Winden nur wenig Angriffsfläche.

3 | Kriechendes Gipskraut
Gypsophila repens

› bildet hohe Polster
› zarte Blüten
› bläulich bereifte Blätter

MERKMALE Nelkengewächse *(Caryophyllaceae)*. Bis zu 25 cm hohe, in polsterartigen Rasen wachsende Pflanze mit zahlreichen blütenlosen Trieben. Blühende und sterile Triebe sind kahl und locker beblättert. Die linealen, bläulich bereiften Blätter werden bis zu 3 cm lang, die zarten, weiß oder rosafarbenen Blüten stehen zu 2–12 in endständigen Rispen. Blüten am Schlundeingang ohne schuppenartiges Nebenkrönchen – im Unterschied zum Felsen-Leimkraut *(Atocion rupestre)*. Blütezeit Mai bis September. **VORKOMMEN** Gedeiht auf kalkreichen, sickerfeuchten, steinigen Böden in Schutthängen, Geröllfeldern, Flussschottern und an Felsen zwischen 1200 und 2800 m Höhe. **WISSENSWERTES** Mit seiner kräftigen, bis zu 2 m langen Pfahlwurzel verankert sich das Kriechende Gipskraut fest im lockeren Boden und trägt als Schuttdecker zu dessen Stabilisierung bei. Als Alpenschwemmling gelangt es oft bis weit in die Täler.

1

2

3

Blumen und Gräser

1 Zweiblütiges Sandkraut
Arenaria biflora

› winzige Blätter
› häufig in Schneetälchen

MERKMALE Nelkengewächse *(Caryophyllaceae)*. Bis zu 5 cm hohe Pflanze mit bis zu 30 cm langen, kriechenden Stängeln und etwa 2 cm hoch aufgerichteten Blütenstielen. Die stumpfen, breit ovalen bis runden Blätter werden maximal 5 mm lang und haben einen kurzen, bewimperten Stiel. Blüten einzeln oder zu zweit, die eiförmigen Kronblätter sind so lang wie der Kelch oder etwas länger. Blütezeit Juli bis August. **VORKOMMEN** Wächst auf feuchten, kalkarmen Böden in Felsschuttfluren, alpinen Rasen und Schneetälchen zwischen 1600 und 3100 m Höhe. **WISSENSWERTES** Das Zweiblütige Sandkraut trotzt auch langer Schneebedeckung: Der Pflanze reichen 2–3 schneefreie Monate für Wachstum und Blüte.

2 Bewimpertes Sandkraut
Arenaria ciliata

› viele blütenlose Kurztriebe
› kriechende Stängel

MERKMALE Nelkengewächse *(Caryophyllaceae)*. Bis zu 10 cm hohe, kurz behaarte Pflanze mit niederliegenden bis aufsteigenden Stängeln. Die eiförmigen bis länglich-lanzettlichen Blätter sind am Grund bewimpert und bis zu 7 mm lang. Sie sind 2–4-mal so lang wie breit (Zweiblütiges Sandkraut: 1–2-mal). Blüten einzeln oder zu zweit, die Kronblätter 1,5–2-mal so lang wie der Kelch. Blütezeit Juli bis August. **VORKOMMEN** Gedeiht auf kalkhaltigen, feuchten Böden in steinigen Rasen, Felsschutt und Felsspalten zwischen 1800 und 3100 m Höhe. **WISSENSWERTES** Die Pflanze wächst in dichten Polstern und Rasen. Sie gilt als sehr formenreich und bildet mehrere geographische Varietäten.

3 Alpen-Hornkraut
Cerastium alpinum

› bildet lockere Polster
› auf Silikatgestein

MERKMALE Nelkengewächse *(Caryophyllaceae)*. Bis zu 20 cm hohe, abstehend behaarte Pflanze mit sterilen Trieben und meist 4–5-blütigen Stängeln. Die bis zu 2 cm langen Blätter sind oval bis lanzettlich geformt, die untersten Deckblätter höchstens halb so lang wie das oberste Stängelblatt, mit schmaler Hautspitze. Große Blüten mit vorne schmal herzförmigen Kronblättern, diese sind doppelt so lang wie die Kelchblätter. Blütezeit Juli bis September. **VORKOMMEN** Besiedelt trockene kalkarme Böden an windgefegten Graten, in Felsspalten und steinigen Rasen zwischen 1800 und 3000 m Höhe. **WISSENSWERTES** Das Alpen-Hornkraut wächst in vielen europäischen Hochgebirgen und in der Arktis.

4 Breitblättriges Hornkraut
Cerastium latifolium

› sehr lange Pfahlwurzel
› wächst nur auf Kalk

MERKMALE Nelkengewächse *(Caryophyllaceae)*. Bis zu 8 cm hohe, lockere Rasen bildende Pflanze mit zahlreichen, sterilen Trieben. Die oval bis breit-eiförmigen, etwas fleischigen Blätter sind filzig-drüsig behaart und blaugrün gefärbt. Deckblätter ohne Hautrand. Bis zu 3,5 cm große Blüten. Die herzförmig eingekerbten Kronblätter sind meist mehr als doppelt so lang wie die Kelchblätter. Blütezeit Juli bis August. **VORKOMMEN** Gedeiht auf kalkhaltigen, steinigen Böden in Felsschutt und Moränen zwischen 1500 und 3500 m Höhe. **WISSENSWERTES** Das nahe verwandte Einblütige Hornkraut *(Cerastium uniflorum)* hat spatelförmige Blätter und wächst auf Silikatböden (vikariierende Art).

1
2
3
4

Blumen und Gräser

1 Taubenkropf-Leimkraut
Silene vulgaris

› auffällige Blüten
› sehr formenreich

MERKMALE Nelkengewächse *(Caryophyllaceae)*. Bis zu 90 cm hohe, vielgestaltige, meist kahle Pflanze mit oben verzweigtem Stängel und zugespitzten, lanzettlichen bis eiförmigen Blättern. Die endständigen Blüten stehen in lockeren Trugdolden. Die weißen oder zartrosafarbenen Kronblätter sind tief gespalten. Typisch ist der verwachsene, aufgeblasene Kelch. Er ist graugrün oder rötlich gefärbt und weist eine dunkle, 20-nervige Netzaderung auf. Blütezeit Juni bis September. **VORKOMMEN** Wächst auf kalkhaltigen, trockenen Böden in Wiesen, Weiden, Hochstaudenfluren und Steinschutthalden bis in 3000 m Höhe. **WISSENSWERTES** Die Pflanze heißt auch „Gewöhnliches" oder „Aufgeblasenes Leimkraut".

2 Kleiner Strahlensame
Heliosperma pusillum

› vierzähnige Kronblätter
› Samen strahlig bewimpert

MERKMALE Nelkengewächse *(Caryophyllaceae)*. Bis zu 20 cm hohe, lockerrasig wachsende Pflanze mit einzelnen Blüten an langen Stielen. Stängel unbehaart und oben klebrig. Die schmal-lanzettlichen Blätter sind nur 1–3 mm breit. Die Kronblätter weisen vorne 4 Zähne auf, haben ein Nebenkrönchen und sind meist weiß, seltener rosa oder lila gefärbt. Der becherförmige Kelch ist 4–6 mm lang. Blütezeit Juni bis September. **VORKOMMEN** Gedeiht auf sickernassen, kalkhaltigen, steinigen Böden an feuchten Felsen, im Felsschutt und in Quellfluren zwischen 1000 und 2400 m Höhe. **WISSENSWERTES** Der Kleine Strahlensame gelangt als Alpenschwemmling manchmal auch in tiefere Lagen.

3 Bewimperte Nabelmiere
Moehringia ciliata

› reich verzweigte Stängel
› bildet Rasen oder Polster

MERKMALE Nelkengewächse *(Caryophyllaceae)*. Bis zu 8 cm hohe, zarte Pflanze mit niederliegenden, nur am Ende aufsteigenden, bis zu 15 cm langen Stängeln. Die schmal-linealen, etwas fleischigen Blätter sind 3–10 mm lang und am Grund kurz bewimpert. 1–3 Blüten stehen am Ende der Zweige auf dünnen Stielen. Die glattrandigen Kronblätter sind weiß, die Kelchblätter grün, zugespitzt und schmal hautrandig. Blütezeit Juni bis August. **VORKOMMEN** Wächst auf kalkreichen, feuchten, steinigen Böden in Geröllhalden, Schneetälchen, Felsspalten und im Felsschutt zwischen 1600 und 3100 m Höhe. **WISSENSWERTES** Die Samen der Bewimperten Nabelmiere werden von Ameisen verbreitet.

4 Knöllchen-Knöterich
Polygonum viviparum

› Brutknöllchen
› Leckerei für Schneehühner

MERKMALE Knöterichgewächse *(Polygonaceae)*. Bis zu 25 cm hohe, unverzweigte Pflanze mit braunen Brutknöllchen im unteren Teil des ährigen Blütenstands. Die ovalen bis länglichen Blätter sind unterseits graugrün und am Rand nach unten gebogen. Grundblätter lang gestielt, die Stängelblätter sitzend. Kleine, weiße oder rosafarbene Blüten. Blütezeit Juni bis August. **VORKOMMEN** Besiedelt trockene, magere und mäßig saure Böden in Rasen, Zwergstrauchheiden, gefestigten Felsfluren und Schneetälchen zwischen 1000 und 3000 m Höhe. **WISSENSWERTES** Die stärkegefüllten Brutknöllchen keimen oft noch auf der Mutterpflanze aus und fallen im Herbst als fertige kleine Pflänzchen zu Boden.

1

2

3

4

Blumen und Gräser

1 | Mannsschild-Steinbrech
Saxifraga androsacea

› sehr kleine Rosettenpflanze
› einzeln oder in lockeren Rasen

MERKMALE Steinbrechgewächse *(Saxifragaceae)*. Bis zu 6 cm hohe Rosettenpflanze mit drüsig behaarten Stängeln und Blättern. 1–3 weiße Blüten und 1–3 lanzettliche Blätter pro Stängel. Die ganzrandigen oder an der Spitze 3–5-zähnigen Rosettenblätter haben am Rand abstehende Drüsenhaare und sind lanzettlich oder spatelförmig geformt. Die elliptischen Kronblätter sind 2–3-mal so lang wie die Kelchblätter. Blütezeit Mai bis August. **VORKOMMEN** Wächst auf kalkreichen, feuchten bis nassen Böden in Schneetälchen, Weiderasen und Felsschutt zwischen 1500 und 3200 m Höhe. **WISSENSWERTES** Der Mannsschild-Steinbrech ist eine von über 50 in den Alpen vorkommenden Steinbrecharten.

2 | Blaugrüner Steinbrech
Saxifraga caesia

› harte, moosähnliche Polster
› an Kalkgestein gebunden

MERKMALE Steinbrechgewächse *(Saxifragaceae)*. Bis zu 10 cm hohe, feste Polster bildende Pflanze mit blaugrünen, ganzrandigen Rosettenblättern. Diese sind nur 3–6 mm lang, bogig zurückgekrümmt und haben am Rand kalkausscheidende Grübchen. Der kahle oder schütter kurz behaarte Stängel trägt wechselständige Blätter und 2–6 weiße Blüten. Blütezeit Juni bis September. **VORKOMMEN** Gedeiht auf kalkreichen, steinigen Böden in Felsschutt, Felsspalten und lückigen alpinen Rasen zwischen 1500 und 3000 m Höhe. **WISSENSWERTES** Mithilfe der kleinen Drüsen am Blattrand scheidet der Blaugrüne Steinbrech überschüssigen Kalk aus. Der Kalküberzug verleiht den Blättern ihren bläulichen Stich.

3 | Rauer Steinbrech
Saxifraga aspera

› Bestäubung durch Fliegen
› nur auf Silikatgestein

MERKMALE Steinbrechgewächse *(Saxifragaceae)*. Bis zu 20 cm hoher, lockere Rasen bildender Steinbrech ohne deutliche Blattrosetten. Die lineal-lanzettlichen, bis zu 2 cm langen, abstehenden Blätter sind steif bewimpert und grannenartig zugespitzt. 1–10 Blüten an einem meist gabelig verzweigten, aufsteigenden Stängel. Die weißen Kronblätter sind oberhalb der Mitte am breitesten und haben am Grund einen gelben Fleck. Blütezeit Juli bis August. **VORKOMMEN** Wächst auf kalkarmen Böden an schattigen Felsen, Bachufern und in Felsschutt zwischen 1400 und 2400 m Höhe. **WISSENSWERTES** Der Raue Steinbrech ist eng mit dem Moos-Steinbrech verwandt, steigt aber im Gebirge nicht so hoch.

4 | Moos-Steinbrech
Saxifraga bryoides

› bildet feste, flache Polster
› meist einblütige Stängel

MERKMALE Steinbrechgewächse *(Saxifragaceae)*. Bis zu 15 cm hohe, moosartige Polster bildende Pflanze mit dicht stehenden Blattrosetten und meist 1-blütigen Stängeln. Die lineallanzettlichen, steif bewimperten, deutlich einwärts gebogenen Blätter sind nur 2–6 mm lang. Die weißen Kronblätter sind in der Mitte am breitesten und haben am Grund mehrere orangegelbe Punkte. Blütezeit Juli bis August. **VORKOMMEN** Gedeiht auf kalkarmen Böden in Schuttfluren, an windexponierten Graten und auf Felsen zwischen 1800 und 4100 m Höhe. **WISSENSWERTES** Der Moos-Steinbrech ist hervorragend ans Leben im Hochgebirge angepasst. Seine dichten, flachen Polster bieten dem Wind keine Angriffsfläche.

1

2

3

4

1 Trauben-Steinbrech
Saxifraga paniculata

› 10–30 Blüten in einer Rispe
› immergrüne, fleischige Blätter
› trockenresistent und frosthart

MERKMALE Steinbrechgewächse *(Saxifragaceae)*. Bis zu 50 cm hohe Pflanze mit graugrünen Blattrosetten und oben rispig verzweigten, mehrblütigen Stängeln. Die 1–3 cm langen, fein gezähnten Rosettenblätter sind länglich eiförmig und am Rand mit Kalk ausscheidenden Grübchen besetzt. An den einzelnen Rispenästen stehen 1–6 weiße oder cremefarbene Blüten. Die abgerundeten Kronblätter sind oft rot punktiert. Blütezeit Mai bis August. **VORKOMMEN** Wächst auf kalkreichen, steinigen Böden in Felsspalten, alpinen Rasen und auf im Winter schneefrei geblasenen Graten zwischen 600 und 3400 m Höhe. **WISSENSWERTES** Der frostharte Trauben-Steinbrech ist bestens an Trockenheit angepasst: In seinen fleischigen Rosettenblättern speichert er Wasser. Mithilfe kleiner Drüsen ist er zudem in der Lage, überschüssigen Kalk auszuscheiden. Nach der Verdunstung des Wassers bleiben am Blattrand Kalkschuppen zurück.

2 Rundblättriger Steinbrech
Saxifraga rotundifolia

› verzweigte, reichblütige Pflanze
› runde, gezähnte Blätter
› mag es schattig und feucht

MERKMALE Steinbrechgewächse *(Saxifragaceae)*. Bis zu 60 cm hohe, verzweigte Pflanze mit behaartem Stängel und zahlreichen Blüten in lockerer Rispe. Die lang gestielten, grundständigen Blätter sind rundlich-nierenförmig und ungleichmäßig tief und spitz gezähnt, die Stängelblätter werden nach oben hin kleiner. Zarte, weiße Blüten mit gelben oder roten Punkten am Grund. Die 10 Staubblätter sind fast doppelt so lang wie die Kelchblätter. Blütezeit Juni bis September. **VORKOMMEN** Besiedelt kalkhaltige, feuchte, humose Böden an Bachufern, in Quellfluren, Berg- und Schluchtwäldern, Hochstaudenfluren, Grünerlen- und Latschengebüschen bis in 2400 m Höhe. **WISSENSWERTES** Der Rundblättrige Steinbrech gedeiht nur an schattigen Standorten mit hoher Luftfeuchtigkeit. Die gelben und roten Punkte auf den Blütenblättern weisen als Honigmale kleinen Fliegen und anderen bestäubenden Insekten den Weg zum Nektar.

3 Stern-Steinbrech
Saxifraga stellaris

› zarte Pflanze mit rispigem Blütenstand
› grundständige Blattrosette
› Blätter ohne Kalkgrübchen

MERKMALE Steinbrechgewächse *(Saxifragaceae)*. Bis zu 20 cm hoher, mit Ausläufern lockere Rasen bildender Steinbrech. Die rötlichen, verzweigten Stängel tragen 3–15 Blüten, sind drüsig behaart und bis auf die Tragblätter blattlos. Die verkehrt-eiförmigen, glänzenden Blätter stehen in einer grundständigen Rosette, sind vorne grob und spitz gezähnt und haben keine kalkausscheidenden Grübchen. Schmale weiße Kronblätter mit zwei gelben Flecken, Kelchblätter rötlich. Blütezeit Juni bis August. **VORKOMMEN** Wächst auf feucht-nassen, steinigen, schwach sauren Böden an Bachufern, in Quellfluren, alpinen Rasen und Schneetälchen zwischen 1400 und 3000 m Höhe. **WISSENSWERTES** Der Stern-Steinbrech ist „vormännlich": Um eine Selbstbestäubung zu vermeiden, entwickeln sich die Griffel erst nach dem Verstäuben der Staubbeutel. Teilweise kommt die Pflanze im Alpenvorland auch in tieferen Lagen vor.

1

2a

2b

3

Blumen und Gräser

1 Bewimperter Mannsschild
Androsace chamaejasme

› am Rand bewimperte Blätter
› wind- und kälteresistent

MERKMALE Primelgewächse *(Primulaceae)*. Bis zu 10 cm hohe, lockerrasig wachsende Pflanze mit behaartem Stängel. Die lanzettlichen, ganzrandigen, bis zu 1,5 cm langen Blätter stehen in flachen Rosetten und sind am Rand bewimpert. 2–8 kurz gestielte Blüten stehen in einem doldigen Blütenstand, die Kronblätter sind weiß oder rötlich, mit gelbem Schlund. Blütezeit Juni bis Juli. **VORKOMMEN** Gedeiht auf kalkreichen, mageren, steinigen Böden in alpinen Rasen, Schuttfluren, Felsspalten und an windgefegten Graten zwischen 1200 und 3000 m Höhe. **WISSENSWERTES** Die winzige Pflanze erträgt Temperaturen von −40 °C und übersteht dank ihres Zwergwuchses auch orkanartige Windstärken.

2 Schweizer Mannsschild
Androsace helvetica

› harte, halbkugelige Polster
› wird über 50 Jahre alt

MERKMALE Primelgewächse *(Primulaceae)*. Bis zu 5 cm hohe, graufilzig schimmernde, halbkugelige Polster bildende Pflanze. Die Sprosse sind dachziegelartig beblättert, oben mit lebenden, unten mit abgestorbenen Blättern. Diese sind verkehrt-eiförmig und werden 2–4 mm lang. Blätter, Blütenstiele und Kelche erscheinen durch unverzweigte Haare graugrün. Die Blüten stehen einzeln an 1 mm langen Stielen, die Kronblätter sind weiß mit gelbem Schlund. Blütezeit Mai bis Juli. **VORKOMMEN** Wächst auf kalkhaltigem Untergrund in Felsspalten und Grobschutt zwischen 1600 und 3500 m Höhe. **WISSENSWERTES** Der Schweizer Mannsschild verankert sich mit einer kräftigen Pfahlwurzel im Fels.

3 Milchweißer Mannsschild
Androsace lactea

› kahler Stängel
› wächst nur auf Kalk

MERKMALE Primelgewächse *(Primulaceae)*. Bis zu 15 cm hoher Mannsschild mit locker stehenden, grundständigen Blattrosetten. Die lineal-lanzettlichen, ganzrandigen Blätter sind 1–2,5 cm lang und tragen nur an der Spitze einige Haare. Ansonsten ist die Pflanze kahl. 1–6 weiße Blüten mit gelbem Schlund in einem doldigen Blütenstand. Die Blüten sind ungleich lang gestielt, die Kronblätter eingebuchtet. Blütezeit Mai bis Juli. **VORKOMMEN** Gedeiht auf kalkreichem Untergrund in Felsspalten, felsigen Rasen und Felsbändern zwischen 1000 und 2300 m Höhe, teilweise auch tiefer. **WISSENSWERTES** Außerhalb der Alpen gelegene Fundorte der Pflanze sind Reliktstandorte der letzten Eiszeit.

4 Weißer Mauerpfeffer
Sedum album

› bildet polsterartige Rasen
› Wasser speichernde Blätter

MERKMALE Dickblattgewächse *(Crassulaceae)*. Bis zu 20 cm hohe, kahle Pflanze mit niederliegenden, blütenlosen Trieben und aufsteigenden Stängeln mit vielblütigen, doldigen Rispen. Auffällig sind die fleischigen, lineal-walzenförmigen, bis zu 15 mm langen Blätter. Sie sind wechselständig und oft rötlich überlaufen. Die Blüten sind weißlich oder blassrosa, die Kronblätter etwa 3-mal so lang wie die Kelchblätter. Blütezeit Juni bis September. **VORKOMMEN** Gedeiht auf kalkarmen, trockenen Böden in Felsfluren und Feinschutthalden, auf Felsen und Mauern bis in 2500 m Höhe. **WISSENSWERTES** Der Weiße Mauerpfeffer ist die Futterpflanze der Raupen des Apollofalters *(Parnassius apollo)*.

1

2

3

4

1 | Wilde Engelwurz
Angelica sylvestris

› großer, kräftiger Doldenblütler
› riesige Blätter
› im Stängel überwintern 65 Tierarten

MERKMALE Doldenblütler *(Apiaceae)*. Bis zu 2 m hohe Staude mit kräftigem Stängel und sehr großen, bis über 50 cm langen, meist grundständigen Blättern. Diese sind im im Umriss dreieckig und meist 2-fach gefiedert. Die eiförmigen oder ovalen Teilblätter werden bis zu 15 cm lang und sind ungleichmäßig gesägt. Bauchig aufgeblasene Blattscheiden am Stängelansatz. Die 20–40-strahligen Dolden sind stark gewölbt und tragen zahlreiche weiße oder grünlich bis rot gefärbte, etwa 2,5 mm im Durchmesser messende Blüten. Blütezeit Juli bis September. **VORKOMMEN** Wächst auf feuchten, nährstoffreichen Lehmböden in Berg- und Auwäldern, Feuchtwiesen, Flachmooren und Hochstaudenfluren bis in 1800 m Höhe. **WISSENSWERTES** Die Wilde Engelwurz ist eine alte Heilpflanze, die ätherische Öle enthält. In Verbindung mit Licht kann ihr Pflanzensaft auf der Haut Rötungen oder Entzündungen hervorrufen (phototoxische Reaktion).

2 | Große Sterndolde
Astrantia major

› mehrere Blütendolden am Stängelende
› beliebte Zierstaude im Garten
› lockt Fliegen und Käfer an

MERKMALE Doldenblütler *(Apiaceae)*. Bis zu 100 cm hohe Pflanze mit mehreren Blütendolden. Die grundständigen, handförmigen Blätter sind 5–7-teilig, die Teilabschnitte breit, spitz gelappt und gezähnt. Während der Mittelabschnitt fast bis zum Grund frei ist, sind die seitlichen Abschnitte etwa zu einem Drittel miteinander verwachsen. Die grünweißen oder hellrosafarbenen Blüten sind von lanzettlichen, weißen bis rötlichen, bis zu 2,5 cm langen Hüllblättern umgeben, welche die Blüten überragen. Blütezeit Juni bis August. **VORKOMMEN** Gedeiht auf kalkreichen, lockeren Böden in Bergwiesen, Hochstaudenfluren und Bergwäldern bis über 2000 m Höhe. **WISSENSWERTES** Für bestäubende Insekten sind die kleinen Einzelblüten der Großen Sterndolde recht unscheinbar. Durch die sternförmigen Hüllblätter täuscht die Pflanze eine einzige, große Blüte vor und erhöht so die Lockwirkung für tierische Besucher.

3 | Behaarter Kälberkropf
Chaerophyllum hirsutum agg.

› mehrere Döldchen pro Dolde
› liebt feuchte Standorte
› formenreiche Sammelart

MERKMALE Doldenblütler *(Apiaceae)*. Bis zu 100 cm hohe, borstig behaarte Pflanze mit 10–20-strahligen, zusammengesetzen Dolden. Die Blätter sind 2–3-fach gefiedert, wobei die Teilblätter nochmals unregelmäßig gefiedert und grob gezähnt sind. Die weißen oder hellrosafarbenen Blüten stehen in kleineren Döldchen, die größere, zusammengesetzte Dolden bilden. Döldchen mit 5–10 lanzettlichen Hüllchenblättern. Diese sind wie die Kronblätter deutlich bewimpert. Blütezeit Mai bis August. **VORKOMMEN** Gedeiht auf feuchten, humosen, lehmig-tonigen Böden in Hochstaudenfluren, Berg- und Auwäldern sowie an den Ufern von Fließgewässern bis in 2500 m Höhe. **WISSENSWERTES** Beim Behaarten Kälberkropf handelt es sich um eine formenreiche Sammelart, bei der mehrere Kleinarten unterschieden werden können. Seine Blüten verströmen einen unangenehmen, auf Amine zurückzuführenden Geruch, der vor allem Fliegen anlockt.

1a

1b

2

3

Blumen und Gräser

1 Wiesen-Bärenklau
Heracleum sphondylium

- Blätter wie Bärentatzen
- giftiger Pflanzensaft
- mehrere Unterarten

MERKMALE Doldenblütler *(Apiaceae)*. Bis zu 150 cm hohe, stattliche Staude mit kräftigem, dicht borstig behaartem, kantigem Stängel. Große, bis zu 50 cm lange, gelappte oder gefiederte Blätter, die im Umriss oft einer Bärentatze ähneln (Name!). 15–30-strahlige Dolden mit weißen, seltener gelbgrün- oder rosafarbenen Blüten. Die deutlich vergrößerten randständigen Blüten werden bis zu 10 mm breit. Blütezeit Juni bis September. **VORKOMMEN** Wächst auf nährstoffreichen, lockeren Böden in Wiesen, Gebüschsäumen, Hochstaudenfluren und an Wegrändern bis in 2500 m Höhe. **WISSENSWERTES** Die bis zu 20 cm großen Blütenschirme locken auffällig viele Insekten an, die nach Nektar suchen oder ein Sonnenbad nehmen. Der Pflanzensaft des Wiesen-Bärenklaus enthält giftige Furanokumarine. In Verbindung mit Sonnenlicht können sie bei Berührung auf der Haut zu Rötungen und Entzündungen führen („Wiesendermatitis").

2 Berg-Laserkraut
Laserpitium siler

- stattlicher Doldenblütler
- mag es sonnig und trocken
- alte Heilpflanze

MERKMALE Doldenblütler *(Apiaceae)*. Bis zu 150 cm hohe, stattliche Staude mit einem bis zu 2 cm dicken, fein gerillten Stängel. Die blaugrünen, im Umriss dreieckigen Blätter werden bis zu 50 cm lang und sind 3–4-fach gefiedert. Bis zu 7 cm lange, lanzettliche, ganzrandige und kahle Teilblätter. 20–40 langstrahlige Dolden mit zahlreichen, etwa 3 mm großen, weißen Blüten. Hüll- und Hüllchenblätter sind vorhanden. Blütezeit Juni bis August. **VORKOMMEN** Gedeiht auf trockenen, kalkreichen Böden an steinigen Hängen, auf Felsen sowie in Schutthalden, Hochstaudenfluren, Gebüschen und lichten Wäldern bis in 2500 m Höhe. **WISSENSWERTES** Das Berg-Laserkraut ist eine alte Würz- und Heilpflanze. Die nach Kümmel riechenden Früchte wurden früher zu einem Öl verarbeitet, dem eine beruhigende Wirkung nachgesagt wurde. Zudem wurde es als harntreibendes Mittel, bei Magenschmerzen und gegen Schlangenbisse eingesetzt.

3 Meisterwurz
Peucedanum ostruthium

- typischer Gebirgs-Doldenblüter
- alte Heilpflanze
- phototoxischer Pflanzensaft

MERKMALE Doldenblütler *(Apiaceae)*. Bis zu 100 cm hohe Pflanze mit aus bis zu 50 Strahlen zusammengesetzten Dolden. Der Stängel ist hohl, rund, gerillt. Die bis zu 30 cm langen Blätter bestehen aus 3 großen, gestielten Teilblättern. Diese sind nochmals unterschiedlich tief 3-geteilt und unregelmäßig spitz gezähnt. Die oberen Stängelblätter sind meist nur einfach 3-teilig. Die kleinen, weißen oder roten Blüten messen rund 3 mm im Durchmesser. Blütezeit Juni bis August. **VORKOMMEN** Wächst auf lockeren, tiefgründigen und nährstoffreichen Böden in Feuchtwiesen, Hochstaudenfluren, Grünerlengebüschen und an Bachufern zwischen 1200 und 2800 m Höhe. **WISSENSWERTES** Die Meisterwurz wird bis heute als Heilpflanze bei Verdauungsbeschwerden verwendet. Ihr Rhizom (Wurzelstock) enthält ätherische Öle, Cumarine, Furocumarine und Gerbstoffe und soll, gekaut, auch ein gutes Mittel gegen Zahnschmerzen sein.

1a

1b

2

3a

3b

Blumen und Gräser

1 | Wald-Geißbart
Aruncus dioicus

- große, auffällige Staude
- mehrere Tausend Einzelblüten
- mag es schattig und feucht

MERKMALE Rosengewächse *(Rosaceae)*. Bis zu 180 cm hohe Pflanze mit sehr großen, 2–3-fach gefiederten Blättern und bis zu 50 cm langem Blütenstand. Die spitz-eiförmigen Teilblätter sind doppelt gezähnt. Die Blütenrispen bestehen aus bis zu 10 000 Einzelblüten. Die Pflanze ist zweihäusig, es gibt also weibliche und männliche Exemplare. Weibliche Blüten sind reinweiß, männliche Blüten gelblich-weiß gefärbt. Blütezeit Mai bis Juli. **VORKOMMEN** Gedeiht auf feuchten, nährstoffreichen, tiefgründigen Böden an schattigen Standorten mit hoher Luftfeuchtigkeit in Schlucht- und Bergwäldern, Hochstaudenfluren und Ufergebüschen bis in 1700 m Höhe. **WISSENSWERTES** Der stattliche, bis zu 100 Jahre alt werdende, Wald-Geißbart ist mit seinen auffälligen Blütenständen eine empfehlenswerte Park- und Gartenpflanze an schattigen Standorten. Seine kleinen Blüten werden häufig von Hummeln und anderen Insekten besucht.

2 | Stängel-Fingerkraut
Potentilla caulescens

- 5–20 Blüten an herabhängenden Stängeln
- auch an überhängenden Felsen
- Kennart der Kalkfelsspaltengesellschaft

MERKMALE Rosengewächse *(Rosaceae)*. Bis zu 30 cm hohe Halbrosettenstaude mit zottig behaarten, meist von Felsen herabhängenden Stängeln. Die grundständigen Blätter sind 5-zählig gefingert, lang gestielt und unterseits dicht behaart, die länglich-ovalen Teilblätter haben vorne wenige, sich zusammenneigende Zähne. Die bis zu 2,5 cm langen, weißen Blüten stehen in einer meist vielblütigen, lockeren Traube oder Rispe. Dicht behaarte Staubblätter. Blütezeit Juli bis September. **VORKOMMEN** Gedeiht auf kalkhaltigen, humus- und feinerdearmen, steinigen Böden in Felswänden und Felsspalten zwischen 800 und 2700 m Höhe. **WISSENSWERTES** Das Stängel-Fingerkraut gilt als Charakterpflanze der Kalkfelsspaltengesellschaft und verankert sich mit seinen Wurzeln auch in nur wenige Millimeter breiten Klüften. Dabei passt die Pflanze die Form ihrer eigentlich zylindrischen Wurzel an die Form der jeweiligen Spalte an.

3 | Ostalpen-Fingerkraut
Potentilla clusiana

- meist 1–3 Blüten pro Stängel
- wächst nur auf Kalk und Dolomitgestein
- Ostalpenpflanze

MERKMALE Rosengewächse *(Rosaceae)*. Bis zu 10 cm hohe, lockere Rasen bildende Halbrosettenstaude mit abstehend behaarten, bogig aufsteigenden Stängeln. Die grundständigen Blätter sind 5-zählig gefingert, lang gestielt und unterseits seidig behaart, die verkehrt eiförmigen Teilblätter haben vorne 3–5 ungleiche Zähne. Die 1–3, ausnahmsweise bis zu 5 Blüten stehen in einer lockeren Rispe oder Traube und sind etwa 2 cm lang. Staubblätter kahl, Griffel rot überlaufen. Blütezeit Juni bis August. **VORKOMMEN** Wächst auf kalkreichen, humus- und feinerdearmen, steinigen Böden in sonniger, trockener Lage in Felsspalten und Schutthalden zwischen 1200 und 2200 m Höhe. Pflanze der Ostalpen. **WISSENSWERTES** Der Name „Fingerkraut" geht auf die meist 5-zählig gefingerten Blätter zurück. In den Alpen kommen knapp 40 Arten der Gattung *Potentilla* vor, weltweit gibt es rund 500 Arten.

1

2

3

Blumen und Gräser

1 Rundblättriges Wintergrün
Pyrola rotundifolia

› behält Blätter im Winter
› schwach giftig

MERKMALE Heidekrautgewächse *(Ericaceae)*. Bis zu 40 cm hohe Pflanze mit runden, glänzenden Blättern in grundständiger Rosette. Der allseitswendige Blütenstand besteht aus 8–30 weißen oder rosafarbenen, nickenden Blüten. Der s-förmig gebogene Griffel überragt die Krone deutlich und ist viel länger als der Fruchtknoten. Die spitzen Kelchblätter sind 2–3-mal so lang wie breit. Blütezeit Juni bis August. **VORKOMMEN** Besiedelt steinige, humose Böden in Nadelwäldern, Mischwäldern und Grauerlenbeständen bis in 2300 m Höhe. **WISSENSWERTES** Die Pflanze lebt in Symbiose mit einem Pilzgeflecht (Mykorrhiza). Sie liefert ihrem Partner Kohlenhydrate und erhält dafür Wasser und Nährsalze.

2 Fieberklee
Menyanthes trifoliata

› 10–20 fransige Blütensterne
› steht meist im Wasser

MERKMALE Fieberkleegewächse *(Menyanthaceae)*. Bis zu 30 cm hohe Sumpf- oder Wasserpflanze mit sternförmigen Blüten und kleeartigen, 3-zähligen Blättern. Die verkehrt eiförmigen, ganzrandigen oder wellig gezähnten Teilblätter werden bis zu 10 cm lang. Die weißen, teils rötlich überlaufenen und dicht mit Fransen besetzten Blüten bilden einen traubigen Blütenstand. Staubbeutel violett. Blütezeit Mai bis Juni. **VORKOMMEN** Gedeiht auf sauren, nassen, torfigen Böden in Flach- und Quellmooren, Hochmoorschlenken und Verlandungszonen stehender Gewässer bis in 2400 m Höhe. **WISSENSWERTES** Wegen seines hohen Bitterstoffgehaltes gilt der Fieberklee in der Volksmedizin als Heilpflanze.

3 Ährige Teufelskralle
Phyteuma spicatum

› auffälliger Blütenstand
› junge Blätter als Wildgemüse

MERKMALE Glockenblumengewächse *(Campanulaceae)*. Bis zu 80 cm hohe Pflanze mit krallenförmig gekrümmten Blüten (Name!). Die lang gestielten, grundständigen Blätter sind herzförmig, unregelmäßig doppelt gezähnt und tragen oft einen schwarzen Fleck. Kleinere Stängelblätter, die obersten lanzettlich und sitzend. Die weißen bis gelblichgrünen Blüten stehen in einer zuerst eiförmigen, später walzenförmigen Ähre. Blütezeit Mai bis August. **VORKOMMEN** Wächst auf nährstoffreichen, frischen Böden in Wäldern, Hochstaudenfluren und auf Bergwiesen bis in 2300 m Höhe. **WISSENSWERTES** Die Blüten der Ährigen Teufelskralle duften leicht nach Vanille, die rübenförmige Wurzel ist essbar.

4 Wald-Sauerklee
Oxalis acetosella

› zarte Schattenpflanze
› schwach giftig

MERKMALE Sauerkleegewächse *(Oxalidaceae)*. Bis zu 15 cm hohe Pflanze mit kleeblattartigen Blättern und zarten Blüten. Die grundständigen, lang gestielten Blätter setzen sich aus 3 verkehrt eiförmigen Teilblättern zusammen. Die weißen Blüten sitzen auf langen Stielen und haben feine rötlichviolette Adern (Strichsaftmale). Blütezeit April bis Juni. **VORKOMMEN** Gedeiht im Schatten auf feuchten, kalkarmen Böden in Wäldern und Legföhrengebüschen bis in 2200 m Höhe. **WISSENSWERTES** In dunklen Wäldern kommt der Frühblüher noch mit 1 Hundertsechzigstel der normalen Tageslichtmenge zurecht. Bei zu starker Sonneneinstrahlung klappt er sogar die Blätter ein, um Verdunstungsverluste zu verringern.

1

2

3

4

1 Sumpf-Herzblatt, Studentenröschen
Parnassia palustris

› hübsch gezeichnete, weiße Einzelblüte
› herzförmige Blätter
› lockt Insekten an

MERKMALE Herzblattgewächse *(Parnassiaceae)*. Bis zu 30 cm hohe, zierliche Pflanze mit grundständiger Blattrosette und einzelner Blüte am Ende des kantigen Stängels. Die lang gestielten, grundständigen Blätter sind herzförmig. Der Stängel trägt ein einzelnes, sitzendes Blatt oder ist blattlos. Die weiße Blüte wird bis zu 3 cm groß, die Kronblätter sind von grünlichen Längsadern durchzogen. Blütezeit Juli bis September. **VORKOMMEN** Gedeiht auf kalkhaltigen, feuchten oder trockenen Böden in Sumpfwiesen, Flachmooren, Kalkmagerrasen und Quellfluren bis in 3000 m Höhe. **WISSENSWERTES** Die Pflanze besitzt neben 5 normalen Staubblättern noch 5 umgewandelte Staubblätter, die drüsig gefransten Staminodien. Sie dienen dazu, Fliegen und andere Insekten anzulocken. Da die parabolspiegelartigen, weißen Kronblätter Sonnenlicht sammeln, werden sie an kühlen Tagen von Insekten gern zum Aufwärmen aufgesucht.

2 Moosglöckchen
Linnaea borealis

› zartes, kriechendes Zwergsträuchlein
› bis zu 6 m lange Kriechsprosse
› nach Vanille duftend

MERKMALE Moosglöckchengewächse *(Linnaeaceae)*. Bis zu 15 cm hohe, kriechende Pflanze mit fadenförmigen, schwach verholzten Sprossen. Die wintergrünen, rundlichen, vorne gesägten Blätter sind gegenständig angeordnet. Sie sind oberseits dunkel- unterseits blaugrün gefärbt und bis zu 1,5 cm lang. Der Blütenstand ist meist gabelig 2-blütig, die nickenden, trichterförmigen Blüten sitzen an langen, drüsigen Stielen. Sie sind außen weiß oder hellrosa, innen rosa bis purpurn und bärtig. Blütezeit Juli bis August. **VORKOMMEN** Wächst auf sauren, humusreichen, stickstoffarmen Böden in moosigen Nadelwäldern zwischen 700 und 2200 m Höhe. **WISSENSWERTES** Das zarte Moosglöckchen ist im botanisch engeren Sinn eigentlich ein Zwergstrauch. Mit seinen fadenartig dünnen Kriechsprossen durchzieht es die Moospolster am Waldboden. Die Lieblingspflanze des Systematikers Carl von Linné kann 17 Jahre alt werden.

3 Rundblättriger Sonnentau
Drosera rotundifolia

› fleischfressende Pflanze
› Blätter mit roten Tentakeln
› wächst auf Torfmoosbulten

MERKMALE Sonnentaugewächse *(Droseraceae)*. Bis zu 15 cm hohe, insektenfressende Pflanze mit zu Klebefallen umgewandelten, grundständigen, kurz gestielten Blättern. Die rundlichen Blattspreiten sind mit roten, gestielten, klebrigen Drüsen besetzt. Der blattlose Stängel entspringt in der Mitte der Blattrosette und trägt mehrere, kleine weiße Blüten. Blütezeit Juni bis August. **VORKOMMEN** Wächst auf mageren, basenreichen Böden in Hochmooren, Übergangsmooren sowie auf Torfmoosbulten in Flachmooren bis in 1900 m Höhe. **WISSENSWERTES** Die Pflanze verbessert ihre Nährstoffversorgung im kargen Lebensraum Moor, indem sie kleine Insekten fängt. Ihre Blätter sind zu raffinierten Klebefallen umgewandelt. Die Fangblätter sind mit zahlreichen Tentakeln besetzt, die an ihren Enden ein klebriges Sekret ausscheiden. Daran bleiben Mücken und Fliegen hängen, die dann in aller Ruhe verdaut werden.

1a

1b

2

3

1 Monte-Baldo-Windröschen
Anemone baldensis

› große, weiße Blüten
› eiförmiger Fruchtstand
› mag es steinig und trocken

MERKMALE Hahnenfußgewächse *(Ranunculaceae)*. Bis zu 15 cm hohe Pflanze mit flaumig behaarten Stängeln und bis zu 4 cm großen, einzelnen Blüten. Lang gestielte, dicht behaarte Grundblätter mit gestielten, doppelt 3-teiligen Abschnitten. Der Stängel trägt in der unteren Hälfte einen Quirl aus fiedrig zerteilten Hochblättern. Die 8–10 oval geformten Kronblätter sind außen lang behaart. Zahlreiche Staub- und Fruchtblätter. Blütezeit Juni bis August. **VORKOMMEN** Wächst vor allem in den Südalpen auf kalkhaltigen, steinigen, trockenen Böden auf Magerrasen, alpinen Matten und in Felsschutt zwischen 1700 und 3000 m Höhe. **WISSENSWERTES** Das Monte-Baldo-Windröschen wird auch „Tiroler Windröschen" genannt. Der auffällige, eiförmige Fruchtstand sitzt auf einem verlängerten Stiel und wird bis zu 20 cm hoch. Er besteht aus zahlreichen, schwarzbraunen Früchtchen, die von weißen Wollhaaren dicht eingehüllt werden.

2 Narzissenblütiges Windröschen, Berghähnlein
Anemonastrum narcissiflorum, Syn.: *Anemone narcissiflora*

› großwüchsige, hübsche Bergblume
› doldiger Blütenstand
› kann größere Bestände bilden

MERKMALE Hahnenfußgewächse *(Ranunculaceae)*. Bis zu 50 cm hohe Pflanze mit zottig behaartem Stängel und weißen, außen oft rosa überlaufenen Blüten. Die lang gestielten, grundständigen Blätter sind handförmig 3–5-teilig. Der Stängel trägt unter dem Blütenstand einen Quirl ähnlich geformter Hochblätter. Auffällig sind die 3–8 bis zu 3 cm großen, in einer Dolde angeordneten Blüten. 5–6 kahle Kronblätter, viele Staub- und Fruchtblätter. Blütezeit Mai bis Juli. **VORKOMMEN** Gedeiht auf kalkhaltigen, feuchten Böden in Bergwiesen, lichten Gebüschen und auf steinigen Rasen zwischen 1000 und 2500 m Höhe. **WISSENSWERTES** Wie alle Anemonen ist das Narzissenblütige Windröschen giftig und kann – frisch verfüttert – dem Vieh gefährlich werden. Es enthält das glykosidisch gebundene Anemonol, das beim Trocknen ins ungiftige Anemonin umgewandelt wird. Außerhalb des Hochgebirges gilt die Pflanze als Eiszeitrelikt.

3 Korianderblättrige Schmuckblume
Callianthemum coriandrifolium

› große, weiße Blüten
› nur ein Blatt am Stängel
› blüht, ehe Blätter voll entwickelt sind

MERKMALE Hahnenfußgewächse *(Ranunculaceae)*. Bis zu 20 cm hohe Pflanze mit kahlem Stängel, an dem nur ein Blatt sitzt. Die grundständigen Blätter sind blaugrün, 1–2-fach gefiedert und stumpf gezähnt. Die bis zu 3 cm großen Blüten sitzen meist einzeln am Stängelende. 6–12 weiße oder zartrosafarbene, ovale Kronblätter, 5–8 grünlichweiße Kelchblätter. Die Kronblätter sind etwa 1,5-mal so lang wie die Kelchblätter. Blütezeit Mai bis August. **VORKOMMEN** Wächst in den Zentral- und Südalpen auf kalkhaltigen, sickerfeuchten, steinigen Böden in alpinen Rasen und Matten zwischen 1300 und 2800 m Höhe. **WISSENSWERTES** Ähnlich ist Kerners Schmuckblume *(Callianthemum kernerianum)*, die als Endemit der Südalpen rund um den Gardasee (Monte Baldo) vorkommt. Sie hat 9–15 Kronblätter. Außerdem sind ihre Grundblätter zur Blütezeit – im Gegensatz zur Korianderblättrigen Schmuckblume – noch nicht voll entwickelt.

1

2

3

Blumen und Gräser

1 Alpen-Küchenschelle, Alpen-Anemone
Pulsatilla alpina ssp. *alpina*

› große, weiße Blüte
› farnartige Blätter
› „Bergmännle"

MERKMALE Hahnenfußgewächse *(Ranunculaceae)*. Bis zu 50 cm hohe, stattliche Pflanze mit zottig behaartem Stängel und einzelner, bis zu 6 cm großer Blüte. Die grundständigen Blätter sind doppelt 3-zählig mit fiederteiligen Abschnitten. Am Stängel sitzt ein Hochblattquirl aus 3 am Grunde nicht verwachsenen Blättern. Blüten außen oft bläulich überlaufen. 6–9 Kronblätter. Blütezeit Mai bis Juli. **VORKOMMEN** Wächst auf kalkhaltigen, nährstoffreichen Böden auf Bergwiesen und steinigen Rasen zwischen 1200 und 2500 m Höhe. **WISSENSWERTES** Die perückenartigen Fruchtstände, die aus den fedrig-behaarten Griffeln gebildet werden, haben der Pflanze die Namen „Bergmännle" oder „Wildes Männle" eingebracht. Bei der Alpen-Küchenschelle werden neben der ssp. *alpina* weitere, weißblühende Unterarten unterschieden, zum Beispiel ssp. *alba* (Ostalpen), ssp. *austroalpina* (Südalpen) und ssp. *schneebergensis* (Nordostalpen).

2 Frühlings-Küchenschelle, Frühlings-Anemone
Pulsatilla vernalis

› kleinwüchsig, aber mit riesiger Blüte
› haarige Fruchtperücke
› giftiger Frühblüher

MERKMALE Hahnenfußgewächse *(Ranunculaceae)*. Bis zu 15 cm hohe, stark behaarte Pflanze mit prächtiger, 4–6 cm großer Blüte. Die grundständigen, ledrigen Blätter überwintern. Sie sind einfach gefiedert mit 3 oder 5 Abschnitten und nur schwach behaart. Die quirlartig am Stängel sitzenden Hochblätter sind scheidig verwachsen. Die auffälligen, zuerst aufrechten, später nickenden Blüten sind innen weiß oder hellrosafarben, außen violett überlaufen und zottig behaart. Meist 6 Kronblätter. Blütezeit April bis Juli. **VORKOMMEN** Gedeiht auf kalkarmen, mageren Böden in Magerrasen, Weiden und Zwergstrauchheiden zwischen 1500 und 3100 m Höhe. **WISSENSWERTES** Die Frühlings-Küchenschelle zählt zu den ersten Pflanzen, die nach der Schneeschmelze auf mageren Bergwiesen blühen. Ihre dichte, goldfarbene Behaarung, die ihr auch den Namen „Pelz-Anemone" eingebracht hat, schützt sie vor Frost und Kälte.

3 Silberwurz
Dryas octopetala

› immergrüner Spalierstrauch
› bildet hübsche Blütenteppiche
› weißfilzig behaarte Blattunterseite

MERKMALE Rosengewächse *(Rosaceae)*. Bis zu 10 cm hoch werdender, Polster bildender Zwergstrauch mit niederliegenden, bis zu 50 cm langen Zweigen. Die gestielten, eiförmig-lanzettlichen, immergrünen Blätter sind grob gekerbt, oberseits dunkelgrün und unterseits weißfilzig. Die bis zu 4 cm großen Blüten stehen einzeln auf langen Stielen. Meist 8 Kronblätter. Bildet hübsche, haarschopfartige Fruchtperücken. Blütezeit Juni bis August. **VORKOMMEN** Besiedelt kalkhaltige, flachgründige Schutthalden, Felsfluren, Steinrasen und alpinen Matten zwischen 1200 und 2900 m Höhe. **WISSENSWERTES** Die Silberwurz ist ein typischer Spalierstrauch. Ausgehend von einem kräftigen, verholzten Stamm sendet sie ihr reich verzweigtes Astwerk über den Boden. Die kleinen Äste und Zweige bilden dann neue Wurzeln aus. Als Pionerpflanze kann sie so auch flachgründige Böden stabilisieren. Sie wird bis zu 100 Jahre alt.

1a

1b

2

3

1 Schwarzrandige Schafgarbe
Achillea atrata

› nicht intensiv duftend
› mag es feucht

MERKMALE Korbblütler *(Asteraceae)*. Bis zu 25 cm hohe, zerstreut behaarte Pflanze mit feinen, fiederschnittigen Stängelblättern. Die etwa 1,5 cm großen Blütenköpfe stehen zu 3–10 in einer doldigen Traube. Jedes Blütenköpfchen mit 7–12 flach ausgebreiteten, weißen Zungenblüten und innen liegenden, gelblichen Röhrenblüten. Die Hüllblätter der Blütenköpfe sind schwarz berandet (Name!). Blütezeit Juni bis September. **VORKOMMEN** Wächst auf kalkreichen, sickerfeuchten, steinigen Böden in Schutthalden, Felsfluren, Schneetälchen und Moränen zwischen 1100 und 3000 m Höhe. **WISSENSWERTES** Die Pflanze gilt als Kalkzeiger und Schuttwanderer. Ihre Blätter duften nur wenig aromatisch.

2 Bittere Schafgarbe
Achillea clavenae

› teppichartige Bestände
› grauseidig behaart

MERKMALE Korbblütler *(Asteraceae)*. Bis zu 30 cm hohe, grauseidig behaarte Schafgarbe mit unregelmäßig fiederschnittigen Blättern und doldigem Blütenstand. Untere Blätter lang gestielt, obere sitzend. 3–20 Blütenköpfchen mit 5–9 weißen Röhrenblüten und 8–20 weißen Zungenblüten. Die eiförmigen Hüllblätter der Blütenköpfe sind dunkelbraun berandet. Blütezeit Juni bis August. **VORKOMMEN** Gedeiht in den Ostalpen auf kalkreichen, steinigen, lehmigen Böden in Schutthalden, Steinrasen, Felsspalten und auf steinigen Hängen zwischen 1500 und 2500 m Höhe. **WISSENSWERTES** Die Steinraute enthält ätherische Öle und Bitterstoffe, die ihr einen aromatisch-würzigen Duft verleihen.

3 Moschus-Schafgarbe
Achillea erba-rotta ssp. *moschata*

› aromatisch-würzig duftend
› alte Heilpflanze

MERKMALE Korbblütler *(Asteraceae)*. Bis zu 20 cm hohe, zerstreut behaarte, stark aromatisch riechende Pflanze mit drüsig punktierten, fiederschnittigen Blättern. Die ca. 1,5 cm großen Blütenköpfe stehen zu 3–25 in einer doldigen Traube. Jedes Blütenköpfchen mit 6–8 flach ausgebreiteten, weißen Zungenblüten und innen liegenden, gelblichen Röhrenblüten. Die Hüllblätter der Blütenköpfe sind braun berandet. Blütezeit Juni bis September. **VORKOMMEN** Wächst auf kalkarmen, feuchten Böden in Schuttfluren, steinigen Rasen, Moränen und Flussgeröllen zwischen 1400 und 3400 m Höhe. **WISSENSWERTES** Die Moschus-Schafgarbe vertritt die Schwarzrandige Schafgarbe auf Silikatgestein.

4 Karpaten-Katzenpfötchen
Antennaria carpatica

› dicht weiß-filzig behaart
› sehr formenreich

MERKMALE Korbblütler *(Asteraceae)*. Bis zu 20 cm hohe, filzig behaarte, zweihäusige Pflanze mit lanzettlichen Blättern. Die Blütenköpfchen stehen zu 2–6 in dichter Doldentraube am Stängelende. Die inneren, trockenhäutigen Hüllblätter sind bei weiblichen und männlichen Köpfchen bräunlich, die Blüten erscheinen daher schmutzigweiß. Blütezeit Juni bis August. **VORKOMMEN** Gedeiht auf kalkarmen, mageren, schwach sauren Böden in Magerrasen, steinigen Weiden und an windexponierten Graten zwischen 1400 und 3100 m Höhe. **WISSENSWERTES** Im Unterschied zum Karpaten- Katzenpfötchen bildet das Gewöhnliche Katzenpfötchen *(Antennaria dioica)* Ausläufer und hat spatelförmige Grundblätter.

1

2

3

4

Blumen und Gräser

1 Silberdistel, Stängellose Eberwurz
Carlina acaulis

- › großes Blütenkörbchen mit Silberglanz
- › „Wetterdistel"
- › Magerkeitszeiger

MERKMALE Korbblütler *(Asteraceae)*. 3–40 cm hohe Pflanze mit einem 5–12 cm großen Blütenkörbchen am Ende des teils sehr kurzen, teils bis zu 40 cm langen Stängels. Die tief fiederspaltigen, stacheligen Blätter sind unterseits spinnwebig behaart und stehen in einer grundständigen Rosette. Die weißlich bis rötlich gefärbten Rohrenblüten im Innern des Blütenkörbchens werden von den strahlig ausgebreiteten, silberweiß glänzenden inneren Hüllblättern umgeben. Blütezeit Juni bis September. **VORKOMMEN** Wächst auf nährstoffarmen, lehmigen, oft kalkhaltigen Böden in mageren Wiesen und Weiden sowie in lichten Wäldern bis in 2800 m Höhe. **WISSENSWERTES** Die großen Blütenkörbe der im Volksmund auch „Wetterdistel" genannten Pflanze sind bei Sonnenschein weit geöffnet. Bei Regen, Nebel und in der Nacht schließen sich die silbrigweißen Hüllblätter und schützen so die Röhrenblüten vor Nässe und Kälte.

2 Edelweiß
Leontopodium alpinum

- › auffallender Blütenstern
- › Symbolpflanze der Alpen
- › geschützt und selten

MERKMALE Korbblütler *(Asteraceae)*. Bis zu 20 cm hohe, wollig-weißfilzig behaarte Pflanze mit schmal lanzettlichen, gegen den Grund verschmälerten, ganzrandigen Blättern. Die gelblichen, 5–7 mm großen Blütenköpfchen stehen zu 2–10 doldig gehäuft und sind von 5–15 sternförmig ausgebreiteten, weißfilzigen Hochblättern umgeben. Blütezeit Juni bis September. **VORKOMMEN** Gedeiht auf kalkhaltigen Böden in steinigen Rasen, erdigen Felsspalten und auf Felsbändern zwischen 1500 und 3300 m Höhe. **WISSENSWERTES** Für viele ist das Edelweiß die Königin der Bergblumen und gilt als das Symbol der Alpen schlechthin. Dabei war die Pflanze hier ursprünglich gar nicht heimisch: Sie wanderte erst während der letzten Eiszeit aus den zentralasiatischen Gebirgen ein! Bei ihrem auffälligen Blumenstern handelt es sich um eine Scheinblüte, die winzigen Röhrenblüten sitzen zu Hunderten in den gelblichen Blütenköpfchen.

3 Alpenmaßliebchen
Bellidiastrum michelii, Syn.: *Aster bellidiastrum*

- › „großes Gänseblümchen"
- › wächst auf kalkhaltigem Gestein
- › mag es feucht und schattig

MERKMALE Korbblütler *(Asteraceae)*. Bis zu 30 cm hohe, an ein zu groß geratenes Gänseblümchen erinnernde Pflanze mit blattlosem, behaartem Stängel. Die länglichen, verkehrt-eiförmigen Blätter stehen in einer grundständigen Rosette. Ein 2–4 cm großes, endständiges Blütenköpfchen pro Stängel. Innen sitzen zahlreiche gelbe Röhrenblüten, außen bis zu 50 weiße Zungenblüten, die beim Welken rötlich überlaufen. Die Hüllblätter sind lang zugespitzt. Blütezeit Mai bis Juli. **VORKOMMEN** Wächst auf kalkhaltigen, feuchten und steinigen Böden auf Rutschhängen, in Felsbändern, Quellfluren, Felsrasen und lichten Wäldern zwischen 500 und 2900 m Höhe. **WISSENSWERTES** Im Unterschied zum Gänseblümchen *(Bellis perennis)* ist beim Alpenmaßliebchen der schwach gewölbte Blütenboden innen nicht hohl. Die 2–3 mm langen Früchtchen tragen einen Kranz aus Pappusborsten, der den kleineren Früchtchen des Gänseblümchens fehlt.

1

2

3

Blumen und Gräser

1 Alpenmargerite, Alpen-Wucherblume
Leucanthemopsis alpina

› große Blütenköpfchen
› auf Silikatgestein
› sehr formenreich

MERKMALE Korbblütler *(Asteraceae)*. Bis zu 15 cm hohe Pflanze mit einem einzelnen, am Ende des unverzweigten Stängels stehenden Blütenköpfchen. Die größtenteils grundständigen, gestielten Blätter sind kammförmig, einfach gefiedert oder tief gezähnt. Wenige lanzettliche Stängelblätter. Die Blütenkörbchen werden 2–4 cm groß und bestehen innen aus gelben Röhrenblüten, außen aus weißen Zungenblüten. Die dachziegelartig angeordneten, grünen Hüllblätter sind dunkelbraun berandet. Blütezeit Juni bis August. **VORKOMMEN** Wächst auf kalkarmen, sickerfeuchten und steinigen Böden in alpinen Rasen, Schutthalden und Schneetälchen zwischen 1600 und 3800 m Höhe. Als Alpenschwemmling teilweise auch in tieferen Lagen. **WISSENSWERTES** Bei der Alpenmargerite stehen oft mehrere Blüten polsterartig zusammen. Sie werden von Käfern, Fliegen, Schmetterlingen und Hautflüglern bestäubt. Vielgestaltige Art.

2 Berg-Margerite
Leucanthemum adustum

› auffälliges Blütenkörbchen
› unverzweigter, oben blattloser Stängel
› 2 Unterarten

MERKMALE Korbblütler *(Asteraceae)*. Bis zu 40 cm hohe, meist einköpfige Margerite mit im oberen Drittel blattlosem Stängel. Blätter hart, etwas fleischig und mit 6–20 spitzen Zähnen auf jeder Seite. Die spatelförmigen bis lanzettlichen Grundblätter sind gekerbt bis fast ganzrandig, die mittleren Stängelblätter nahe der Mitte am breitesten, regelmäßig gesägt-gezähnt und nicht geöhrt. Bis zu 6 cm großer Blütenkopf mit gelben Röhrenblüten und weißen Zungenblüten, Hüllblätter schwarzbraun berandet. Blütezeit Juni bis August. **VORKOMMEN** Gedeiht auf steinigen Rasen, Schutthängen, Felsbändern und in lichten Wäldern zwischen 600 und 2400 m Höhe. **WISSENSWERTES** Bei der Berg-Margerite lassen sich in den Alpen zwei Unterarten unterscheiden: ssp. *adustum* mit zumindest unten behaartem Stängel und die nur am Ostrand der Alpen vorkommende, bis zu 60 cm hoch werdende ssp. *margaritae* mit kahlem Stängel.

3 Weiße Pestwurz
Petasites albus

› Frühblüher
› Blüten erscheinen vor den Blättern
› alte Heilpflanze

MERKMALE Korbblütler *(Asteraceae)*. Während der Blüte bis zu 30 cm, später bis zu 60 cm hohe Pflanze mit schuppenförmigen Stängelblättern. Die grundständigen, rundlich-herzförmigen, unterseits graufilzigen Blätter erscheinen zum Ende der Blütezeit. Sie sind lang gestielt und bis zu 40 cm breit. Die 5–45 nur aus weißen Röhrenblüten bestehenden Blütenköpfe stehen in einem rispigen Blütenstand. Blütezeit März bis Mai. **VORKOMMEN** Wächst auf feuchten, nährstoffreichen Böden in Schluchtwäldern und Hochstaudenfluren sowie an Bachufern und Wegrändern bis in 2000 m Höhe. **WISSENSWERTES** Die zu den Frühblühern gehörende Weiße Pestwurz schiebt ihren Blütenstand – ebenso wie die anderen Pestwurzarten und der nahe verwandte Huflattich *(Tussilago farfara)* – lange vor den Blättern aus dem Boden. Im Mittelalter glaubten die Menschen, der starke, durch ätherische Öle verursachte Duft der Pflanze vertreibe die Pest.

1

2

3

Blumen und Gräser

1 Allermannsharnisch
Allium victorialis

› lauchartige Pflanze
› typischer Geruch

MERKMALE Narzissengewächse *(Amaryllidaceae)*. Bis zu 60 cm hohe, stattliche Pflanze mit rundem Stängel und 1–3 breit lanzettlichen, bis zu 20 cm langen und 3–6 cm breiten Stängelblättern. Dichter, kugeliger Blütenstand mit mehr als 30 gelblich-weißen Blüten. Die Staubblätter ragen weit aus den Blüten heraus. Blütezeit Juni bis August. **VORKOMMEN** Wächst auf sauren, feuchten Böden in Bergwiesen, Alpweiden, Hochstauden- und Felsfluren zwischen 1700 und 2600 m Höhe. **WISSENSWERTES** Der Allermannsharnisch galt früher als Zauberkraut. Wer die netzig-faserige Zwiebel bei sich trug, war vor Hieb- und Stichverletzungen geschützt – symbolisierte sie doch das Kettenhemd der Ritter.

2 Weißer Affodill
Asphodelus albus

› stärkehaltige Wurzelknollen
› Weideunkraut

MERKMALE Affodillgewächse *(Asphodelaceae)*. Bis zu 120 cm hohe Pflanze mit unverwechselbarem Blütenstand. Die linealen, fleischig-rinnigen Blätter sind alle grundständig und werden bis zu 70 cm lang. Die zahlreichen Blüten stehen in einer bis zu 50 cm langen, dichten Traube. Pro Blüte 6 Kronblätter, jedes mit grünem bis rotbraunem Mittelnerv. Blütezeit Mai bis August. **VORKOMMEN** Gedeiht auf kalkhaltigen, lockeren Böden auf steinigen Magerrasen, Bergweiden und Felsfluren zwischen 800 und 2200 m Höhe. Art der Südalpen. **WISSENSWERTES** Wegen der im Gewebe enthaltenen, nadelförmigen Kristalle wird der Weiße Affodill nicht einmal von Schafen und Ziegen gefressen.

3 Weiße Trichterlilie
Paradisea liliastrum

› schwerer, ätherischer Duft
› Art der Südalpen

MERKMALE Affodilgewächse *(Asphodelaceae)*. Bis zu 50 cm hohe, zarte Pflanze mit hübschen, trichterförmigen Blüten. Die bis zu 30 cm langen, linealen Blätter sind alle grundständig. 2–10 schneeweiße, bis zu 5 cm große Blüten stehen in einer meist einseitswendigen Traube. Pro Blüte 6 spitze, jeweils 3-nervige Kronblätter. Blütezeit Juni bis Juli. **VORKOMMEN** Wächst auf nährstoffreichen, trockenen Böden in Bergwiesen zwischen 800 und 2500 m Höhe. **WISSENSWERTES** Die Blüten der Weißen Trichterlilie verströmen nachts einen starken Duft, mit dem sie Nachtfalter anlocken. Die Bestäuber nutzen dabei die aus der Blüte heraushängenden Staubbeutel und Griffel als Landestangen.

4 Späte Faltenlilie
Lloydia serotina

› kleinwüchsige Lilie
› sternförmige Blüten

MERKMALE Liliengewächse *(Liliaceae)*. Bis zu 15 cm hohe, filigrane Pflanze mit 2 grundständigen, grasartigen Blättern und wenigen schmal-lanzettlichen Stängelblättern. Die bis zu 2,5 cm großen, trichterförmigen Blüten stehen aufrecht und haben 6 Kronblätter und 6 Staubblätter. Die milchigweißen Kronblätter sind am Grund gelb und tragen braunrote Längsstreifen. Blütezeit Juni bis August. **VORKOMMEN** Gedeiht auf kalkarmen, nährstoffreichen, humosen Böden in Felsspalten, Gesteinsfluren und auf windexponierten Graten zwischen 1600 und 3100 m Höhe. **WISSENSWERTES** Die Längsstreifen der Kronblätter dienen als „Honigmale" und weisen blütenbesuchenden Insekten den Weg zum Nektar am Grund der Blüte.

1

2

3

4

Blumen und Gräser

1 Maiglöckchen
Convallaria majalis

› wohlriechende Blüten
› Blätter unterseits glänzend
› stark giftig

MERKMALE Spargelgewächse *(Asparagaceae)*. Bis zu 25 cm hohe Pflanze mit blattlosem Stängel und 2 großen, bis zu 30 cm langen, breit-lanzettlichen Blättern. Die 5–10 nickenden, lang gestielten Blüten sitzen in einer endständigen, einseitswendigen Traube. Die 6 Perigonblätter der gut duftenden Blüten sind zu einer halbkugeligen Glocke verwachsen. Scharlachrote Beeren. Blütezeit Mai bis Juni. **VORKOMMEN** Wächst auf tiefgründigen, humosen Böden in Laub- und Mischwäldern, Gebüschen, Bergwiesen und Geröllhalden bis in 2400 m Höhe. **WISSENSWERTES** Alle Pflanzenteile des Maiglöckchens sind stark giftig und können schon in geringen Mengen Übelkeit, Durchfall, Herzrhythmusstörungen und Schwindel auslösen. Eine Verwechslung der giftigen Maiglöckchenblätter mit den essbaren Blättern des Bärlauchs *(Allium ursinum)* kann tödlich enden. Maiglöckchenblättern fehlt allerdings der typische Knoblauchgeruch.

2 Weißer Germer
Veratrum album

› mächtiger Blütenstand
› flaumig behaarte Blattunterseiten
› giftiges Weideunkraut

MERKMALE Germergewächse *(Melanthiaceae)*. Bis zu 150 cm hohe, kräftige Staude mit großen, schraubenförmig angeordneten, stängelumfassenden Blättern. Die unteren Blätter sind breit-oval, die oberen lanzettlich. Alle sind tief längsgefaltet. Zahlreiche weißlich-grünliche, bis zu 2 cm große Blüten stehen in einer 20–60 cm langen, dichtblütigen Rispe. 3 Griffel, 6 Staubblätter und 6 Perigonblätter mit deutlicher Nervatur. Blütezeit Juni bis September. **VORKOMMEN** Gedeiht auf kalkhaltigen, feuchten und nährstoffreichen Böden in Hochstaudenfluren, Flachmooren, Bergwiesen, Lägerfluren und Grünerlengebüschen bis in 2700 m Höhe. **WISSENSWERTES** Der Weiße Germer ist stark giftig und wird vom Weidevieh verschmäht. Im nicht blühenden Zustand kann er leicht mit dem Gelben Enzian *(Gentiana lutea)* verwechselt werden. Allerdings sind die Blätter beim Germer wechselständig angeordnet, beim Enzian gegenständig.

3 Frühlings-Krokus, Alpen-Krokus
Crocus albiflorus, Syn.: *Crocus vernus*

› Blüten weiß oder violett
› bildet Massenbestände
› Frühjahrsblüher

MERKMALE Schwertliliengewächse *(Iridaceae)*. Bis zu 15 cm hohe, großblütige Pflanze mit grundständigen, grasartig schmalen Blättern, die sich erst nach der Blüte voll entwickeln. Die Blätter haben einen weißen Mittelnerv und nach unten gerollte Ränder. Die aufrechten, trichterförmigen Blüten sind weiß, violett oder weiß mit violetten Streifen und setzen sich aus 6 am Grund röhrig verwachsenen Blütenblättern zusammen. Blütezeit März bis Juni. **VORKOMMEN** Wächst auf nährstoffreichen und sickerfeuchten Böden in Bergwiesen und Weiden bis in 2600 m Höhe. **WISSENSWERTES** Sobald der Schnee geschmolzen ist, überzieht der Frühlings-Krokus viele Bergwiesen mit einem Meer aus weißen und violetten Blütentrichtern. Die für den frühen Blühzeitpunkt benötigten Nährstoffe speichert die Giftpflanze über den Winter in einer unterirdischen Knolle. Die temperaturempfindlichen Blüten öffnen sich nur bei Sonnenschein.

1

2

3

Blumen und Gräser

1 Berg-Klee
Trifolium montanum

› 1–2 cm breite Köpfchen
› verträgt keine Düngung

MERKMALE Schmetterlingsblütler *(Fabaceae)*. Bis zu 50 cm hoher Klee mit dicht behaartem Stängel. Die 3-zähligen Blätter mit ihren länglich-eiförmigen Teilblättchen sind unterseits anliegend behaart. 25–50 Blüten sitzen in kugelig-eiförmigen Köpfchen auf langen Stielen in den Achseln der obersten Blätter. 2–3 Blütenköpfchen pro Stängel. Die Blüten sind reinweiß oder gelblichweiß, die Blütenstiele viel kürzer als die Kelchröhre. Blütezeit Mai bis Juli. **VORKOMMEN** Wächst auf kalkhaltigen, nährstoffarmen Böden in Magerwiesen, extensiv bewirtschafteten Weiden und Halbtrockenrasen bis in 2400 m Höhe. **WISSENSWERTES** Der Berg-Klee wird vor allem von Bienen, Hummeln und Tagfaltern bestäubt.

2 Thals Klee, Rasiger Klee
Trifolium thalii

› gute Weidepflanze
› Schuttbefestiger

MERKMALE Schmetterlingsblütler *(Fabaceae)*. Bis zu 15 cm hoher, niederliegender, dichte Rasen bildender Klee. Die kleeartigen Blätter setzen sich aus 3 verkehrt-eiförmigen bis elliptischen Teilblättchen zusammen. 15–40 zunächst weiße, später rosafarbene Blüten in einem kugeligen Köpfchen. Die abgeblühten Blüten verfärben sich hellbraun und bleiben aufrecht. Blütezeit Juli bis August. **VORKOMMEN** Gedeiht auf kalkhaltigen, nährstoffreichen, steinigen Böden in Bergweiden, Lägerfluren und Schneetälchen zwischen 1400 und 3000 m Höhe. **WISSENSWERTES** Thals Klee unterscheidet sich vom Kriechenden Klee *(Trifolium repens)* durch das Fehlen verlängerter und wurzelnder Stängel.

3 Alpen-Spitzkiel
Oxytropis campestris

› Rosettenpflanze
› trockenheitsliebend

MERKMALE Schmetterlingsblütler *(Fabaceae)*. Bis zu 20 cm hohe Pflanze mit sehr kurzem Stängel und unpaarig gefiederten Blättern in grundständiger Rosette. Die locker behaarten bis fast kahlen, graugrünen Blätter bestehen aus 21–31 Fiedern, diese sind 5–15 mm lang und 2–4 mm breit. 8–18 weiße oder gelbliche Blüten in einem lang gestielten, kopfig-traubigen Blütenstand. Blütezeit Juni bis August. **VORKOMMEN** Wächst auf kalkhaltigen, steinigen Böden in Magerrasen, Schuttfluren, Wiesen und Weiden sowie auf Graten zwischen 1700 und 3000 m Höhe. **WISSENSWERTES** Die Unterart ssp. *tyroliensis* des Alpen-Spitzkiels hat violett überlaufene Blüten und Schiffchen mit violettem Fleck.

4 Alpen-Fettkraut
Pinguicula alpina

› zarte, weiße Blüten
› klebrige Fangblätter

MERKMALE Wasserschlauchgewächse *(Lentibulariaceae)*. Bis zu 15 cm hohe, „fleischfressende Pflanze" mit hellgrüner Blattrosette. Die eiförmigen Blätter haben aufwärts gebogene Ränder und klebrig-drüsige Oberseiten. Die kurz gespornten, weißen Blüten sitzen auf blattlosen Stängeln und haben auf der Unterlippe 1–2 gelbe Schlundflecken. Blütezeit Mai bis Juli. **VORKOMMEN** Wächst auf sickerfeuchten, kalkhaltigen Böden in Mooren, Feuchtwiesen und an nassen Felsen zwischen 600 und 2700 m Höhe. **WISSENSWERTES** An den mit zahlreichen klebrigen Drüsen besetzten Blättern bleiben kleine Insekten und Spinnen hängen. Sie werden vom Alpen-Fettkraut mithilfe von Verdauungssekreten zersetzt.

1

2

3

4

Blumen und Gräser

1 Sumpf-Ständelwurz
Epipactis palustris

› 6–20 große Blüten
› auch „Weiße Sumpfwurz"

MERKMALE Orchideen *(Orchidaceae)*. Bis zu 60 cm hohe Orchidee mit lanzettlichen Blättern. Die hübschen Blüten mit den auffälligen, weißen Blütenlippen sind in einer lockeren Traube angeordnet. Die 3 äußeren Perigonblätter sind bräunlich, die 2 inneren weiß und am Grund rosa. Die Lippe ist deutlich länger als die Perigonblätter und am Rand wellig gekräuselt. Am Grund hat sie 2 gelbe Wülste. Blütezeit Juni bis August. **VORKOMMEN** Besiedelt kalkhaltige, magere sickerfeuchte Böden in Flachmooren, Streu- und Sumpfwiesen bis in 2200 m Höhe. **WISSENSWERTES** Bestäubt wird die Sumpf-Ständelwurz vor allem durch Bienen, Fliegen und Grabwespen. Ihnen dient die weiße Lippe als Landeplatz.

2 Weiße Waldhyazinthe
Platanthera bifolia

› angenehm duftende Blüten
› Nachtfalterblume

MERKMALE Orchideen *(Orchidaceae)*. Bis zu 50 cm hohe Pflanze mit 10–40 filigranen Blüten in einem lockeren Blütenstand. Nahe am Boden 2 eilanzettliche, bis zu 20 cm lange Blätter. Weiße, wohlriechende Blüten mit bandförmiger, ungeteilter, zur Spitze hin grünlicher Lippe und 2–3 cm langem, nicht verdicktem Sporn. Die Fächer der Staubbeutel stehen eng beieinander und sind fast parallel. Blütezeit Mai bis Juli. **VORKOMMEN** Wächst auf feuchten, basenreichen Böden in Wäldern, Magerrasen, Feuchtwiesen, Zwergstrauchheiden und Mooren bis in 2500 m Höhe. **WISSENSWERTES** Die Orchidee wird von Nachtfaltern bestäubt, die mit ihrem Rüssel in die nektarreichen Blütensporne eindringen.

3 Grünliche Waldhyazinthe
Platanthera chlorantha

› schwach duftende Blüten
› Nachtfalter als Bestäuber

MERKMALE Orchideen *(Orchidaceae)*. Bis zu 50 cm hohe Orchidee mit 10–50 filigranen Blüten in einem lockeren Blütenstand. Nahe am Boden 2 eilanzettliche, bis zu 20 cm lange Blätter. Die grünlich-weißen Blüten duften kaum. Die bandförmige, ungeteilte Lippe ist vorne gelbgrün, der bis zu 4 cm lange Sporn am Ende etwas verdickt. Die Fächer der Staubbeutel stehen 2–4 mm auseinander und spreizen sich nach unten voneinader weg. Blütezeit Mai bis Juli. **VORKOMMEN** Gedeiht auf basenreichen, meist kalkhaltigen Böden in Wäldern, Magerwiesen, Quellfluren und Flachmooren bis in 2100 m Höhe. **WISSENSWERTES** Im Unterschied zur Weißen Waldhyazinthe duftet die Grünliche Waldhyazinthe nur schwach.

4 Weißzüngel, Weiße Höswurz
Pseudorchis albida

› dichtblütiger Blütenstand
› schwach duftend

MERKMALE Orchideen *(Orchidaceae)*. Bis zu 30 cm hohe, unscheinbare Orchidee mit 4–8 lanzettlichen Blättern. Der kurze, zylindrische Blütenstand besteht aus 20–50 kleinen, weißen bis hellgelben Blüten. Die Blütenhüllblätter neigen sich helmförmig zusammen, die Lippe ist bis zur Mitte 3-spaltig, mit etwa gleich langen Abschnitten. Der abwärts gebogene Sporn misst 2–3 mm. Blütezeit Mai bis September. **VORKOMMEN** Gedeiht auf kalkfreien, sauren, humosen Böden in Wiesen, Weiden, alpinen Rasen und Mooren zwischen 600 und 2500 m Höhe. **WISSENSWERTES** Wie bei den meisten Orchideen sind die Samen des Weißzüngels winzig und werden vom leisesten Windhauch erfasst und fortgetragen.

1

2

3

4

Blumen und Gräser

1 Rätischer Alpen-Mohn, Gelber Alpen-Mohn
Papaver alpinum ssp. *rhaeticum*

› zarte, gelbe Blüte
› intensiv duftend
› Schuttstauer

MERKMALE Mohngewächse *(Papaveraceae)*. Bis zu 20 cm hohe, einblütige Pflanze mit blattlosem, weiß behaartem Stängel. Die gestielten, graugrünen Blätter sind alle grundständig und 1-fach fiederteilig mit breiten, stumpfen Zipfeln. Die anfangs nickenden, später aufrechten Blüten haben 4 goldgelbe Kronblätter. 5–8 Narbenstrahlen am Fruchtknoten. Die 2 dunkelbraun behaarten Kelchblätter fallen beim Aufblühen ab. Blütezeit Juli bis August. **VORKOMMEN** Wächst auf kalkreichem Gestein in Geröllhalden, Schuttfluren, Flussschottern und Moränen zwischen 1800 und 3100 m Höhe. Art der südlichen Kalkalpen und der Südwestalpen. **WISSENSWERTES** Der Rätische Alpen-Mohn ist die häufigste gelb blühende Unterart des Alpen-Mohns. Als Schuttstauer festigt er rutschende Grobschuttfluren. Die intensiv duftende Pflanze sondert keinen Nektar ab. Stattdessen lockt sie bestäubende Insekten mit großen Mengen an Pollen an.

2 Glattes Brillenschötchen
Biscutella laevigata

› zahlreiche, gelbe Blüten
› brillenförmige Schötchen
› sehr formenreich

MERKMALE Kreuzblütler *(Brassicaceae)*. Bis zu 50 cm hohe Pflanze mit meist steifhaarigem, oben verzweigtem Stängel und wenigen, sitzenden Stängelblättern. Die lanzettlichen, grundständigen Blätter sind in einer Rosette angeordnet. Zahlreiche, gelbe Blüten in lockeren, meist ästigen Trauben. Die einzelnen Kronblätter sind 4–8 mm lang. Auffällig sind die flachen, aus 2 Fächern bestehenden, an eine Brille erinnernden Früchte (Name!). Blütezeit Mai bis August. **VORKOMMEN** Gedeiht auf kalkreichen, stickstoffarmen Böden in Trockenrasen, Schuttfluren, Felsbändern und Kiefernwäldern bis in 2800 m Höhe. **WISSENSWERTES** Das Brillenschötchen kommt dank seines umfangreichen Wurzelsystems mit zahlreichen verzweigten Seitenwurzeln auch auf beweglichem Schutt bestens zurecht. Es zählt zu den vielgestaltigsten Pflanzenarten Europas: Nach der letzten Eiszeit hat es sich in viele endemische Unterarten aufgespalten.

3 Immergrünes Felsenblümchen
Draba aizoides

› blüht früh im Jahr
› immergrüne, ledrige Blattrosette
› bildet kleine Rasen

MERKMALE Kreuzblütler *(Brassicaceae)*. Bis zu 10 cm hohe, zierliche Pflanze mit unverzweigtem, blattlosem Stängel und grundständiger Blattrosette. Die bis zu 2 cm langen, schmal-lanzettlichen, steifen Blätter sind am Rand lang bewimpert. 5–10 goldgelbe, bis 15 mm breite Blüten in einer armblütigen, kopfig gedrängten Traube. Beim Verblühen ausbleichend. Die Kronblätter sind 4–8 mm lang. Lanzettlich geformte Schötchen. Blütezeit Februar bis Juli. **VORKOMMEN** Wächst in trockenen, sonnigen Lagen auf kalkhaltigen, feinerdearmen Böden in steinigen Rasen, ruhendem Feinschutt, Felsspalten und -bändern sowie auf exponierten Graten zwischen 1500 und 3400 m Höhe. **WISSENSWERTES** Beim Immergrünen Felsenblümchen reifen die Früchte über den Winter nach („Wintersteher"). Die Mehrzahl der leichten Samen wird deshalb erst im folgenden Frühjahr über den Wind verbreitet. Beliebte Steingartenpflanze.

1

2

3

Blumen und Gräser

1 Zypressen-Wolfsmilch
Euphorbia cyparissias

› buschiges Aussehen
› mag es sonnig und trocken
› giftiger, weißer Milchsaft

MERKMALE Wolfsmilchgewächse *(Euphorbiaceae)*. Bis zu 50 cm hohe, buschig wirkende Pflanze mit unten verholzten Stängeln und nicht blühenden Seitentrieben unter dem Blütenstand. Die linealen, blaugrünen Blätter werden bis zu 3 cm lang und 3 mm breit. Der Blütenstand ist eine Scheindolde mit 10–20 Strahlen. Die Tragblätter sind grüngelb und werden mit fortschreitender Blütezeit rötlich. Hüllbecher mit halbmondförmigen gelben, später bräunlichen Drüsen. Blütezeit April bis Juli. **VORKOMMEN** Wächst auf trockenen, steinigen, basenreichen Böden in Magerrasen, Felsfluren, lichten Kiefernwäldern und an Wegrändern bis in 2700 m Höhe. **WISSENSWERTES** Die Zypressen-Wolfsmilch hat einen stark giftigen Milchsaft und wird deshalb vom Weidevieh nicht gefressen. In Mitteleuropa ist sie die einzige Futterpflanze der Raupen des Wolfsmilchschwärmers *(Hyles euphorbiae)*. Die Pflanze wird oft vom Erbsenrostpilz befallen.

2 Rosenwurz
Rhodiola rosea

› Wurzelstock mit Rosenduft
› alte Heilpflanze
› Zierpflanze im Steingarten

MERKMALE Dickblattgewächse *(Crassulaceae)*. Bis zu 40 cm hohe Staude mit fleischigen Stängeln und Blättern. Die unverzweigten, etwa 5 mm dicken Stängel duften nach Rosen. Die dicht wechselständig angeordneten, sitzenden, lanzettlichen Blätter sind blaugrün gefärbt, teilweise mit rötlich angelaufener Spitze. Der Blütenstand ist eine dichte, endständige Trugdolde. Zweihäusig. Die 4-zähligen Blüten haben gelb oder rötlich gefärbte, spitze Kelchblätter und gelbe, meist rot überlaufene Kronblätter. Blütezeit Juni bis August. **VORKOMMEN** Gedeiht auf kalkarmen, sickerfeuchten, humusreichen Böden in Felsspalten, steinigen Quellfluren, Blockhalden und alpinen Matten zwischen 900 und 3000 m Höhe. **WISSENSWERTES** Wegen ihres lieblichen Duftes wurde die Rosenwurz früher gern in Gärten angepflanzt. Ihre frischen, zerdrückten Blätter gelten in der Volksmedizin als schmerzstillendes und kühlendes Mittel.

3 Blutwurz, Aufrechtes Fingerkraut
Potentilla erecta

› 4-zählige, gelbe Blüten
› roter Wurzelsaft
› alte Arzneipflanze

MERKMALE Rosengewächse *(Rosaceae)*. Bis zu 30 cm hohe Pflanze mit niederliegendem oder aufsteigendem, bis zu 60 cm langem Stängel. Die Blätter setzen sich aus 3–5 verkehrteiförmigen, grob gezähnten Teilblättchen zusammen. Dabei sind die sitzenden Stängelblätter größer als die grundständigen Blätter. Die gelben, 7–11 mm großen Blüten sind 4-zählig und sitzen einzeln auf langen Stielen. Blütezeit Mai bis September. **VORKOMMEN** Wächst auf mageren, sauren Böden in Mooren, Wiesen und Weiden sowie an Waldrändern bis in 2500 m Höhe. **WISSENSWERTES** Der Wurzelstock enthält verschiedene Gerbstoffe, darunter den Farbstoff Tormentillrot, der früher zum Rotfärben genutzt wurde. Er hat der auch „Tormentill" genannten Pflanze den Namen Blutwurz eingebracht. Sie wird seit alters her als Volksheilmittel bei schlecht heilenden Wunden, bei Entzündungen im Mund- und Rachenraum sowie als Magenmittel angewendet.

1

2

3

Blumen und Gräser

1 Sumpf-Dotterblume
Caltha palustris

- goldgelbe, glänzende Blüten
- verträgt kurzzeitige Überflutung
- Frühblüher

MERKMALE Hahnenfußgewächse *(Ranunculaceae)*. Bis zu 50 cm hohe Sumpfpflanze mit bis zu 4 cm großen, dottergelben Blüten und herz- oder nierenförmigen, glänzenden Blättern. Die grundständigen Blätter sind gestielt, die Stängelblätter sitzen am hohlen Stängel. Blütezeit März bis Mai. Oft kommt es im Herbst zu einer 2. Blüte. **VORKOMMEN** Wächst auf nährstoffreichen, nassen Böden in Sumpfwiesen, Flachmooren, Quellfluren, Auwäldern und an Bachufern bis in 2500 m Höhe. **WISSENSWERTES** Als „Halbwasserpflanze" kommt die Sumpf-Dotterblume mit gelegentlichen Überflutungen gut zurecht und kann sogar unter Wasser Blätter ausbilden. Sie zählt mit ihren auffälligen Blüten zu den ersten Frühlingsbotinnen. Die Blüten verdanken ihre intensive, gelbe Farbe dem Farbstoff Karotin und wurden früher zum Färben der Butter verwendet. Da die Pflanze giftiges Protoanemonin enthält, wird sie vom Weidevieh gemieden.

2 Berg-Hahnenfuß
Ranunculus montanus agg.

- blüht goldgelb
- giftig
- sehr formenreich

MERKMALE Hahnenfußgewächse *(Ranunculaceae)*. Bis zu 40 cm hohe, dunkelgrüne Pflanze mit gelben Blüten an runden, ungefurchten Blütenstielen. Die grundständigen, mindestens bis zur Mitte 3-teiligen Blätter glänzen und sind kahl oder spärlich behaart. Der runde, volle Stängel trägt 1–2 sitzende Stängelblätter, deren Abschnitte 2–7-mal so lang wie breit sind. Blütenstand mit 1–3 Blüten pro Stängel. Glänzende Kronblätter, fein behaarter Kelch. Blütezeit April bis August. **VORKOMMEN** Gedeiht auf kalkhaltigen, nährstoffreichen, frischen Böden in Wiesen, Weiden und Matten, lichten Bergwäldern und moorigen Feuchtwiesen zwischen 1000 und 2800 m Höhe. **WISSENSWERTES** Beim Berg-Hahnenfuß handelt es sich um eine Sammelart mit mehreren, schwer zu unterscheidenden Kleinarten. Vom nahe verwandten Scharfen Hahnenfuß unterscheidet er sich durch den behaarten Blütenboden und den festen, innen nicht hohlen Stängel.

3 Scharfer Hahnenfuß
Ranunculus acris

- 2–3 cm große, gelbe Blüten
- Blätter erinnern an gespreizte Zehen eines Hahns
- wird vom Vieh verschmäht

MERKMALE Hahnenfußgewächse *(Ranunculaceae)*. Bis zu 100 cm hohe, reich verzweigte Pflanze mit gelben Blüten an runden, nicht gefurchten Blütenstielen. Die Stängel sind kahl oder anliegend behaart und innen hohl. Die lang gestielten Grundblätter sind bis zum Ansatz des Blattstiels handförmig 3–5-teilig. Stängelblätter sitzend. Mehrere goldgelbe Blüten stehen in einem lockeren, traubig-rispigen Blütenstand. Blütezeit April bis September. **VORKOMMEN** Wächst auf feuchten, nähr- und stickstoffreichen, lehmigen Böden in Fett-, Mager- und Feuchtwiesen sowie an Wegrändern bis in 2500 m Höhe. **WISSENSWERTES** Auf den Alpweiden macht das Vieh einen Bogen um den Scharfen Hahnenfuß, der seinen Namen zurecht trägt: Das Gift Protoanemonin gibt den frischen Pflanzen ihren scharfen Geschmack. Im Heu schadet die Pflanze den Tieren hingegen nicht, da das Gift beim Eintrocknen ins wirkungslose Anemonin zerfällt.

1

2

3

Blumen und Gräser

1 Bach-Steinbrech
Saxifraga aizoides

› bildet ausdauernde Polster
› Blüten oft rot getupft

MERKMALE Steinbrechgewächse *(Saxifragaceae)*. Bis zu 20 cm hohe, Rasen bildende Pflanze mit goldgelben, manchmal orangen oder tiefroten Blüten und niederliegenden, bogig aufsteigenden Stängeln. Zahlreiche sterile Triebe. Die fleischigen, lineal-lanzettlichen Blätter sind am Rand bewimpert. Blühsprosse mit 3–10 sternförmigen Blüten in lockerer Traube oder Rispe. Blütezeit Juni bis September. **VORKOMMEN** Wächst auf sickernassen, steinigen Böden in Schuttfeldern, Quellfluren und an Bachufern bis zu 3000 m Höhe. **WISSENSWERTES** Besonders üppig wachsen die Polster des Bach-Steinbrechs im Sprühbereich von Wasserfällen. Seine Blüten locken neben Fliegen auch viele andere Insekten an.

2 Moschus-Steinbrech
Saxifraga moschata

› vielgestaltig
› harziger Moschusduft

MERKMALE Steinbrechgewächse *(Saxifragaceae)*. Bis zu 12 cm hohe, dichte Polster bildende Pflanze mit aufsteigenden, 2–4-blättrigen und 1–5-blütigen Stängeln. Die ungeteilten, teils vorne 3-zähnigen, lanzettlichen Grundblätter stehen in zahlreichen Rosetten. Die Kronblätter sind grüngelb oder trübrot und nur wenig breiter und kaum länger als die Kelchblätter. Blütezeit Juni bis August. **VORKOMMEN** Gedeiht auf kalkhaltigen, feuchten, steinigen Böden in Felsschutt, Magerrasen und Schneetälchen zwischen 1400 und 4000 m Höhe. **WISSENSWERTES** Der Moschus-Steinbrech zählt zu den am höchsten steigenden Alpenpflanzen und wurde am Finsteraarhorn schon in über 4000 m Höhe gefunden.

3 Kies-Steinbrech
Saxifraga mutata

› leuchtende Blütensterne
› dunkelgrüne Blattrosette

MERKMALE Steinbrechgewächse *(Saxifragaceae)*. Bis zu 50 cm hoher Steinbrech mit zitronengelben bis karminroten Blüten und drüsig behaartem, oben rispig verzweigtem Stängel. Die zungenförmigen, ledrigen, nach oben hin kleiner werdenden Blätter sind am Stängel wechselständig angeordnet. Unten bilden sie eine stattliche, bis zu 12 cm breite Blattrosette. Blütezeit Juni bis Juli. **VORKOMMEN** Besiedelt kalkreiche, feuchte, schattige und kiesige Standorte an Felsen, Rutschhängen und Schluchten sowie in Geröllfeldern und im Bachkies bis in 2200 m Höhe. **WISSENSWERTES** Durch Hochwasserereignisse wird der Kies-Steinbrech als Alpenschwemmling immer wieder weit ins Alpenvorland verfrachtet.

4 Alpen-Mauerpfeffer
Sedum alpestre

› Blüten manchmal rot gefleckt
› walzenförmige Blätter

MERKMALE Dickblattgewächse *(Crassulaceae)*. Bis zu 8 cm hohe, niederliegende oder bogig aufsteigende Pflanze mit dicht beblätterten, sterilen Trieben. Oft rot überlaufen. Die walzenförmig-linealen Blätter sind unregelmäßig am Stängel verteilt. 1–6 gelbe Blüten in endständiger Traube. Die länglich-eiförmigen, aufrechten Kronblätter sind etwa 1,5-mal so lang wie die Kelchblätter. Blütezeit Juni bis August. **VORKOMMEN** Wächst auf kalkfreien, humusarmen, frischen bis nassen Böden in Fels- und Schuttfluren, Schneetälchen und auf Moränen zwischen 1200 und 3100 m Höhe (am Monte Rosa in 3500 m Höhe). **WISSENSWERTES** Dem Alpen-Mauerpfeffer reichen 3–5 schneefreie Monate zum Überleben.

1

2

3a

3b

4

Blumen und Gräser

1 Hahnenfuß-Hasenohr
Bupleurum ranunculoides

- unscheinbare Alpenblume
- doldiger Blütenstand
- 2 Unterarten in den Alpen

MERKMALE Doldenblütler *(Apiaceae)*. Bis zu 60 cm hohe, blaugrüne Pflanze mit schmal-lanzettlichen bis linealen grundständigen Blättern und einem ästigen, beblätterten Stängel. Der Blütenstand besteht aus Dolden 1. Ordnung und 2. Ordnung (4–8). Meist 5 breit-ovale, höchstens am Grund verwachsene Hüll- und Hüllchenblätter. Blüten gelb. Blütezeit Juli bis August. **VORKOMMEN** Wächst auf kalkhaltigen, trockenen Böden in steinigen Rasen, Geröllfluren und an Felsstandorten zwischen 1200 und 2800 m Höhe. **WISSENSWERTES** Das Hahnenfuß-Hasenohr wird vor allem von Haut- und Zweiflüglern bestäubt. In den Alpen kommen zwei Unterarten vor: Die oft unverzweigte ssp. *ranunculoides* hat 5–12 mm breite Grundblätter mit 9–20 Längsnerven, die meist verzweigte ssp. *caricinum* 2–4 mm breite Grundblätter mit 3–5 Längsnerven. Der Name Hasenohr leitet sich von der Form der Blätter bei einigen Arten der Gattung ab.

2 Alpen-Gelbling
Sibbaldia procumbens

- unscheinbare Pflanze
- stark reduzierte, nektarreiche Blüten
- Fliegen und Ameisen als Bestäuber

MERKMALE Rosengewächse *(Rosaceae)*. Bis zu 5 cm hohe, Rasen bildende, niederliegende Pflanze mit lang gestielten, blaugrünen, 3-zähligen Blättern. Die verkehrt eiförmigen Teilblättchen vorne mit 3 Zähnen, oberseits fast kahl, unterseits behaart. 5–10 unscheinbare Blüten in einem dicht gedrängten Blütenstand. Die hellgelben bis gelbgrünen, schmal-ovalen, 1–2 mm langen Kronblätter sind kürzer als die blaugrünen, 3–4 mm langen Kelchblätter. Blütezeit Juni bis August. **VORKOMMEN** Gedeiht auf schwach sauren, feuchten bis nassen, lange vom Schnee bedeckten Böden in Schneetälchen und alpinen Rasen zwischen 1900 und 3300 m Höhe. **WISSENSWERTES** Die Fruchtstände des Alpen-Gelblings bleiben über den Winter stehen und werden durch Schneehasen, Gämsen und Weidevieh verbreitet. Als Alpenschwemmling gelangt er auch in tiefere Lagen, zum Beispiel über den Rhein fast bis zum Bodensee (395 m Höhe).

3 Gold-Fingerkraut
Potentilla aurea

- bis zu 2,5 cm große Blüten
- silberglänzende Haare am Blattrand
- wird vom Weidevieh geschätzt

MERKMALE Rosengewächse *(Rosaceae)*. Bis zu 20 cm hohe Pflanze mit meist bogig aufsteigenden Stängeln und 1–5 Blüten in lockerer Traube. Die handförmigen, 5-zähligen Grundblätter sind am Rand anliegend silberglänzend behaart. Die verkehrt-eiförmigen, am Grund keilförmigen Teilblättchen tragen jederseits 2–4 nach vorne gebogene Zähne und einen viel kleineren Endzahn. Die goldgelben Blüten sind am Grund orangerot gefärbt. Kronblätter verkehrt herzförmig. Blütezeit Juni bis September. **VORKOMMEN** Wächst auf kalk- und nährstoffarmen, etwas sauren, humusreichen Böden in kurzrasigen Wiesen und steinigen Weiden zwischen 1100 und 3000 m Höhe. **WISSENSWERTES** Das Gold-Fingerkraut ist eine alte Heilpflanze, die in der Volksmedizin bei Durchfall, Halsentzündungen, Krämpfen und gegen die Zuckerkrankheit angewendet wird. Der Name Fingerkraut leitet sich von den handförmigen, fünfteiligen Blättern ab.

1

2

3

Blumen und Gräser

1 Gewöhnliches Sonnenröschen

Helianthemum nummularium

- kleines Halbsträuchlein
- große, leuchtend gelbe Blüten
- mit Nebenblättern

MERKMALE Zistrosengewächse *(Cistaceae)*. Bis zu 30 cm hoher, zierlicher, nur am Grund verholzter Zwergstrauch mit oben behaarten Stängeln. Die ovalen bis lanzettlichen Blätter sind am Rand meist etwas umgebogen und gegenständig angeordnet. Nebenblätter sind vorhanden. Die Blätter der Blühtriebe sind mindestens so groß wie die der vegetativen Triebe. 2–15 leuchtend gelbe Blüten stehen in einer endständigen Traube. Sie werden 2–3,5 cm groß. Blütezeit Mai bis Oktober. **VORKOMMEN** Wächst auf trockenen, kalkreichen Böden in steinigen Magerrasen, lichten Kiefernwäldern und zwischen Felsen bis in 2800 m Höhe. **WISSENSWERTES** Das Gewöhnliche Sonnenröschen öffnet seine Blüten nur bei Sonnenschein und Temperaturen über 20 °C. Dabei blüht jede Einzelblüte nur einen Tag – am Nachmittag fallen die einzelnen Kronblätter bereits ab. In den Alpen werden mehrere, teils sehr ähnliche Unterarten unterschieden.

2 Alpen-Sonnenröschen

Helianthemum alpestre

- wächst rasig-polsterartig
- ohne Nebenblätter
- Schuttüberkriecher

MERKMALE Zistrosengewächse *(Cistaceae)*. Bis zu 15 cm hohes, dichte Rasen bildendes, nur unten verholztes Zwergsträuchlein. Der im oberen Teil behaarte Stängel hat keine Sternhaare. Die schmal-lanzettlichen, bis zu 1,5 cm langen Blätter sind borstig behaart und haben keine Nebenblätter. Die Blätter der Blühtriebe sind kleiner als die der vegetativen Triebe. 2–6 gelbe, 12–18 mm große Blüten stehen in einer endständigen Traube. Blütezeit Juni bis September. **VORKOMMEN** Gedeiht auf kalkhaltigen, lockeren, steinigen Böden in Geröllhalden, Fels- und Magerrasen sowie auf Felsbändern und Felsgraten zwischen 900 und 2700 m Höhe. **WISSENSWERTES** Das Alpen-Sonnenröschen ist eine Pionierpflanze auf ruhenden Schutthalden und in offenen, windexponierten alpinen Rasen. Obwohl die Blüten keinen Nektar bilden, werden sie nicht nur von pollenfressenden Insekten, sondern auch von Schmetterlingen besucht.

3 Strauß-Glockenblume

Campanula thyrsoides

- bis zu 20 cm langer Blütenkolben
- Gelbfärbung durch Flavonole
- zweijährige Pflanze

MERKMALE Glockenblumengewächse *(Campanulaceae)*. Bis zu 50 cm hohe, stattliche Pflanze mit dicht beblättertem Stängel und zahlreichen Blüten in einem dichten, walzenförmigen Blütenstand. Stängel und Blätter sind rau behaart. Die länglich-keiligen Grundblätter stehen in einer Rosette, die sitzenden Stängelblätter sind lineal-länglich. Die blassgelben, außen behaarten Blüten sind trichter- bis glockenförmig. Blütezeit Juni bis August. **VORKOMMEN** Wächst auf frischen, kalkreichen, lockeren Böden in Bergwiesen, steinigen Matten und im Felsschutt zwischen 1000 und 2800 m Höhe. **WISSENSWERTES** Die Strauß-Glockenblume bildet im ersten Jahr nur eine Blattrosette. Ihren auffälligen, kolbenförmigen Blütenstand, der von unten nach oben aufblüht, bildet sie erst im zweiten Jahr. Ihre behaarten Fruchtkapseln enthalten jeweils 120–180 Samen – eine Pflanze mit 100 Blüten produziert also bis zu 18 000 Samen.

1

2

3

1 Goldprimel
Androsace vitaliana

› Pflanze des Hochgebirges
› Schmetterlingsblume

MERKMALE Primelgewächse *(Primulaceae)*. Bis zu 5 cm hohe, lockere Rasen bildende, niederliegende Pflanze mit tief reichender Pfahlwurzel. Die schmal-lanzettlichen, rosettig gehäuften Blätter werden höchstens 15 mm lang und 2 mm breit. Die einzelnen, gelben Blüten stehen am Ende 1–5 mm langer Blütenstiele und haben eine rund 10 mm lange Kronröhre sowie vorne abgerundete Kronblätter. Blütezeit Mai bis Juli. **VORKOMMEN** Wächst auf kalkarmen, feuchten, steinigen Böden in alpinen Rasen, auf Steinschutt und Fels zwischen 1700 und 3100 m Höhe. Art der Süd- und Südwestalpen. **WISSENSWERTES** In den Alpen gibt es mehrere Unterarten, die sich in ihrer Behaarung unterscheiden.

2 Aurikel
Primula auricula

› wohlriechende Blüten
› wasserspeichernde Blätter

MERKMALE Primelgewächse *(Primulaceae)*. Bis zu 25 cm hohe, leuchtend gelb blühende Pflanze mit grundständiger Blattrosette. Die fleischigen, verkehrt-eiförmigen Blätter sind blaugrün, oft mehlig bestäubt und haben einen knorpeligen Rand. 5–30 Blüten stehen in einer einseitswendigen Dolde. Sie haben trichterförmig ausgebreitete Kronzipfel und bis zu 1,5 cm lange Kronröhren. Blütezeit April bis Juni. **VORKOMMEN** Gedeiht auf kalkhaltigem Untergrund in Gesteinsfluren, Polsterseggenrasen und auf Felsen bis in 2800 m Höhe. **WISSENSWERTES** Die Aurikel verankert sich mit ihrem kräftigen Wurzelstock in Spalten und Rissen. Ihre Blüten werden von Hummeln und Schmetterlingen bestäubt.

3 Wald-Schlüsselblume
Primula elatior

› hellgelbe, nickende Blüten
› Bienen- und Hummelblume

MERKMALE Primelgewächse *(Primulaceae)*. Bis zu 30 cm hohe Schlüsselblume mit langem, behaartem Blütenstängel. Die eiförmigen, kurz behaarten, runzlig wirkenden Blätter stehen in einer grundständigen Rosette. 5–20 hellgelbe, nicht duftende Blüten in einseitswendiger Dolde. Die hellgelben, weit trichterförmig ausgebreiteten Kronblätter haben im Schlund keine orangegelben Flecken. Der 1 cm lange, kantige Kelch ist nicht aufgeblasen. Blütezeit März bis Mai. **VORKOMMEN** Besiedelt feuchte, nährstoffreiche Böden in Wiesen und lichten Laub-, Misch-, Au- und Bergwäldern bis in 2600 m Höhe. **WISSENSWERTES** Volkstümlich wird die hübsche Frühblüherin auch „Himmelsschlüssel" genannt.

4 Wiesen-Schlüsselblume
Primula veris

› orangefarbene Saftmale
› wohlriechend

MERKMALE Primelgewächse *(Primulaceae)*. Bis zu 30 cm hohe Blume mit länglich-eiförmigen, behaarten, runzligen Blättern in einer grundständigen Rosette. Die 5–20 angenehm duftenden, goldgelben Blüten stehen in einer einseitswendigen Dolde und haben einen orangegefleckten Schlund. Der Saum der Krone ist schüssel- oder trichterförmig, mit wenig ausgerandeten Zipfeln. Aufgeblasener, kantiger Kelch. Blütezeit April bis Juni. **VORKOMMEN** Wächst auf basenreichen, oft kalkhaltigen Böden in trockenen Wiesen und lichten Wäldern bis 2200 m Höhe. **WISSENSWERTES** Die Pflanze wird auch „Echte", „Duftende", „Frühlings-" oder „Arzneischlüsselblume", „Wiesen-Primel" oder „Himmelsschlüssel" genannt.

1

2

3

4

Blumen und Gräser

1 | Gelbe Alpen-Küchenschelle
Pulsatilla alpina ssp. apiifolia

› struppiger Fruchtstand
› meidet Kalk

MERKMALE Hahnenfußgewächse *(Ranunculaceae)*. Bis zu 50 cm hohe Pflanze mit zottig behaartem Stängel und einzelner, bis zu 6 cm großer, schwefelgelber Blüte. Die zur Blütezeit noch wenig entwickelten, grundständigen Blätter sind doppelt 3-zählig mit fiederteiligen Abschnitten. Am Stängel sitzt ein Hochblattquirl aus 3 am Grund nicht verwachsenen Blättern. 6–9 Kronblätter. Griffel nach der Blüte fadenförmig verlängert. Blütezeit Mai bis Juli. **VORKOMMEN** Wächst auf kalkarmen, sauren Böden in Magerrasen und Bergweiden zwischen 1100 und 2700 m Höhe. **WISSENSWERTES** Die Blüten der Pflanze sind durch Flavone intensiv gelb gefärbt. Die Fruchtstände erinnern an einen Haarschopf.

2 | Trollblume
Trollius europaeus

› schwach giftig
› wird vom Vieh verschmäht

MERKMALE Hahnenfußgewächse *(Ranunculaceae)*. Bis zu 60 cm hohe Pflanze mit handförmig geteilten, unregelmäßig gezähnten Blättern. Die bis zu 3 cm großen, gelben Blüten bestehen aus 10–15 sich kugelig zusammenneigenden Blumenblättern, kleinen Honigblättern und zahlreichen Staubblättern. Blütezeit Mai bis Juli. **VORKOMMEN** Gedeiht auf feuchten, mäßig stickstoffreichen Böden in Nasswiesen, Flachmooren und Hochstaudenfluren bis in 3000 m Höhe. **WISSENSWERTES** Die Blüte der Trollblume bildet eine Kuppel, die nur an der Spitze eine kleine Öffnung aufweist. Durch diese dringen kleine Fliegen und Käfer auf der Suche nach Nektar ins Blüteninnere ein – und stellen so die Bestäubung sicher.

3 | Berg-Nelkenwurz
Geum montanum

› bildet keine Ausläufer
› alte Heilpflanze

MERKMALE Rosengewächse *(Rosaceae)*. Bis zu 40 cm hohe Pflanze ohne Ausläufer mit dicht behaartem Stängel und grundständiger Blattrosette. Die leierförmigen Rosettenblätter sind einfach gefiedert mit ungleich grob gezähnten Abschnitten, das Endblättchen ist viel größer als die Seitenblättchen. Die gelbe Blüte wird 2–3 cm groß und hat 5 oder 6 Kronblätter. Blütezeit Mai bis August. **VORKOMMEN** Besiedelt kalkfreie, saure, steinige Böden in Magerwiesen, Weiderasen, Zwergstrauchheiden und Hochstaudenfluren zwischen 1200 und 3100 m Höhe. **WISSENSWERTES** Gelegentlich blüht die Pflanze im Herbst ein zweites Mal. Wegen ihres haarschopfartigen Fruchtstands wird sie auch „Petersbart" genannt.

4 | Kriechende Nelkenwurz
Geum reptans

› prächtige, große Blüten
› Schuttwanderer

MERKMALE Rosengewächse *(Rosaceae)*. Bis zu 20 cm hohe Pflanze mit bis zu 1 m langen, oberirdischen Ausläufern, abstehend behaartem Stängel und grundständiger Blattrosette. Die Grundblätter sind einfach gefiedert, mit tief eingeschnittenen, 3–5-teiligen Teilblättern. Das Endblättchen ist nur wenig größer als die Seitenblättchen. Die gelbe Blüte wird 3–5 cm groß und hat 6–8 Kronblätter. Blütezeit Juni bis August. **VORKOMMEN** Wächst auf kalkarmen, steinig-lehmigen Böden in Felsschuttfluren und auf Moränen zwischen 1700 und 3400 m Höhe. **WISSENSWERTES** Die Pflanze ist dank ihrer langen Ausläufer und des kräftigen Wurzelstocks bestens an ein Leben in bewegtem Schutt angepasst.

1

2

3

4

Blumen und Gräser

1 Gelber Enzian
Gentiana lutea

› kräftiger, vielblütiger Enzian
› wird bis zu 60 Jahre alt
› alte Heilpflanze

MERKMALE Enziangewächse *(Gentianaceae)*. Bis zu 120 cm hoher, stattlicher Enzian mit breit lanzettlichen, gegenständig angeordneten Stängelblättern. Die bis zu 15 cm breiten, ungestielten Blätter sind blaugrün gefärbt und weisen 5–7 fast parallele Rippen auf. 3–10 gelbe, etwa 1 cm lang gestielte Blüten sitzen büschelig gehäuft in den oberen Blattwinkeln. Die weit trichterförmigen Kronen sind fast bis zum Grund 5–6-teilig. Blütezeit Juni bis August. **VORKOMMEN** Wächst auf basenreichen, stickstoffarmen Böden in ungedüngten Bergwiesen und -weiden, Hochstaudenfluren und lichten Gebüschen bis in 2500 m Höhe. **WISSENSWERTES** Aus seiner über 1 m langen, bitterstoffreichen Wurzel wird der berühmte Enzianschnaps gewonnen. Im blütenlosen Zustand kann der Gelbe Enzian mit dem tödlich giftigen Weißen Germer *(Veratrum album)* verwechselt werden, der allerdings wechselständige Stängelblätter hat.

2 Tüpfel-Enzian, Punktierter Enzian
Gentiana punctata

› dunkel punktierte, glockige Blüten
› bis zu 1 m lange Wurzeln
› wird vom Weidevieh verschmäht

MERKMALE Enziangewächse *(Gentianaceae)*. Bis zu 60 cm hoher Enzian mit mehreren großen, glockenförmigen Blüten. Die elliptischen bis eiförmigen, glänzend grünen Blätter sind 5–7-nervig und stehen gekreuzt gegenständig am Stängel. Die bis zu 3,5 cm langen Blüten sitzen zu 1–3 in den oberen Blattachsen, am Stängelende sind sie kopfig gehäuft. Die hellgelbe Blütenkrone ist meist dunkel punktiert, der Kelch bis ungefähr zur Mitte 5–8-teilig eingeschnitten. Blütezeit Juni bis September. **VORKOMMEN** Gedeiht auf kalkarmen, tiefgründigen Böden in Schuttfluren, Alpweiden, Zwergstrauchheiden und alpinen Rasen zwischen 1100 und 3000 m Höhe. **WISSENSWERTES** Der Punktierte Enzian wird vor allem von Hummeln, aber auch von Fliegen, Käfern und Schmetterlingen bestäubt. Den Nektar finden die Blütenbesucher in 5 „Saftlöchern" am Grund der Staubfäden. Aus der kräftigen Wurzel wird Enzianschnaps gewonnen.

3 Arnika
Arnica montana

› auffällige, große Blütenkörbe
› aromatisch duftend
› bekannte Heilpflanze

MERKMALE Korbblütler *(Asteraceae)*. Bis zu 60 cm hohe, behaarte Pflanze mit kräftigem, meist unverzweigtem Stängel und 4–8 cm großen, goldgelben Blütenkörben. Die grundständigen, eiförmigen bis breit-lanzettlichen, ganzrandigen Blätter stehen in einer Rosette. 1–3 Paare sitzender, gegenständiger Stängelblätter. Die einzelnen, großen Blütenköpfe setzen sich aus Zungen- und Röhrenblüten zusammen. Korbstiele und Hülle mit kurzen Drüsenhaaren und längeren drüsenlosen Haaren. Blütezeit Juni bis August. **VORKOMMEN** Wächst auf mageren, kalkarmen, frischen Böden in Bergwiesen und -weiden, Mooren und lichten Wäldern bis in 3000 m Höhe. **WISSENSWERTES** Die Arnika zählt zu den bekanntesten Heilpflanzen der Alpen. Tinkturen der geschützen Pflanze, die auch „Berg-Wohlverleih" genannt wird, unterstützen mit ihrer schmerzstillenden, entzündungshemmenden und keimtötenden Wirkung die Wundheilung.

1

2

3

Blumen und Gräser

1 | Alpen-Kratzdistel
Cirsium spinosissimum

› wehrhafte Distel
› unzählige Stacheln
› kommt nur in den Alpen vor

MERKMALE Korbblütler *(Asteraceae).* Bis zu 80 cm hohe, distelartige Pflanze mit behaartem, bis oben hin mit zahlreichen Blättern besetztem Stängel. Die steifen, stechenden Blätter sind bis über die Mitte fiederteilig mit stachelig gezähnten Abschnitten. 3–10 blassgelbe Blütenkörbe stehen in dichten, endständigen Knäueln. Diese sind von stark bewehrten Hochblättern umgeben. Alle Blüten sind röhrenförmig. Blütezeit Juli bis September. **VORKOMMEN** Wächst auf auf nährstoffreichen, frischen Böden in tiefgründigen Weiden, Gesteinsschutt, Hochstauden- und Lägerfluren zwischen 1200 und 3000 m Höhe. **WISSENSWERTES** Die „stacheligste aller Disteln" (wissenschaftlicher Name) gilt bei den Bergbauern als arges Weideunkraut. Schafe und Ziegen fressen junge Alpen-Kratzdisteln aber trotz ihrer Dornen. Mit ihren dornigen Blättern gelten Disteln allgemein als „Sinnbild der Wehrhaftigkeit".

2 | Einköpfiges Ferkelkraut
Hypochaeris uniflora

› einzelnes gelbes Blütenkörbchen
› keulig verdickter Stängel
› führt Milchsaft

MERKMALE Korbblütler *(Asteraceae).* Bis zu 50 cm hohe Pflanze mit sehr kräftigem, unter dem Blütenkopf stark verdicktem Stängel. Dieser ist steifhaarig und trägt 2–7 Blätter. Die grundständigen, verkehrt-eiförmigen bis lanzettlichen Blätter sind rauhaarig und in einer Rosette angeordnet. Das einzelne, 4–7 cm große Blütenkörbchen besteht nur aus Zungenblüten. Äußere Hüllblätter zottig schwarz und weiß behaart. Blütezeit Juni bis September. **VORKOMMEN** Gedeiht auf kalkfreien, nährstoffarmen, humosen Böden in Wiesen, Weiden und Zwergstrauchheiden zwischen 1200 und 2800 m Höhe. **WISSENSWERTES** Die hellgoldgelben Blütenkörbchen des Einköpfigen Ferkelkrauts fallen in Bergwiesen schon von Weitem auf. Sie enthalten bis zu 200 Einzelblüten, die von Käfern, Fliegen, Bienen und Faltern bestäubt werden. Bleibt der Insektenbesuch aus, rollen sich die Griffeläste zurück und nehmen den eigenen Pollen auf.

3 | Huflattich
Tussilago farfara

› Blätter erst nach der Blüte
› Frühblüher
› Alte Heilpflanze

MERKMALE Korbblütler *(Asteraceae).* Bis zu 30 cm hohe, einköpfige Pflanze, bei der die Blüten vor den Blättern erscheinen. Der Stängel ist oft mit bräunlichen Blattschuppen besetzt, die grundständigen, herzförmigen Blätter sind lang gestielt und jung graufilzig. Die gelben, bis zu 2,5 cm großen Blüten setzen sich aus randständigen Zungenblüten und innen liegenden Röhrenblüten zusammen. Blütezeit Februar bis Mai. **VORKOMMEN** Wächst auf feuchten, humusarmen Böden an Wegrändern und Bachufern, auf Felsschutt und Rutschhängen sowie in lichten Wäldern bis in 2200 m Höhe. **WISSENSWERTES** Der Huflattich zählt zu den ersten Frühlingsboten. Als Pionierpflanze besiedelt er gern frisch aufgebrochene Flächen. Mit einem Durchmesser von 20–30 cm zählen seine Namen gebenden, hufeisenförmigen Blätter zu den größten in der heimischen Pflanzenwelt. Der Huflattich wird seit der Antike als hustenstillendes Mittel benutzt.

1

2

3

Blumen und Gräser

1 | Großblütige Gämswurz
Doronicum grandiflorum

› Schuttstrecker
› nur auf Kalkgestein

MERKMALE Korbblütler *(Asteraceae)*. Bis zu 50 cm hohe Pflanze mit 4–8 cm großen, goldgelben Blütenköpfen. Stängel und Blätter mit drüsiger und drüsenloser Behaarung. Die grundständigen, gestielten Blätter sind rundlich-eiförmig, die wechselständigen Stängelblätter eiförmig-lanzettlich. 25–35 Zungenblüten umrahmen die Röhrenblüten. Blütezeit Juni bis August. **VORKOMMEN** Wächst auf kalkreichen, steinigen, lange schneebedeckten Böden in Felsschutt und -spalten zwischen 1600 und 3100 m Höhe. **WISSENSWERTES** Die Pflanze enthält einen Süßstoff, der sie für Gämsen und Rothirsche zu einer schmackhaften Nahrung macht. Davon leiten sich Volksnamen wie „Gamswurz" und „Hirschwurzen" ab.

2 | Clusius-Gämswurz
Doronicum clusii

› gedrungener Wuchs
› Kraushaare am Blattrand

MERKMALE Korbblütler *(Asteraceae)*. Bis zu 30 cm hohe, einkörbige Pflanze mit einem 4,5–6,5 cm großen Blütenkopf. Stängel und Blätter ohne Drüsenhaare. Die grundständigen Blätter sind lanzettlich und 1,5–4-mal so lang wie breit, die sitzenden Stängelblätter haben meist einen verschmälerten Grund. Der gelbe Blütenkorb setzt sich aus langen, außen liegenden Zungenblüten und innen liegenden Röhrenblüten zusammen. Blütezeit Juli bis August. **VORKOMMEN** Gedeiht auf kalkarmen, steinigen Silikatböden in Felsschuttfluren und auf Moränen zwischen 1600 und 3300 m Höhe. **WISSENSWERTES** Die Clusius-Gämswurz ersetzt die Großblütige Gämswurz auf Silikatgestein (vikariierendes Artenpaar).

3 | Alpen-Greiskraut
Senecio alpinus

› häufig rund um Alphütten
› oft in üppigen Beständen

MERKMALE Korbblütler *(Asteraceae)*. Bis zu 100 cm hohe Staude mit gleichmäßig wechselständig beblättertem, kantigem, oben verzweigtem Stängel. Die großen, herzförmigen bis dreieckigen Blätter sind grob gezähnt, oberseits dunkelgrün, unterseits graufilzig. 6–20 goldgelbe Blütenköpfe stehen in einer doldigen Rispe. Die einzelnen Köpfchen bestehen aus Zungenblüten und Röhrenblüten und werden 3–4 cm groß. Blütezeit Juli bis September. **VORKOMMEN** Besiedelt kalkhaltige, feuchte und nährstoffreiche Böden in Lägerfluren, Viehweiden, Hochstaudenfluren und an Bachufern bis in 2400 m Höhe. **WISSENSWERTES** Die Pflanze verträgt Dünger gut und wird wegen ihrer Giftigkeit vom Vieh gemieden.

4 | Gämswurz-Greiskraut
Senecio doronicum

› graufilzige Behaarung
› wirkt als Schuttfestiger

MERKMALE Korbblütler *(Asteraceae)*. Bis zu 50 cm hohes Greiskraut mit zerstreuter bis dicht flockig-filziger Behaarung. Die derben, wechselständig angeordneten Blätter sind lanzettlich bis länglich-eiförmig und buchtig gezähnt. 1–4 endständige Blütenkörbe. Die einzelnen, dunkelgelben Blütenköpfchen werden 3–6 cm groß und setzen sich aus 10–20 strahlig ausgebreiteten Zungenblüten und innen liegenden Röhrenblüten zusammen. Blütezeit Juli bis August. **VORKOMMEN** Wächst auf kalkhaltigen Böden in steinigen Rasen, felsigen Hängen und Schutthalden zwischen 1300 und 3100 m Höhe. **WISSENSWERTES** Das Gämswurz-Greiskraut festigt mit seinen langen, kräftgen Wurzeln Felsschuttfluren.

1

2

3

4

Blumen und Gräser

1 Echte Goldrute
Solidago virgaurea

› zahlreiche Blütenkörbchen
› alte Heilpflanze

MERKMALE Korbblütler *(Asteraceae)*. Bis zu 100 cm hohe Pflanze mit wechselständigen, breit- bis schmal-lanzettlichen, grob-gezähnten bis fast ganzrandigen Blättern. Mehrere bis zahlreiche goldgelbe Blütenkörbchen mit jeweils 6–12 Zungenblüten und deutlich kleineren, inneren Röhrenblüten stehen in einer endständigen, allseitswendigen Rispe. Blütenkörbchen 1–2 cm groß. Blütezeit Juli bis Oktober. **VORKOMMEN** Wächst auf nährstoffreichen, humosen Böden in lichten Wäldern, Weiden, Magerrasen und Zwergstrauchheiden bis in 2800 m Höhe. **WISSENSWERTES** Tritt in den Alpen in zwei, durch Übergänge verbundenen Unterarten auf: ssp. *virgaurea* und die gedrungenere, großblütigere ssp. *minuta*.

2 Zottiges Habichtskraut
Hieracium villosum

› mit langen, weißen Haaren
› beliebt bei Insekten

MERKMALE Korbblütler *(Asteraceae)*. Bis zu 30 cm hohe, weißzottig behaarte Pflanze. Der Stängel ist einfach oder gabelig verzweigt und trägt 1–4 hellgelbe Körbchen mit ausschließlich zungenförmigen Blüten. 3–8 Stängelblätter, die grundständigen Blätter bilden eine Rosette. Äußere Hüllblätter verbreitert und abstehend. Blütezeit Juni bis August. **VORKOMMEN** Gedeiht auf kalkhaltigen, frischen, steinigen Böden in alpinen Rasen, Geröllfeldern, Felsbändern und auf Graten zwischen 1200 und 2800 m Höhe. **WISSENSWERTES** Die dichte, weiße Behaarung schützt vor Austrocknung. Durch die Härchen bildet sich ein unbeweglicher Luftmantel um die Pflanze, der die Verdunstung herabsetzt.

3 Kleines Habichtskraut
Hieracium pilosella

› bis zu 64 Zungenblüten
› grundständige Blattrosette

MERKMALE Korbblütler *(Asteraceae)*. Bis zu 30 cm hohe Pflanze mit blattlosem, einköpfigem Stängel und langen, beblätterten Ausläufern. Die ganzrandigen Blätter sind unterseits sternhaarig-weißfilzig und oberseits mit langen, einfachen Haaren besetzt. Die 2–3 cm großen, hellgelben Blütenkörbchen bestehen nur aus Zungenblüten, wobei die äußeren Blüten oft rot gestreift sind. Blütezeit Mai bis Oktober. **VORKOMMEN** Wächst auf mageren, trockenen, kalkarmen Böden in Wiesen, Weiden, Magerrasen und Felsspalten bis in 3000 m Höhe. **WISSENSWERTES** Bei Trockenheit rollen sich die Blätter ein, sodass die weiße, Licht reflektierende Unterseite nach außen weist (Verdunstungsschutz!).

4 Steifhaariges Milchkraut
Leontodon hispidus

› Körbchen vor der Blüte nickend
› gute Weidepflanze

MERKMALE Korbblütler *(Asteraceae)*. Bis zu 50 cm hohe, unverzweigte und einköpfige Pflanze. Der Stängel ist blattlos oder trägt 1–3 Blattschuppen. Die grundständigen, in einer Rosette angeordneten Blätter sind schmal-oval bis lanzettlich und tragen oft Gabelhaare. Das Blütenkörbchen besteht nur aus Zungenblüten. Blütezeit Juni bis Oktober. **VORKOMMEN** Gedeiht auf nährstoffreichen, mäßig humosen Böden in Wiesen, Weiden, Hochstaudenfluren und Schutthalden bis in 3000 m Höhe. **WISSENSWERTES** Es gibt mehrere Unterarten der Pflanze, die sich in ihrer Größe, Behaarung und Blattform unterscheiden. Rinder fressen vor allem die Blattrosette, lassen die zähen Stängel aber oft stehen.

1

2

3

4

Blumen und Gräser

1 | Wolfs-Eisenhut
Aconitum lycotonum

› früher als Wolfsgift genutzt
› mehrere Unterarten

MERKMALE Hahnenfußgewächse *(Ranunculaceae)*. Bis zu 150 cm hohe, stattliche Pflanze mit großen, tief handförmig 5–7-teiligen Blättern und gesägten Blattabschnitten. Die 5–25 gelben, schmal-helmförmigen Blüten werden 1,5–2 cm hoch und stehen in einer lockeren Traube. Der Helm ist 2–3-mal so hoch wie breit, die Blütenstiele sind abstehend behaart. Blütezeit Juni bis August. **VORKOMMEN** Wächst auf feuchtkühlen, nährstoff- und humusreichen Böden in Hochstaudenfluren, Wäldern und an Bachufern bis in 2400 m Höhe. **WISSENSWERTES** Alle Teile der Pflanze enthalten das Alkaloid Aconitin, eines der stärksten Pflanzengifte überhaupt. Bereits wenige Gramm davon sind für Menschen tödlich.

2 | Buchsblättrige Kreuzblume
Polygala chamaebuxus

› immergrüner Halbstrauch
› schiffchenartige Blütenkrone

MERKMALE Kreuzblumengewächse *(Polygalaceae)*. Bis zu 25 cm hoher, niederliegender bis bogig aufsteigender Halbstrauch mit unten holzigem, verzweigtem Stängel. Die ledrigen, immergrünen Blätter sind wechselständig angeordnet, elliptisch und 1–1,5 cm lang. 1–3 weißgelb bis weißorange Blüten stehen in den Blattwinkeln. Das untere Blütenblatt (Schiffchen) ist 4-lappig. Blütezeit März bis Juni. **VORKOMMEN** Gedeiht auf basenreichen, meist kalkreichen, trockenen Böden in lichten Wäldern, Gebüschen und Magerrasen bis in 2500 m Höhe. **WISSENSWERTES** Die Blüten des Halbstrauchs entwickeln sich bereits im Herbst des Vorjahres und können so sofort nach der Schneeschmelze aufblühen.

3 | Zweiblütiges Veilchen
Viola biflora

› zarte Schattenpflanze
› gelbe Veilchenblüte

MERKMALE Veilchengewächse *(Violaceae)*. Bis zu 15 cm hohe, zarte Pflanze mit dünnem, kahlem Stängel und nierenförmigen, leicht gekerbten Blättern. Die Nebenblätter sind klein, lanzettlich und ganzrandig. 1–2 goldgelbe Blüten pro Stängel, mit dunklen Adern. Die seitlichen Kronblätter sind schief aufwärts gerichtet. Blütezeit Mai bis Juli. **VORKOMMEN** Wächst im Schatten auf wechselfeuchten, kalkhaltigen Böden auf nassen Felsen und in Grünerlengebüschen, Hochstaudenfluren und Bergwäldern zwischen 400 und 3000 m Höhe. **WISSENSWERTES** Die Blüten des Zweiblütigen Veilchens sind mit braunroten Strichsaftmalen verziert, die Bienen und Fliegen anlocken und zum Nektar führen.

4 | Gletscher-Tragant
Astragalus frigidus

› wird von Hummeln bestäubt
› wertvolle Futterpflanze

MERKMALE Schmetterlingsblütler *(Fabaceae)*. Bis zu 40 cm hohe Pflanze mit kahlem Stängel und gelblich-weißen Blüten. Die unpaarig gefiederten Blätter bestehen aus 4–7 Fiederpaaren und einer Endfieder, die einzelnen Blättchen sind eiförmig. Die rund 1,5 cm langen, nickenden Blüten stehen zu 5–20 auf einem langen Stiel in einem traubig-kopfigen Blütenstand. Blütezeit Juli bis August. **VORKOMMEN** Gedeiht auf eher kalkhaltigen, feuchten Böden in Magerrasen, an steilen Hängen und auf windexponierten Graten zwischen 1700 und 2800 m Höhe. Als Alpenschwemmling auch in tieferen Lagen. **WISSENSWERTES** Der Gletscher-Tragant wurzelt bis in 1 m Tiefe und bildet unterirdische Ausläufer.

1

2

3

4

Blumen und Gräser

1 | Alpen-Wundklee
Anthyllis vulneraria ssp. *alpestris*

› altes Wundheilkraut
› mehrere Unterarten

MERKMALE Schmetterlingsblütler *(Fabaceae)*. Bis zu 30 cm hohe Pflanze mit unpaarig gefiederten Blättern. Das vergrößerte Endblättchen der oberen Stängelblätter ist 2-mal so lang und 2–3-mal so breit wie die seitlichen Blättchen. Blätter mit 1–5 Fiederpaaren. Die goldgelben Blütenköpfchen bestehen aus 10–30 Einzelblüten, der weißhaarige Kelch ist aufgeblasen. Blütezeit Mai bis August. **VORKOMMEN** Wächst auf kalkhaltigen, nährstoffarmen Böden in Bergwiesen, steinigen Rasen sowie auf Felsen und Geröll zwischen 1000 und 2900 m Höhe. **WISSENSWERTES** Der Alpen-Wundklee gehört zu den wichtigsten Bodenbefestigern und findet sich oft als Pionierpflanze an Wegabrissen und Lawinenhängen.

2 | Gewöhnlicher Hornklee
Lotus corniculatus agg.

› wurzelt bis in 1 m Tiefe
› mehrere Kleinarten

MERKMALE Schmetterlingsblütler *(Fabaceae)*. Bis zu 30 cm hohe Pflanze mit kantigem Stängel und 3+2-zähligen Blättern: Die 2 unteren, sitzenden Blätter sind von den 3 oberen etwas entfernt. Die gelben Blüten sind vor dem Aufblühen oft rot und stehen in lang gestielten, wenigblütigen, doldig-halbkugeligen, lockeren Köpfchen. Das Schiffchen ist aufwärtsgekrümmt und geschnäbelt. Blütezeit Mai bis August. **VORKOMMEN** Besiedelt basenreiche, oft kalkhaltige, stickstoffarme Böden in Trockenrasen, Wiesen, Weiden sowie Schutthalden bis in 2800 m Höhe **WISSENSWERTES** Der Name Hornklee leitet sich von der Gestalt der Hülsenfrüchte ab. Die Pflanze kann bis zu 20 Jahre alt werden.

3 | Gewöhnlicher Hufeisenklee
Hippocrepis comosa

› duftende Blüten
› wintergrün

MERKMALE Schmetterlingsblütler *(Fabaceae)*. Bis zu 10 cm hohe, ausgebreitet-niederliegende Pflanze mit 10–25 cm langen Stängeln. Die unpaarig gefiederten Blätter bestehen aus 4–8 Fiederpaaren und einem Endblättchen. Die Teilblättchen werden 5–15 mm lang und haben keinen knorpeligen Rand. 5–12 kurz gestielte, gelbe Blüten stehen in einer lang gestielten, kopfartigen Dolde. Blütezeit Mai bis Juli. **VORKOMMEN** Gedeiht auf basenreichen, kalkhaltigen Böden in Magerwiesen, Halbtrockenrasen und Felsschutt sowie in lichten Nadelwäldern bis in 2800 m Höhe. **WISSENSWERTES** Die Pflanze verdankt ihren deutschen Namen den aus mehreren hufeisenförmigen Gliedern zusammengesetzten Früchten.

4 | Braun-Klee
Trifolium badium

› Hummel- und Falterblume
› düngerliebende Art

MERKMALE Schmetterlingsblütler *(Fabaceae)*. Bis zu 25 cm hohe Pflanze mit 3-zähligen Blättern. Die Teilblätter sind eiförmig, fein gezähnt und bis zu 2 cm lang. Zahlreiche kugelige bis eiförmige Blütenstände. Diese sind 1–1,5-mal so lang wie breit und bestehen jeweils aus 15–60 Blüten. Die goldgelben Einzelblüten verfärben sich nach dem Verblühen dunkelbraun. Blütezeit Juni bis August. **VORKOMMEN** Wächst auf nährstoffreichen, feuchten, humushaltigen Böden in alpinen Wiesen und Weiden, Viehlägern, Moränen, Quellfluren und an Bachrändern zwischen 1200 und 3100 m Höhe. **WISSENSWERTES** Der Braun-Klee wird von den Bergbauern als wertvolle Futterpflanze fürs Vieh sehr geschätzt.

1

2

3

4

Blumen und Gräser

1 Durchblättertes Läusekraut
Pedicularis foliosa

› zahlreiche, hellgelbe Blüten
› lange Blätter im Blütenstand

MERKMALE Sommerwurzgewächse *(Orobanchaceae)*. Bis zu 50 cm hohe Pflanze mit 2–3-fach fiederschnittigen Blättern mit gezähnten Zipfeln. Die Blätter im Blütenstand sind länger als die Blüten. Zahlreiche, 2–3 cm lange Blüten in einer dichten Ähre. Die helmförmige Oberlippe ist vorne abgerundet und außen meist behaart. Blütezeit Juni bis August. **VORKOMMEN** Gedeiht auf kalkreichen, steinigen, frischen Böden in alpinen Rasen, Hochstaudenfluren und Grünerlengebüschen zwischen 700 und 2500 m Höhe. **WISSENSWERTES** Alle Läusekräuter sind Halbschmarotzer. Sie können zwar selbst Photosynthese betreiben, zapfen aber die Leitungsbahnen anderer Pflanzen an, um an deren Wasser zu gelangen.

2 Zwerg-Augentrost
Euphrasia minima

› variable Blütenfarbe
› sehr vielgestaltige Art

MERKMALE Sommerwurzgewächse *(Orobanchaceae)*. Bis zu 15 cm hohe, reich beblätterte, kurz behaarte Pflanze mit zahlreichen Blüten. Ohne Drüsenhaare. Die eiförmigen, sitzenden Blätter weisen jederseits 1–4 nicht begrannte Zähne auf. Die Farbe der Blütenkrone variiert zwischen Weiß, Gelb, Bläulich oder Bunt; mit dunklen Längsstreifen und gelbem Saftmal. Ausgebreitete, 3-teilige Unterlippe. Blütezeit Juli bis September. **VORKOMMEN** Wächst auf kalkarmen, mageren Böden in alpinen Rasen, Weiden und Zwergstrauchheiden zwischen 1200 und 3200 m Höhe. **WISSENSWERTES** Der Zwerg-Augentrost ist eine der wenigen einjährigen Pflanzen des Hochgebirges. Er kann bereits bei 0 °C keimen.

3 Grannen-Klappertopf
Rhinanthus glacialis

› Halbschmarotzer
› sehr formenreich

MERKMALE Sommerwurzgewächse *(Orobanchaceae)*. Bis zu 50 cm hohe, kahle oder spärlich behaarte Pflanze mit kreuzweise gegenständigen, eiförmigen Blättern. Die unteren Zähne der Tragblätter tragen 1–5 mm lange Grannen. Die gelben Blüten stehen in einem ährenähnlichen Blütenstand, ihre 15–18 mm langen Kronen sind oft violett gezeichnet. Zähne der Oberlippe sind 1–2 mm lang, violett. Blütezeit Juni bis September. **VORKOMMEN** Besiedelt nährstoffarme, basenreiche Böden in Magerrasen, Felsschuttfluren und lichten Kiefernwäldern zwischen 900 und 2600 m Höhe. **WISSENSWERTES** Der ähnliche Zottige Klappertopf *(Rhinanthus alectorolophus)* ist unbegrannt und hat dicht behaarte Kelche.

4 Frauenschuh
Cypripedium calceolus

› selten und geschützt
› blüht erst ab dem 16. Jahr

MERKMALE Orchideen *(Orchidaceae)*. Bis zu 60 cm hohe Orchidee mit 1–3 Blüten und 2–4 breit elliptischen, spitzen Blättern. Diese umfassen den Stängel, sind kräftig geadert und fein behaart. Typisch sind die großen Blüten mit ihrer pantoffelförmigen, gelben Lippe und den spiralig gedrehten, abstehenden und purpurrot gefärbten Perigonblättern. Blütezeit Mai bis Juli. **VORKOMMEN** Wächst auf kalkreichen, frischen Böden in lichten Wäldern und Legföhrengebüschen bis in 2200 m Höhe. **WISSENSWERTES** Die Blüten sind raffinierte Kesselfallen: Nach der Landung rutschen Sandbienen und andere Insekten an den glatten Wänden ab, fallen in den Kessel und stellen so die Bestäubung sicher.

1

2

3

4

Blumen und Gräser

1 Pyrenäen-Steinschmückel
Petrocallis pyrenaica

› süß duftende Blüten
› braucht Kalk und Fels

MERKMALE Kreuzblütler *(Brassicaceae)*. Bis zu 8 cm hohe Polsterpflanze mit kurzen Stängeln. Die keilförmigen, behaarten, bis zu 1 cm langen Blätter stehen in grundständigen Rosetten und sind vorne 3–5-spaltig. Mehrere Blüten in dichter Doldentraube. Die rosafarbenen oder hellvioletten Kronblätter werden 4–5 mm lang, die eiförmigen Kelchblätter sind oft rot überlaufen. Blütezeit Mai bis Juli. **VORKOMMEN** Wächst auf steinigen, feinerdearmen, kalkhaltigen Böden in Schuttfluren, an exponierten Graten und in Felsspalten zwischen 1700 und 3400 m Höhe. Fehlt in den Zentralalpen. **WISSENSWERTES** Die Pflanze verankert sich mit ihrem kräftigen Wurzelstock in Felsspalten und im Geröll.

2 Rundblättriges Täschelkraut
Noccaea rotundifolia

› kräftige, lange Pfahlwurzel
› heißt auch „Hellerkraut"

MERKMALE Kreuzblütler *(Brassicaceae)*. Bis zu 15 cm hohe Pflanze mit zahlreichen kriechenden Stängeln, blütenlosen Rosetten und blühenden Trieben. Die etwas fleischigen, dunkel- bis bläulichgrünen Blätter sind rundlich bis eiförmig und unbehaart. Der doldentraubige Blütenstand besteht aus wohlriechenden, lilafarbenen Blüten. Blütezeit Juni bis September. **VORKOMMEN** Gedeiht auf kalkreichen, steinigen Böden im bewegten Grobschutt sowie im Bach- und Flussgeröll zwischen 1400 und 3400 m Höhe. Als Alpenschwemmling auch in tieferen Lagen. **WISSENSWERTES** Die Pflanze lebt als Pionier im bewegten Felsschutt und durchzieht ihn mit ihren langen Kriechstängeln (Schuttwanderer).

3 Wald-Weidenröschen
Epilobium angustifolium

› Samen mit weißem Schopf
› kalkmeidend

MERKMALE Nachtkerzengewächse *(Onagraceae)*. Bis zu 150 cm hohe, schlanke Staude mit wechselständig beblättertem Stängel. Die schmal lanzettlichen, auf der Unterseite bläulich-grünen Blätter erinnern an Weidenblätter (Name!). Sie werden 8–15 cm lang und sind 1–3 cm breit. Der traubige Blütenstand mit seinen purpurroten Blüten ist 20–50 cm lang. Blütezeit Juni bis August. **VORKOMMEN** Wächst auf offenen, sonnigen, steinig-sandigen Böden in Waldlichtungen, an Waldrändern, Ufern und im Felsschutt bis in 2500 m Höhe. **WISSENSWERTES** Die hübsche Staude besiedelt neu entstandene Lichtungen und Schuttflächen und breitet sich dank ihrer Wurzelausläufer rasch aus (Pionierpflanze).

4 Kies-Weidenröschen
Epilobium fleischeri

› buschiger Wuchs
› große, lang gestielte Blüten

MERKMALE Nachtkerzengewächse *(Onagraceae)*. Bis zu 40 cm hoher, dicht beblätterter Halbstrauch mit niederliegenden, bogig aufsteigenden Stängeln. Die lineal-lanzettlichen, wechselständig angeordneten Blätter sind feindrüsig gezähnelt und werden 1–6 mm breit. Die schüsselförmig flachen, purpurnen Blüten stehen in einer kurzen, endständigen Traube. Samen mit weißem Haarschopf. Blütezeit Juni bis August. **VORKOMMEN** Gedeiht auf kiesig-sandigen, kalkarmen Böden auf Moränen, im Bach- und Flusskies sowie im feuchten Felsschutt zwischen 500 und 2600 m Höhe. **WISSENSWERTES** Der hübsche Halbstrauch kann auf offenen Schotterbänken an unverbauten Gebirgsflüssen dichte Bulte bilden.

1

2

3

4

Blumen und Gräser

1 | Akeleiblättrige Wiesenraute
Thalictrum aquilegiifolium

› ohne Blütenkronblätter
› angenehm duftend

MERKMALE Hahnenfußgewächse *(Ranunculaceae)*. Bis zu 120 cm hohe, kahle Pflanze mit blaugrünen, 1–3-fach gefiederten Blättern. Die rundlich-ovalen Teilblätter sind grob und stumpf gezähnt. Reich verzweigter, rispiger Blütenstand. Die Krone ist auf 4–5 winzige, früh abfallende Perigonblätter reduziert. Die sehr zahlreichen Staubfäden sind unter den Staubbeuteln keulig verdickt und lila oder rosa gefärbt. Blütezeit Mai bis Juli. **VORKOMMEN** Wächst auf sickerfeuchten, kalk- und nährstoffreichen Böden in Auwäldern, Hochstaudenfluren, Erlengebüschen und an Bachufern bis in 2500 m Höhe. **WISSENSWERTES** Die gefärbten Staubfäden locken als Schauapparat nektarsuchende Insekten an.

2 | Alpen-Nelke
Dianthus alpinus

› kurze Stängel, große Blüten
› lebhaft rosafarben

MERKMALE Nelkengewächse *(Caryophyllaceae)*. Bis zu 20 cm hohe Nelke mit mehreren grundständigen Blattrosetten. Die lineal-lanzettlichen Blätter werden bis zu 35 mm lang und 5 mm breit. 1–2 endständige Blüten pro Stängel. Die tiefrosa gefärbten Blüten werden 2–3 cm groß und sind am Grund purpurrot und weiß gesprenkelt. Vorne sind die Kronblätter unregelmäßig gezähnt. Blütezeit Juni bis August. **VORKOMMEN** Gedeiht auf kalkhaltigen, steinigen Böden in lückigen Rasen, felsigen Hängen, Zwergstrauchheiden und Legföhrengebüschen zwischen 1000 und 2300 m Höhe. Endemit der Ostalpen. **WISSENSWERTES** Die gesprenkelten Honigmale am Grund der Blüte weisen Insekten den Weg zum Nektar.

3 | Stein-Nelke
Dianthus sylvestris

› auffallende, große Blüten
› zeigt Trockenheit an

MERKMALE Nelkengewächse *(Caryophyllaceae)*. Bis zu 30 cm hohe Nelke mit intensiv rosa gefärbten Blüten und dicht stehenden sterilen Blattrosetten. Die schmal-linealen Blätter sind gekielt. Einzelne Blüten am Ende der Stängel oder Zweige. Der ausgebreitete Teil der vorne unregelmäßig gezähnten Kronblätter ist 8–15 mm lang. Meist 2 Kelchschuppen. Blütezeit Juni bis August. **VORKOMMEN** Gedeiht auf flachgründigen, stickstoffarmen, trockenen Böden in Magerrasen, alpinen Matten, Felsspalten und auf exponierten Graten bis in 2400 m Höhe. **WISSENSWERTES** Mit ihren schmalen, in einer Rosette angeordneten Blättern ist die Stein-Nelke besonders gut an trockene Standorte angepasst.

4 | Rotes Seifenkraut
Saponaria ocymoides

› duftende Blüten
› Kelchblätter drüsig-klebrig

MERKMALE Nelkengewächse *(Caryophyllaceae)*. Bis zu 30 cm hoch werdende, kriechende Staude mit zahlreichen, Rasen bildenden, sterilen Trieben. Die eiförmigen bis lanzettlichen Blätter sind behaart und 2–3 cm lang. Die tiefrosafarbenen Blüten stehen büschelig gehäuft am Ende der Zweige. Kronblätter am Schlundeingang mit Nebenkrönchen. Blütezeit April bis Oktober. **VORKOMMEN** Wächst auf steinig-kiesigen, oft kalkhaltigen Böden in Felsschuttfluren, Legföhrengebüschen, Flussgeschieben und an trockenen Hängen bis in 2300 m Höhe. **WISSENSWERTES** Das zwergwüchsige, dichte Polster bildende Niedrige Seifenkraut *(Saponaria pumila)* hat einblütige Stängel und kommt nur in den Ostalpen vor.

1

2

3

4

Blumen und Gräser

1 | Stängelloses Leimkraut
Silene acaulis

› duftende, purpurrote Blüten
› Polsterpflanze
› 2 Unterarten auf Kalk bzw. Silikat

MERKMALE Nelkengewächse *(Caryophyllaceae)*. Bis zu 5 cm hohe Pflanze, die dichte, flache und vielblütige Polster bildet. Die 1-blütigen Stängel sind dachziegelartig beblättert mit lineal-lanzettlichen, am Rand meist bewimperten Blättern. Die auf Kalk wachsende Unterart *acaulis* hat 5–12 mm lange, weiche Blätter und bis zu 3 cm lange Blütenstiele, die auf Silikat vorkommende Unterart *exscapa* 3–6 mm lange, harte Blätter und nur 5 mm lange Blütenstiele. Blütezeit Juni bis September. **VORKOMMEN** Wächst auf steinigen Böden in alpinen Rasen, Schutthalden und Felsfluren sowie an Windecken und Graten zwischen 1400 und 3500 m Höhe. **WISSENSWERTES** Das Stängellose Leimkraut ist durch den polsterartigen Wuchs bestens an ein Leben im Hochgebirge angepasst. Das Polster hilft, Wasser zu speichern und schützt vor Austrocknung, starken Winden und Kälte. Die Pflanze kann bis zu 100 Jahre alt werden.

2 | Felsen-Leimkraut
Silene rupestris,
Syn.: *Atocion rupestre*

› Blüten rosa oder weiß
› Schlundeingang mit Nebenkrönchen
› manchmal einjährig

MERKMALE Nelkengewächse *(Caryophyllaceae)*. Bis zu 20 cm hohe, zarte Pflanze mit am Grund verzweigten Stängeln. Kahl und blaugrün. Die lanzettlichen Blätter werden kaum über 2 cm lang. Die zartrosafarbenen oder weißen, lang gestielten Blüten stehen in einer lockeren Rispe und tragen am Schlundeingang meist kleine Nebenkrönchen. Die Kronblätter sind vorne ausgerandet, der Kelch ist glockenförmig und 3–5 mm lang. 3 Griffel. Blütezeit Juli bis August. **VORKOMMEN** Gedeiht auf nährstoff- und kalkarmen, sandig-steinigen Böden in offenen Trockenrasen, felsigen Hängen und Felsspalten zwischen 800 und 2900 m Höhe. **WISSENSWERTES** Die Blüten des Felsen-Leimkrauts können zwittrig, rein weiblich oder rein männlich sein und werden von Faltern, Hummeln und Fliegen bestäubt. Das ähnliche Kriechende Gipskraut *(Gypsophila repens)* wächst auf Kalk und hat am Schlundeingang keine Nebenkrönchen.

3 | Alpen-Grasnelke
Armeria alpina

› kopfiger Blütenstand
› zarter Kumarinduft
› alte Heilpflanze bei Lungenschwindsucht

MERKMALE Bleiwurzgewächse *(Plumbaginaceae)*. Bis zu 30 cm hohe Pflanze mit kahlem, blattlosem Stängel und linealen Blättern in grundständiger Rosette. Die grasartigen Blätter sind 1–3-nervig und 2–5 mm breit. Mehrere lebhaft rosa gefärbte Blüten stehen in einem endständigen, kopfigen Blütenstand. Sie sind von bräunlichen, häutigen Hüllblättern umgeben, die eine stängelumhüllende Scheide bilden. Blütezeit Juni bis September. **VORKOMMEN** Besiedelt steinige, kalkarme Böden in alpinen Magerrasen und Gesteinsfluren zwischen 1500 und 3100 m Höhe. Fehlt in weiten Teilen der Nordalpen. **WISSENSWERTES** Die Blüten der Alpen-Grasnelke verströmen einen zarten Geruch, mit dem sie Bienen, Fliegen, Käfer und Schmetterlinge anlocken. In Südtirol wird die Pflanze „Schlernhexe" genannt, was sich vermutlich auf die im Wind raschelnden Fruchtstände bezieht. Diese bleiben oft über den Winter stehen.

1

2

3

Blumen und Gräser

1 Schlangen-Knöterich
Polygonum bistorta

› 4–7 cm langer Blütenstand
› mag es feucht und nass

MERKMALE Knöterichgewächse *(Polygonaceae)*. Bis zu 100 cm hohe, Ausläufer treibende Pflanze mit unverzweigtem Stängel und länglich-eiförmigen Blättern. Diese sind unterseits bläulichgrün und am Grund gestutzt oder herzförmig. Auffallend ist der hell- bis dunkelrosafarbene, ährige Blütenstand. Die einzelnen Blüten sind 4–5 mm lang und kurz gestielt. Blütezeit Mai bis August. **VORKOMMEN** Wächst auf nährstoffreichen, humosen Böden in feuchten Wiesen und Hochstaudenfluren bis in 2500 m Höhe. **WISSENSWERTES** Die auffälligen Blütenstände haben der Pflanze den Volksnamen „Zahnbürste" eingebracht, die Bezeichnung Schlangen-Knöterich bezieht sich auf den schlangenförmigen Wurzelstock.

2 Alpen-Mutterwurz
Ligusticum mutellina

› rötliche Blütendolden
› beliebte Futterpflanze

MERKMALE Doldenblütler *(Apiaceae)*. Bis zu 50 cm hohe Pflanze mit einem Faserschopf am Grund des Stängels und 2-fach gefiederten, bis zu 10 cm langen Blättern. Teilblättchen 2. Ordnung mit etwa 1 mm breiten Zipfeln. Zahlreiche, rosa bis rote, seltener weiße Blüten stehen in zusammengesetzten, 10–15 strahligen Dolden. Gewürzartig duftend! Hülle fehlend oder 1–3-blättrig. Blütezeit Juni bis August. **VORKOMMEN** Gedeiht auf sickerfeuchten, meist kalkarmen Böden in Bergwiesen, Alpweiden, Magerrasen, Hochstaudenfluren und Schneetälchen zwischen 1100 und 3000 m Höhe. **WISSENSWERTES** Die Alpen-Mutterwurz wurde früher als Speisewürze und zum Würzen von Kräuterkäse verwendet.

3 Gegenblättriger Steinbrech
Saxifraga oppositifolia

› Polsterpflanze
› immergrüne Blätter

MERKMALE Steinbrechgewächse *(Saxifragaceae)*. Bis zu 5 cm hohe, dichte Rasen bildende Pflanze mit niederliegenden Trieben und aufsteigenden, einblütigen Stängeln. Die gegenständig angeordneten, bewimperten, eiförmigen Blätter werden 2–4 mm lang und haben eine stumpfe Spitze. Blüten rosa bis purpurn. Die breit lanzettlichen, breit gerundeten Kronblätter sind 5-nervig. Blütezeit April bis Juli. **VORKOMMEN** Wächst auf feuchten, steinigen, kalkhaltigen Böden in Felsschutt, Geröllhalden, Steinrasen und auf Felsen zwischen 1700 und 3800 m Höhe. **WISSENSWERTES** Am Dom (Schweiz) konnte ein üppig blühendes Kissen des Gegenblättrigen Steinbrechs in 4505 m Höhe entdeckt werden.

4 Dunkler Mauerpfeffer
Sedum atratum

› dickfleischige Blätter
› rotbraune Stängel

MERKMALE Dickblattgewächse *(Crassulaceae)*. Bis zu 8 cm hohe, vollständig kahle, meist rot überlaufene Pflanze ohne sterile Triebe. Die dicht stehenden, walzenförmigen, dickfleischigen Blätter werden 3–5 mm lang. 3–6 Blüten stehen in einer dichten Traube. Die spitzen Kronblätter sind weiß bis gelbgrün, oft mit roten Streifen. Blütezeit Juli bis August. **VORKOMMEN** Gedeiht auf feuchten, kalkhaltigen Böden in steinigen Rasen, Schutthalden und Felsspalten zwischen 1000 und 3100 m Höhe. **WISSENSWERTES** Der Dunkle Mauerpfeffer ist eine der wenigen einjährigen Hochgebirgspflanzen. Seine Samen keimen bereits im Herbst und überwintern als Keimlinge unter der Schneedecke.

1

2

3

4

Blumen und Gräser

1 | Dolomiten-Fingerkraut
Potentilla nitida

› dichte, silbergraue Teppiche
› Blüten mit roten Staubfäden

MERKMALE Rosengewächse *(Rosaceae)*. Bis zu 5 cm hohe, dichte Teppiche bildender Spalierstrauch mit silbergrau behaarten Blättern und Stängeln. Die Blätter sind 3-zählig gefingert. Stängel meist einblütig. Die 2–3 cm großen Blüten sind tiefrosa- bis purpurfarben, seltener weiß. 20 rote Staubblätter. Die breiten, verkehrt eiförmigen Kronblätter sind 2-mal so lang wie die Kelchblätter. Blütezeit Juni bis August. **VORKOMMEN** Wächst auf kalk- und humusreichen, steinigen Böden in Geröllhalden, Felsspalten und offenen Rasenbändern zwischen 1600 und 3100 m Höhe. **WISSENSWERTES** Die Pflanze ist in den Alpen endemisch und kommt nur in den südlichen Kalkalpen vor.

2 | Berg-Baldrian
Valeriana montana

› ungeteilte Stängelblätter
› Heilpflanze

MERKMALE Baldriangewächse *(Valerianaceae)*. Bis zu 50 cm hohe, im Blütenstand verzweigte Pflanze mit zahlreichen Blüten. Die lang gestielten, eiförmigen Grundblätter sind ganzrandig oder undeutlich gezähnt, die gegenständig angeordneten, eiförmig-lanzettlichen Stängelblätter alle ungeteilt. Der schirmförmige Blütenstand trägt hellrosafarbene, selten weiße Blüten. Blütezeit Mai bis Juli. **VORKOMMEN** Gedeiht auf humosen, kalkreichen Böden in steinigen Hängen und ruhenden Schuttfluren zwischen 700 und 2700 m Höhe. **WISSENSWERTES** Der nahe verwandte und sehr ähnliche Dreischnittige Baldrian *(Valeriana tripteris)* hat herzförmige Grundblätter und 3-teilige Stängelblätter.

3 | Wildes Alpenveilchen
Cyclamen purpurascens

› wohlriechende Blüten
› Zierpflanze im Garten

MERKMALE Primelgewächse *(Primulaceae)*. Bis zu 15 cm hohe Pflanze mit blattlosem Stängel und grundständigen, teils überwinternden, nieren- bis herzförmigen Blättern. Diese sind oberseits dunkelgrün mit heller Zeichnung, unterseits rötlich. Die angenehm duftenden, dunkelrosa bis karminroten Blüten sitzen einzeln auf langen Stängeln. Die langen Zipfel der Blütenkrone sind „alpenveilchenartig" zurückgeschlagen. Blütezeit Juni bis Oktober. **VORKOMMEN** Wächst auf kalkhaltigen, lockeren Böden in Laubwäldern und Buchen-Tannen-Wäldern bis in 1900 m Höhe. **WISSENSWERTES** Die Knolle des Alpenveilchens ist durch Saponine stark giftig. Für Menschen sollen schon 10 mg tödlich sein.

4 | Alpen-Mannsschild
Androsace alpina

› in den Alpen endemisch
› beliebte Steingartenpflanze

MERKMALE Primelgewächse *(Primulaceae)*. Bis zu 5 cm hohe, lockere Rasen oder flache Polster bildende Pflanze mit vielen 2–8-strahligen Sternhaaren. Die breit-lanzettlichen, nur 3–6 mm großen Blätter sind in zahlreichen Rosetten angeordnet. Die rosafarbenen, selten weißen Blüten stehen einzeln am Ende kurzer Blütenstiele und haben einen gelben Schlund sowie abgerundete Blütenzipfel. Blütezeit Juni bis August. **VORKOMMEN** Besiedelt kalkarme, lange schneebedeckte Böden auf Felsschutt, Moränen und Felsen zwischen 1800 und 4200 m Höhe. **WISSENSWERTES** Der Alpen-Mannsschild zählt zu den am höchsten steigenden Blütenpflanzen der Alpen und blüht am Matterhorn noch in 4200 m Höhe.

1

2

3

4

1 | Mehl-Primel
Primula farinosa

› Dolde mit 3–15 purpurnen Blüten
› mehlige Blattunterseiten
› stellenweise häufig

MERKMALE Primelgewächse *(Primulaceae)*. Bis zu 20 cm hohe Primel mit grundständiger Blattrosette. Die länglichen bis eiförmigen, oberseits dunkelgrünen Blätter sind auf der Unterseite weißmehlig bestäubt (Name!). Mehrere Blüten stehen in einer aufrechten Dolde. Die einzelnen Blüten sind rotlila und haben einen gelben Schlundring. Die Kronröhre ist 4–6 mm lang und endet in 4–7 mm langen, ausgebreiteten und tief eingebuchteten Zipfeln. Blütezeit April bis Juli. **VORKOMMEN** Wächst auf kalkhaltigen, feuchtnassen, stickstoffarmen Böden in Flachmooren und Quellfluren, aber auch an trockenen, windexponierten Standorten im Hochgebirge bis in 2700 m Höhe. **WISSENSWERTES** Die zierliche Mehl-Primel verwandelt im Bergfrühling so manche Feuchtwiese in ein rosafarbenes Blütenmeer. Bestäubt wird die Pflanze vor allem durch Tagfalter. Der gelbe Schlundring in der Blütenmitte weist den Insekten den Weg zum Nektar.

2 | Zwerg-Primel, Zwerg-Schlüsselblume
Primula minima

› 5–20 Blüten in einem Polster
› winzig klein
› Pflanze der Ostalpen

MERKMALE Primelgewächse *(Primulaceae)*. Bis zu 5 cm hohe, sehr kleine Pflanze mit 1,5–2,5 cm großen Blüten. Die kleinen, verkehrt-dreieckigen, an der Seite ganzrandigen Blätter weisen vorne 3–9 Sägezähne auf. Sie sind steif und glänzend und stehen oft in rasigen Rosetten. Winzige Drüsen auf den Blattflächen und am Kelch. Die zart duftenden, purpurroten Blüten haben tief eingeschnittene Kronblätter und einen weißlichen Schlund, die Kronröhre ist 5–11 mm lang. Blütezeit Juni bis Juli. **VORKOMMEN** Gedeiht auf kalkarmen, humusreichen Böden in Schneetälchen, steinigen Rasen, ruhendem Schutt und Felsspalten zwischen 1500 und 3000 m Höhe. Art der Ostalpen. **WISSENSWERTES** Die Zwerg-Primel blüht direkt nach der Schneeschmelze und bildet dabei oft dichte, rasige Bestände. Bestäubt wird die winzige Pflanze von Faltern. Bei den Bergbauern heißt die kleine Überlebenskünsterin auch „Hab mich lieb".

3 | Behaarte Primel, Leim-Primel
Primula hirsuta

› duftende, radförmige Blüten
› kalkmeidend
› Frühblüher

MERKMALE Primelgewächse *(Primulaceae)*. Bis zu 10 cm hohe Primel mit rosa bis purpurnen, schlüsselblumenartigen Blüten. Die rundlich-ovalen, grob gezähnten, klebrigen Blätter sind dicht drüsig behaart und stehen in einer grundständigen Rosette. Sie sind so lang wie oder länger als die Blütenstängel. 2–5 radförmig ausgebreitete Blüten. Die Kronblätter haben ausgerandete Zipfel, der Schlund ist weiß. Abstehende Kelchzähne. Blütezeit April bis Juli. **VORKOMMEN** Wächst auf kalk- und stickstoffarmen, feuchten Böden in Gesteinsfluren, Krummseggenrasen und Felsspalten zwischen 600 und 3300 m Höhe. Fehlt in den Kalkalpen. **WISSENSWERTES** Am Monte Rosa steigt die Behaarte Primel bis auf 3600 m Höhe. Wie alle Schlüsselblumen ist sie eine Frühblüherin, die bald nach der Schneeschmelze erscheint. Sie bildet Hybride mit der gelb blühenden Aurikel *(Primula auricula)*, die in ihrer Blütenfarbe stark variieren.

1

2

3

Blumen und Gräser

1 Spinnweben-Hauswurz
Sempervivum arachnoideum

- Blätter in kleinen Rosetten
- spinnwebenartige Haare
- beliebte Steingartenpflanze

MERKMALE Dickblattgewächse *(Crassulaceae)*. Bis zu 15 cm hohe Pflanze mit dicht beblättertem Stängel und 5–15 karminroten Blüten. Die dickfleischigen Blätter bilden bis zu 2 cm große, halbkugelige Rosetten. Die lanzettlichen Rosettenblätter sind am Rand drüsig behaart und an den Spitzen durch lange, weiße Haare spinnwebenartig miteinander verbunden (Name!). Je Blüte 6–12 Kronblätter mit dunklem Mittelstreifen. Diese sind doppelt so lang wie die Kelchblätter. Blütezeit Juni bis September. **VORKOMMEN** Wächst auf kalkarmen, steinigen, trockenen Böden in Gesteinsfluren, Felsspalten und im Felsschutt bis in 2900 m Höhe. **WISSENSWERTES** Die Spinnweben-Hauswurz speichert in ihren fleischigen Blättern Wasser und kann so längere Trockenperioden gut überstehen. Auch die weißen, an Spinnweben erinnernden Wollhaare der Blattrosetten sind eine Anpassung an trockene Lebensbedingungen: Sie reduzieren die Verdunstung.

2 Berg-Hauswurz
Sempervivum montanum

- Rosettenblätter drüsenhaarig
- meist 12 Kronblätter
- nur auf Silikatgestein

MERKMALE Dickblattgewächse *(Crassulaceae)*. Bis zu 20 cm hohe Pflanze mit dicht beblättertem Stängel und 3–11 bis zu 3 cm großen Blüten. Die bis zu 8 cm großen Blattrosetten sind zuerst kugelig, später sternförmig ausgebreitet und bestehen aus lanzettlichen, überall dicht drüsig behaarten, dickfleischigen Blättern. Violettrote Blüten mit 11–15 Kronblättern. Diese sind 2,5–4-mal so lang wie die Kelchblätter. Blütezeit Juli bis September. **VORKOMMEN** Gedeiht auf kalkfreien, flachgründigen, sauren Böden in steinigen Rasen, Felsfluren und an Felsen bis in 3400 m Höhe. **WISSENSWERTES** Die Blüten der Berg-Hauswurz werden von Fliegen, Hummeln und Tagfaltern bestäubt. Die Pflanze kommt oft zusammen mit der Spinnweben-Hauswurz vor und ist Bestandteil der Fetthennen-Hauswurz-Gesellschaft. Ihr lateinischer Gattungsname *Sempervivum* („immer lebend“) bezieht sich auf die immergrünen Blätter.

3 Dach-Hauswurz
Sempervivum tectorum

- zahlreiche, große Blüten
- Wasser speichernde Blätter
- Polsterpflanze

MERKMALE Dickblattgewächse *(Crassulaceae)*. Bis zu 50 cm hohe Pflanze mit dicht beblättertem Stängel und 3–14 cm großen Blattrosetten. Die dickfleischigen, graugrünen, lanzettlichen Rosettenblätter sind starr und nur am Rand bewimpert. Die Blattspitzen sind oft rötlich. Der Blütenstand besteht aus 20–100 purpurnen, 2–3 cm großen Blüten. Die meist 12 Kronblätter sind 2,5–4-mal so lang wie die Kelchblätter. Blütezeit Juni bis September. **VORKOMMEN** Wächst auf kalk- und feinerdearmen, trockenen Böden in Magerrasen, Felsbändern und Schuttfluren bis in 2800 m Höhe. **WISSENSWERTES** Die Pflanze galt seit alters her als Zauberkraut. Angepflanzt auf Dächern und Mauern sollte sie vor Blitzschlag schützen – was sich auch in ihrem lateinischen Artnamen *tectorum* („Dächer“) und ihrem deutschen Namen Hauswurz widerspiegelt. Wie alle Hauswurzarten überwintert die immergrüne Pflanze mit offenen Blattrosetten.

1

2

3

1 Grauer Alpendost
Adenostyles alliariae

› abwischbare Blattbehaarung
› Stängelblätter umfassend

MERKMALE Korbblütler *(Asteraceae)*. Bis zu 150 cm hohe, kräftige Staude mit verzweigtem Blütenstand und bis zu 50 cm breiten, herz- bis nierenförmigen Blättern. Diese sind unregelmäßig gezähnt und auf der Unterseite spinnwebig-filzig behaart. Der aus zahlreichen rosafarbenen Blüten bestehende Gesamtblütenstand ist doldig-rispig, die einzelnen Köpfchen tragen 3–6 Röhrenblüten. Blütezeit Juni bis September. **VORKOMMEN** Wächst auf frischen, kalkarmen, nährstoffreichen Böden in Hochstaudenfluren, Schutthalden, Schluchtwäldern sowie an Bachufern zwischen 1100 und 2700 m Höhe. **WISSENSWERTES** Der kleinere Filzige Alpendost *(Adenostyles leucophylla)* hat Köpfchen mit 12–24 Blüten.

2 Kahler Alpendost
Adenostyles glabra

› zahlreiche Körbchen
› Stängelblätter gestielt

MERKMALE Korbblütler *(Asteraceae)*. Bis zu 80 cm hohe Pflanze mit gestielten, bis zu 30 cm breiten Blättern, die auf der Unterseite nur auf den Nerven behaart sind. Die Blattränder sind regelmäßig gezähnt, eine abwischbare filzige Behaarung fehlt. Zahlreiche rosa Körbchen bilden einen doldig-rispigen Gesamtblütenstand. Die einzelnen Köpfchen meist mit nur 3 Röhrenblüten und 3 Hüllblättern. Blütezeit Juni bis September. **VORKOMMEN** Gedeiht auf kalkhaltigen, nährstoffreichen Böden in Hochstaudenfluren, Wäldern, Schutthalden und an Bachufern zwischen 800 und 2700 m Höhe. **WISSENSWERTES** Wie der Graue Alpendost wird auch der Kahle Alpendost vor allem von Tagfaltern bestäubt.

3 Alpen-Distel, Berg-Distel
Carduus defloratus

› stachelige Pflanze
› mehrere Unterarten

MERKMALE Korbblütler *(Asteraceae)*. Bis zu 90 cm hohe Distel mit im oberen Teil blattlosem und ungeflügeltem, im unteren Teil dicht beblättertem und stachelig geflügeltem Stängel. Die ungeteilten bis fiederspaltigen Blätter sind stachelig gezähnt. Einzelne, purpurne Blütenköpfe, zur Blütezeit oft nickend. Die äußeren Hüllblätter sind am Grund 1–1,5 mm breit. Blütezeit Mai bis August. **VORKOMMEN** Wächst auf basenreichen Böden in Gesteinsfluren, Halbtrockenrasen, Bergwiesen und Hochstaudenfluren bis in 3000 m Höhe. **WISSENSWERTES** Die Pflanze ist äußerst formenreich: In den Alpen lassen sich 5 Unterarten unterscheiden, die zudem mit anderen *Carduus*-Arten hybridisieren.

4 Kletten-Distel
Carduus personata

› üppig wachsende Distel
› weiche Blätter

MERKMALE Korbblütler *(Asteraceae)*. Bis zu 150 cm hohe, meist verzweigte Pflanze mit stachelig geflügeltem Stängel. Die weichen Blätter sind oberseits grün, unterseits graufilzig. Die oberen Blätter sind ungeteilt, eiförmig und weichstachelig, die unteren tief fiederteilig. Die purpurnen, nur aus Röhrenblüten bestehenden Blütenköpfe stehen knäuelig gehäuft und werden 1,5–2,5 cm groß. Blütezeit Juni bis August. **VORKOMMEN** Gedeiht auf feuchten, nährstoffreichen Böden in Hochstaudenfluren, Brachen und an Bachufern bis in 2400 m Höhe. **WISSENSWERTES** Als Nährstoffzeiger kommt die Kletten-Distel mit Düngung gut zurecht. Entsprechend oft findet man sie an Viehlagerplätzen.

1

2

3

4

1 Skabiosen-Flockenblume
Centaurea scabiosa

› kugelige Blütenkörbchen
› oft von Gallwespen befallen

MERKMALE Korbblütler *(Asteraceae)*. Bis zu 100 cm hohe, ein- oder wenigköpfige Pflanze mit kahlem Stängel und 1–2-fach fiederteiligen Blättern. Die bis zu 5 cm breiten, einzeln am Stängelende sitzenden, kugelförmigen Körbchen bestehen nur aus purpurnen Röhrenblüten. Auffallend sind die stark vergrößerten Randblüten. Die graugrünen Hüllblätter weisen schwarzbraune, dicht und lang gefranste Spitzen auf. Blütezeit Juni bis August. **VORKOMMEN** Wächst auf basen- und meist kalkreichen, sonnigen Böden in Magerwiesen, Halbtrockenrasen und an Gebüschsäumen bis in 2500 m Höhe. **WISSENSWERTES** In den Alpen werden 5 Unterarten mit unterschiedlichen Verbreitungsgebieten unterschieden.

2 Perücken-Flockenblume
Centaurea pseudophrygia

› zahlreiche Blütenköpfchen
› gern im Schatten

MERKMALE Korbblütler *(Asteraceae)*. Bis zu 80 cm hohe, meist mehrköpfige Pflanze mit eiförmigen, ganzrandigen bis fein gesägten, rauen Blättern. Die mittleren und oberen, sitzenden Stängelblätter sind 2–4-mal so lang wie breit. Zahlreiche hellpurpurne, im Randbereich verlängerte Blüten pro Körbchen. Die zurückgebogenen, lang gefransten Spitzen der Hüllblätter sind dunkelbraun und überdecken die Hülle perückenartig. Blütezeit Juli bis September. **VORKOMMEN** Gedeiht auf kalkarmen, feuchten, humusreichen Böden in Wiesen und Gebüschen sowie an Waldrändern bis in 2300 m Höhe. **WISSENSWERTES** Alle Arten der Gattung *Centaurea* haben Röhrenblüten, aber keine Zungenblüten.

3 Kahles Berufkraut
Erigeron glabratus

› kaum behaart
› altes Zauberkraut

MERKMALE Korbblütler *(Asteraceae)*. Bis zu 30 cm hohe, kahle bis zerstreut behaarte, drüsenlose Pflanze. Die Blätter sind nur am Rand bewimpert. Der Stängel trägt 1–3, selten bis zu 6 gänseblümchenähnliche, bis zu 2 cm große Blütenkörbchen. Die außen liegenden, schmal linealen Zungenblüten sind rötlich-lila, die innen liegenden Röhrenblüten gelb oder rötlich. Ohne Fadenblüten zwischen Zungen- und Röhrenblüten. Blütezeit Juni bis August. **VORKOMMEN** Wächst auf kalkhaltigen, steinigen Böden in Schutthalden, Felsfluren und lückigen Rasen zwischen 1100 und 2700 m Höhe. **WISSENSWERTES** Das ähnliche Alpen-Berufkraut *(Erigeron alpinus)* hat Fadenblüten zwischen Zungen- und Röhrenblüten.

4 Einköpfiges Berufkraut
Erigeron uniflorus

› Stängel und Hülle meist rot
› meidet Kalk

MERKMALE Korbblütler *(Asteraceae)*. Bis zu 12 cm hohe, einköpfige Pflanze mit rötlichem Stängel. Die schmal ovalen Blätter sind meist nur am Rand behaart. Die bis zu 2,5 cm großen Blütenkörbchen setzen sich aus mehreren Reihen weißer, lila- oder hellrosafarbener Zungenblüten und innen liegenden, schmutziggelben Röhrenblüten zusammen. Keine Fadenblüten. Die weiß-zottig behaarten Hüllblätter sind oft rötlich. Blütezeit Juli bis September. **VORKOMMEN** Besiedelt kalkarme, steinige Böden in alpinen Rasen und auf windexponierten Graten zwischen 1500 und 3700 m Höhe. **WISSENSWERTES** Als alte Zauberpflanzen sollten die Berufkräuter vor dem „Berufen" durch Hexen und Zauberer schützen.

1

2

3

4

Blumen und Gräser

1 Alpen-Pestwurz
Petasites paradoxus

› Frühblüher
› Alpenschwemmling

MERKMALE Korbblütler *(Asteraceae)*. Während der Blüte bis zu 30 cm, später bis zu 60 cm hohe Pflanze mit schuppenförmigen, violett überlaufenen Stängelblättern. Die grundständigen, dreieckig herz- bis spießförmigen, unterseits weißfilzigen Blätter erscheinen zum Ende der Blütezeit. Sie sind am Rand gezähnt und höchstens 20 cm breit. Die 5–30 nur aus rötlichen Röhrenblüten bestehenden Blütenköpfe stehen in einem traubigen Blütenstand. Blütezeit April bis Juni. **VORKOMMEN** Wächst auf kalkhaltigen, sickerfeuchten Böden auf Felsschutt, in steinig-buschigen Hängen und im Bachgeröll bis in 2600 m Höhe. **WISSENSWERTES** Die Pflanze wird durch Bäche und Flüsse oft ins Tiefland geschwemmt.

2 Gold-Pippau
Crepis aurea

› einzelnes Blütenkörbchen
› führt Milchsaft

MERKMALE Korbblütler *(Asteraceae)*. Bis zu 30 cm hohe, meist unverzweigte, einköpfige Pflanze mit blattlosem Stängel. Die Rosettenblätter sind oval bis lanzettlich und grob gezähnt bis fiederteilig. Unverwechselbar dank des bis zu 6 cm breiten, orangerot leuchtenden Blütenkörbchens, das nur aus Zungenblüten besteht. Hülle und oberer Stängelabschnitt mit dichter, schwarz-zottiger Behaarung. Blütezeit Juni bis September. **VORKOMMEN** Gedeiht auf kalkarmen, nährstoff- und humusreichen Böden in lückigen Matten, Bergwiesen und -weiden zwischen 1300 und 2900 m Höhe. **WISSENSWERTES** Der Gold-Pippau öffnet sein Blütenkörbchen bei Sonnenschein und schließt es bei schlechtem Wetter.

3 Orangerotes Habichtskraut
Hieracium aurantiacum

› mehrere Blütenköpfchen
› Zierpflanze im Bauerngarten

MERKMALE Korbblütler *(Asteraceae)*. Bis zu 50 cm hohe, ober- und unterirdische Ausläufer bildende Pflanze mit langen Haaren am Stängel und auf den Blättern. 1–4 Stängelblätter. Die grundständigen, grünen Blätter sind breit lanzettlich. 2–12 Blütenkörbchen mit gelborangen bis dunkelorangeroten Zungenblüten stehen in einem endständigen, doldigrispigen Blütenstand. Blütezeit Juni bis August. **VORKOMMEN** Gedeiht auf kalkarmen, sauren Böden in mageren Wiesen, Weiden, Rasen und Zwergstrauchheiden zwischen 1300 und 2300 m Höhe. **WISSENSWERTES** Die Bestäubung erfolgt meist durch Tagfalter. Besonders ähnlich gefärbte Schmetterlinge wie der Kleine Fuchs besuchen die Pflanze gern.

4 Hasenlattich
Prenanthes purpurea

› Pflanze der Bergwälder
› mag es schattig und feucht

MERKMALE Korbblütler *(Asteraceae)*. Bis zu 150 cm hohe, reich verzweigte Pflanze mit zahlreichen, violetten bis purpurnen Blüten. Die dünnen, oberseits grünen, unterseits graugrünen Blätter sind länglich lanzettlich und unregelmäßig gezähnt bis fast ganzrandig. Die oberen Blätter sitzend mit geöhrtem Grund. Wenigblütige Köpfchen in lockerer Rispe mit 2–5 Zungenblüten pro Körbchen. Pflanze mit Milchsaft. Blütezeit Juli bis September. **VORKOMMEN** Wächst auf nährstoffreichen, frischen, eher kalkarmen Böden in Wäldern und Hochstaudenfluren bis in 2100 m Höhe. **WISSENSWERTES** Mit ihren kleinen, nickenden Blüten wirkt die Pflanze trotz ihrer Größe ausgesprochen zart und zierlich.

1

2

3

4

Blumen und Gräser

1 Großes Alpenglöckchen
Soldanella alpina

› violette, fransige Blüten
› immergrüne, ledrige Blätter

MERKMALE Primelgewächse *(Primulaceae)*. Bis zu 15 cm hohe, zierliche Pflanze mit blattlosem Stängel und 2–3 trichterförmigen Blüten. Die grundständigen, lang gestielten Blätter sind herz- bis nierenförmig. Auffällig sind die bis über die Mitte fransig eingeschnittenen, violetten Blüten. Die Fransen sind dabei untereinander alle etwa gleich lang. Blütezeit April bis Juli. **VORKOMMEN** Wächst sofort nach der Schneeschmelze auf feucht-nassen, kalkhaltigen Böden in Schneetälchen, Wiesen, Weiden und alpinen Rasen zwischen 800 und 2800 m Höhe. **WISSENSWERTES** Das Alpenglöckchen durchbricht im Bergfrühling mit seinen blauvioletten Knospen oft die noch geschlossene Schneedecke.

2 Zwerg-Alpenglöckchen
Soldanella pusilla

› gefranste Blüten
› durchbricht die Schneedecke

MERKMALE Primelgewächse *(Primulaceae)*. Bis zu 10 cm hohe, winzige Pflanze mit blattlosem Stängel und 1–2 glockenförmigen Blüten. Die grundständigen, ledrigen, immergrünen Blätter sind herz- bis nierenförmig und sehr klein: Ihr Durchmesser beträgt nur rund 10 mm. Die lilafarbenen, 10–15 mm langen Blüten sind etwa auf 1 Viertel ihrer Länge fransig geschlitzt. Blütezeit Mai bis August. **VORKOMMEN** Gedeiht auf kalkarmen, sehr nährstoffarmen, feucht-nassen Böden in Schneetälchen und schütteren, mageren alpinen Rasen zwischen 1800 und 3100 m Höhe. **WISSENSWERTES** Das Zwerg-Alpenglöckchen ist eine Kennart der Silikat-Schneeböden und kommt vor allem in den Zentralalpen vor.

3 Purpur-Enzian
Gentiana purpurea

› glockige Blüten
› Enzianschnaps aus Wurzeln

MERKMALE Enziangewächse *(Gentianaceae)*. Bis zu 60 cm hoher, stattlicher Enzian mit purpurrot glänzenden, nach Rosen duftenden Blüten. Die eilanzettlichen, glänzend grünen Blätter haben meist 5 bogige Hauptnerven. Die bis zu 4 cm langen, innen gelblichen Blüten stehen zu 1–3 in den oberen Blattwinkeln und sind zuoberst kopfig gehäuft. Glockige Krone mit 5–8 Zipfeln. Blütezeit Juli bis September. **VORKOMMEN** Wächst auf kalkarmen, feuchten Böden in Wiesen, Weiden, Hochstaudenfluren, Zwergstrauchheiden und Grünerlengebüschen zwischen 1200 und 2700 m Höhe. **WISSENSWERTES** Der Purpur-Enzian wird von Hummeln bestäubt, seine winzigen, nur 0,5 mg schweren Samen werden vom Wind verbreitet.

4 Ostalpen-Enzian
Gentiana pannonica

› dunkel punktierte Blüten
› glockiger Kelch

MERKMALE Enziangewächse *(Gentianaceae)*. Bis zu 60 cm hohe Pflanze mit rotvioletten, dunkel punktierten Blüten und eilanzettlichen, grün glänzenden Blättern mit 5 bogigen Hauptnerven. Die bis zu 5 cm langen, innen gelblichen Blüten sind glockenförmig und oft bis zur Mitte eingeschnitten. Sie stehen zu 1–3 in den oberen Blattwinkeln sowie kopfig gehäuft am Ende des Stängels. Der Kelch ist bis etwa zur Mitte unregelmäßig 5–8-teilig, mit nach außen gebogenen Zipfeln. Blütezeit Juli bis September. **VORKOMMEN** Gedeiht auf kalkarmen Böden in Bergweiden, alpinen Rasen und Zwergstrauchheiden zwischen 1000 und 2300 m Höhe. **WISSENSWERTES** Die Pflanze wurde früher arzneilich genutzt.

1

2

3

4

Blumen und Gräser

1 | Türkenbund-Lilie
Lilium martagon

- › große, turbanförmige Blüten
- › wird von Nachtfaltern bestäubt
- › Kalkzeiger

MERKMALE Liliengewächse *(Liliaceae)*. Bis zu 90 cm hohe Lilie mit dicht beblättertem Stängel und mehreren prächtigen, an einen Turban erinnernden Blüten. Die breit lanzettlichen, sitzenden Blätter stehen im mittleren Stängelbereich zu 4–8 in Quirlen. Darüber und darunter sind sie wechselständig. 3–20 nickende, bis zu 8 cm breite Blüten bilden eine lockere Traube. Die 6 charakteristisch zurückgekrümmten Kronblätter sind hellpurpurn mit dunklen Flecken. Blütezeit Juni bis August. **VORKOMMEN** Wächst auf kalk- und nährstoffreichen Böden in Bergwiesen, Hochstaudenfluren und lichten Wäldern bis in 2300 m Höhe. **WISSENSWERTES** Die Türkenbund-Lilie kann bis zu 50 Jahre alt werden und zählt zu unseren ältesten Zierpflanzen. Vor allem nachts verströmt die Pflanze einen süßen, schweren Duft, mit dem sie langrüsselige Nachtschwärmer anlockt. Die Falter saugen den Nektar im Schwebeflug aus den Blüten.

2 | Feuer-Lilie
Lilium bulbiferum

- › feuerrote Blüten
- › duftet nicht
- › 2 Unterarten

MERKMALE Liliengewächse *(Liliaceae)*. Bis zu 100 cm hohe, auffallende Pflanze mit dicht beblättertem Stängel und leuchtend orangeroten Blüten. Die sitzenden, schmal-lanzettlichen Blätter sind wechselständig angeordnet, die endständigen, aufrechten Blüten bilden einen weiten, 9–14 cm breiten Trichter. Sie stehen einzeln oder zu 2–5 in einem doldigen Blütenstand. Blütezeit Mai bis Juli. **VORKOMMEN** Gedeiht auf basen- und nährstoffreichen, warmen, nicht zu trockenen Böden in Bergwiesen, Gesteinsschutt, felsigen Hängen, Böschungen und an Waldrändern bis in 2400 m Höhe. **WISSENSWERTES** Die attraktive Lilie ist eine beliebte Zierpflanze in Bauerngärten und wird gern von Tagfaltern, Schwebfliegen und Ameisen besucht. In den Alpen kommen 2 Unterarten vor: Die Brutzwiebeln in den Blattachseln tragende Unterart *bulbiferum* wird von der Unterart *croceum* ohne entsprechende Brutzwiebeln unterschieden.

3 | Schnittlauch
Allium schoenoprasum

- › kugeliger Blütenstand
- › röhrige, lange Blätter
- › alte Heil- und Gewürzpflanze

MERKMALE Narzissengewächse *(Amaryllidaceae)*. Bis zu 50 cm hohe, Horste bildende Pflanze mit länglicher, von Häuten umgebener Zwiebel. Typisch sind die röhrigen, runden, glatten, bis zu 35 cm langen Blätter sowie der kugelige, dichte Blütenstand mit bis zu 30 lebhaft rosa bis rotviolett gefärbten Blüten. Ohne Brutzwiebeln. Die Bütenstiele sind kürzer als die 8–15 mm langen Perigonblätter. Blütezeit Mai bis August. **VORKOMMEN** Wächst auf nährstoffreichen, feuchten, kalkhaltigen Böden in Flachmooren, Feuchtwiesen, Quellfluren sowie an Bachufern und steinigen Hängen bis in 2700 m Höhe. **WISSENSWERTES** Der Schnittlauch wird bei uns bereits seit dem Mittelalter als Gewürzpflanze kultiviert. Obwohl er in den Alpen von Natur aus vorkommt, wurde er vermutlich aus Italien als Kulturpflanze eingeführt. In der Volksmedizin wird die Pflanze auch als Wurmmittel eingesetzt. Bestäubt wird sie von Tagfaltern.

1

2

3

Blumen und Gräser

1 | Berg-Esparsette
Onobrychis montana

› attraktive, purpurne Blüten
› gute „Honig-Pflanze"
› geschätzes Viehfutter

MERKMALE Schmetterlingsblütler *(Fabaceae)*. Bis zu 40 cm hohe Pflanze mit niederliegendem bis aufsteigendem Stängel und unpaarig gefiederten Blättern mit höchstens 8 Fiederpaaren. Die Teilblättchen sind länglich-elliptisch und kurz gestielt. Mehrere karminrosa gefärbte, dunkel gestreifte Blüten stehen in einem kurzen, dichten Blütenstand. Die Fahne ist 1–2 mm kürzer als das Schiffchen, die Flügel sind etwa so lang wie der Kelch. Blütezeit Juni bis August. **VORKOMMEN** Wächst auf kalkhaltigen, lockeren, sonnigen Böden in alpinen Rasen, Steinfluren und Bergweiden zwischen 1300 und 2700 m Höhe. **WISSENSWERTES** Die Berg-Esparsette wächst oft gesellig in größeren Beständen und gilt dank ihres Proteinreichtums als wertvolle alpine Futterpflanze für Wildtiere und das Alpvieh. Zu den häufigsten Blütenbesuchern zählen Schmetterlinge, Bienen und Schwebfliegen. Sie nutzen das Schiffchen als Landeplatz.

2 | Alpen-Klee
Trifolium alpinum

› große Blüten
› alle Blätter grundständig
› angenehm duftend

MERKMALE Schmetterlingsblütler *(Fabaceae)*. Bis zu 20 cm hohe Pflanze mit 3–12-blütigen, halbkugeligen Köpfchen und 3-zähligen, grundständigen Blättern. Die lineal-lanzettlichen Teilblättchen sind fast ganzrandig und werden bis zu 7 cm lang. Wohlriechende, bis über 2 cm lange, fleischrote bis purpurne, selten gelblichweiße Blüten auf langen, aufrechten Stielen. Blütezeit Mai bis August. **VORKOMMEN** Gedeiht auf kalkarmen, tiefgründigen Böden in Magerrasen, Weiden und Zwergstrauchheiden zwischen 1400 und 3100 m Höhe. **WISSENSWERTES** Der Alpen-Klee verankert sich mit einer bis zu 12 kg schweren, meterlangen Pfahlwurzel im Boden. Er zählt zu den nährstoffreichsten Futterpflanzen der Berge und verträgt auch das Abweiden durchs Alpvieh gut, da er sich aus seinem unterirdischen Wurzelstock immer wieder erneuern kann. Wo er in größeren Beständen wächst, erfüllt er die Luft mit seinem balsamischen Duft.

3 | Gebirgs-Thymian
Thymus praecox ssp. *polytrichus*

› aromatisch duftende Blütenteppiche
› sehr vielgestaltig
› alte Heil- und Gewürzpflanze

MERKMALE Lippenblütler *(Lamiaceae)*. Bis zu 10 cm hohe, teppichartig kriechende, unten verholzte Pflanze mit niederliegendem Stängel und langen, sterilen Ausläufern. Der behaarte Stängel ist unter dem Blütenstand rund bis 4-kantig und weist im Gegensatz zum Arznei-Thymian *(Thymus pulegioides)* keine 2 eingesenkten Stängelseiten auf. Die oberseits behaarten, gegenständigen, etwas ledrigen Blätter werden an den Blühtrieben nach unten hin kleiner. Rosa bis purpurne, kugelige Blütenstände mit zahlreichen Blüten am Ende der Zweige. Blütezeit Mai bis September. **VORKOMMEN** Wächst auf nährstoffarmen, trockenen Böden in steinigen Trockenrasen, Magerwiesen, Felsschutt, Heiden und auf Felsen bis in 3400 m Höhe. **WISSENSWERTES** Beim Zerreiben duften die Blüten stark aromatisch. Je nach Standort ist der Gebirgs-Thymian sehr formenreich. Die verschiedenen *Thymus*-Arten sind nur schwer voneinander zu unterscheiden.

1

2

3

1 Alpen-Leinkraut
Linaria alpina

› Blüten mit Gaumenfleck
› beliebte Steingartenpflanze
› Schuttüberkriecher

MERKMALE Wegerichgewächse *(Plantaginaceae)*. Bis zu 15 cm hohe, im Schutt kriechende Pflanze mit niederliegenden bis aufsteigenden Stängeln. Die lineal-lanzettlichen, zu 3–4 in Quirlen sitzenden, fleischigen Blätter sind bläulich bereift und werden höchstens 2 cm lang. 3–15 blauviolette Blüten stehen in einer kurzen, endständigen Traube. Sie haben einen 5–15 mm langen Sporn und innen einen orangeroten oder weißen Gaumenfleck. Blütezeit Juni bis September. **VORKOMMEN** Wächst auf kalkhaltigen Böden in Steinschuttfluren, Geröllhalden, Flussschottern und Moränen zwischen 1200 und 4100 m Höhe. Als Alpenschwemmling auch in tieferen Lagen. **WISSENSWERTES** Mit seinem unterirdischen Stamm, von dem zahlreiche Ausläufer ausgehen, ist das Alpen-Leinkraut hervorragend an ein Leben im losen Schutt angepasst. Die einzelnen Triebe kriechen einfach über das lockere Gestein hinweg und stabilisieren so den Boden.

2 Kopfiges Läusekraut
Pedicularis rostratocapitata

› geschnäbelte Oberlippe
› parasitiert an anderen Pflanzen
› Hummeln als Bestäuber

MERKMALE Sommerwurzgewächse *(Orobanchaceae)*. Bis zu 20 cm hohe, bogig aufsteigende Pflanze mit zerstreut behaartem, blattlosem bis wenigblättrigem Stängel. Die doppelt fiederschnittigen, kahlen Blätter stehen in einer grundständigen Rosette und sind oft rot überlaufen. 3–15 purpurne Blüten bilden eine dichte, kopfige Traube. Die Oberlippe ist zu einem schlanken, 3,5–5 cm langen Schnabel ausgezogen, die breite Unterlippe ist kurz bewimpert. Blütezeit Juni bis August. **VORKOMMEN** Gedeiht in den Ostalpen auf kalkreichen, feuchten Böden in steinigen Rasen und auf Felsbändern zwischen 1300 und 2800 m Höhe. **WISSENSWERTES** Alle Läusekrautarten docken sich mit speziellen Saugorganen, den sogenannten „Haustorien", an den Wurzeln benachbarter Wirtspflanzen an und entziehen diesen Wasser und Nährsalze. Da sie in der Lage sind, selbst Photosynthese zu betreiben, werden sie als „Halbschmarotzer" bezeichnet.

3 Quirlblättriges Läusekraut
Pedicularis verticillata

› gestutzte Oberlippe
› Blattwirtel am Stängel
› Halbschmarotzer

MERKMALE Sommerwurzgewächse *(Orobanchaceae)*. Bis zu 20 cm hohe Pflanze mit mehreren, 4-zeilig behaarten Stängeln und zahlreichen purpurnen Blüten. Die einfach fiederschnittigen Blätter stehen am Stängel zu 3–4 in Quirlen, die Abschnitte sind unregelmäßig gezähnt. Blüten in kopfigen Trauben mit 12–16 mm langen Kronen und gestutzten, nicht geschnäbelten Oberlippen. Die Unterlippe ist mindestens so lang wie die Oberlippe. Blütezeit Juni bis August. **VORKOMMEN** Wächst auf kalkhaltigen, feuchten, steinigen Böden in Magerrasen, Wiesen, Weiden und Quellmooren zwischen 1100 und 2800 m Höhe. **WISSENSWERTES** Das Quirlblättrige Läusekraut schmarotzt häufig an den Wurzeln des Kalk-Blaugrases *(Sesleria caerulea)*. Es entzieht ihm Wasser sowie mineralische Nährsalze und kann so auch an trockeneren Standorten überleben. Die giftigen Läusekräuter gelten als Weideunkräuter und werden vom Vieh verschmäht.

1

2

3

1 | Breitblättriges Knabenkraut
Dactylorhiza majalis

› kräftige, vielblütige Orchidee
› vielgestaltig

MERKMALE Orchideen *(Orchidaceae)*. Bis zu 40 cm hohe Orchidee mit 15–30 dunkel gemusterten, roten Blüten. Der hohle, dünnwandige Stängel ist oben kantig und oft rotviolett überlaufen. Die 3–6 eiförmigen bis breit-lanzettlichen Blätter sind oberseits meist gefleckt und 2–4-mal so lang wie breit. Die obersten Blätter erreichen den dichten Blütenstand. Die 3-lappige Lippe ist am Grund heller gefärbt. Blütezeit Mai bis Juli. **VORKOMMEN** Wächst auf wechselfeuchten, nährstoffarmen, basenreichen Böden in Feuchtwiesen, Flach- und Quellmooren bis in 2500 m Höhe. **WISSENSWERTES** Eine einzige Frucht enthält bis zu 6000 winzige Samen, die vom Wind über 10 km weit getragen werden können.

2 | Fleischrotes Knabenkraut
Dactylorhiza incarnata

› fleischfarbene Blüten
› sehr formenreich

MERKMALE Orchideen *(Orchidaceae)*. Bis zu 60 cm hohe Pflanze mit 20–50 rosa- bis fleischroten Blüten in einer mäßig dichten Ähre. Der hohle Stängel ist unter dem Blütenstand 4–8 mm dick. Die 4–6 lanzettlichen, steif abstehenden Blätter sind vom Grund an verschmälert und meist ungefleckt. Die obersten Blätter reichen bis zum Blütenstand. Die Lippe ist meist ungeteilt, der Sporn horizontal oder abwärts gerichtet. Blütezeit Mai bis Juli. **VORKOMMEN** Besiedelt basenreiche, magere Böden in Feuchtwiesen und Flachmooren bis in 2100 m Höhe. **WISSENSWERTES** Vom Fleischroten Knabenkraut gibt es mehrere Unterarten. So kommt in den Voralpen die blassgelb blühende Unterart *ochroleuca* vor.

3 | Fuchs' Knabenkraut
Dactylorhiza fuchsii

› Lippe mit Schleifenmuster
› anpassungsfähig

MERKMALE Orchideen *(Orchidaceae)*. Bis zu 70 cm hohe Orchidee mit vollem, oft rot überlaufenem Stängel und 6–10 lanzettlichen, oberseits gefleckten Blättern, die nicht bis zum kegelförmigen Blütenstand reichen. Zahlreiche lila, rosa oder weiß gefärbte, dunkel gemusterte Blüten mit geradem oder abwärts gerichtetem Sporn. Die tief 3-spaltige Lippe hat einen großen Mittellappen, der die Seitenlappen weit überragt. Blütezeit Mai bis August. **VORKOMMEN** Wächst auf basenreichen, trockenen bis feuchten Böden in Wiesen, Weiden und Wäldern bis in 2500 m Höhe. **WISSENSWERTES** Beim Gefleckten Knabenkraut *(Dactylorhiza maculata)* ist der Mittellappen der Lippe kürzer als die Seitenlappen.

4 | Holunder-Knabenkraut
Dactylorhiza sambucina

› Nektartäuschblume
› duftet nach Holunder

MERKMALE Orchideen *(Orchidaceae)*. Bis zu 30 cm hohe Pflanze mit hohlem Stängel und 8–30 Blüten in einem gedrungenen Blütenstand. Die 4–7 eiförmig-lanzettlichen, ungefleckten Blätter haben ihre größte Breite über der Mitte. Die Blüten sind gelb oder rot mit gelblichem Lippengrund, der kegelförmige Sporn ist abwärts gebogen. Drei Perigonblätter neigen sich helmförmig zusammen, die zwei seitlichen stehen aufwärts ab. Blütezeit April bis Juni. **VORKOMMEN** Gedeiht auf basenreichen, kalkarmen, steinigen Böden in Magerrasen, Bergwiesen, lichten Wäldern und Gebüschsäumen bis in 2400 m Höhe. **WISSENSWERTES** Oft wachsen beide Farbvarianten der hübschen Orchidee direkt nebeneinander.

1
2
3a
3b
4a
4b

Blumen und Gräser

1 Kugelorchis
Traunsteinera globosa

› reichblütig
› duftet nach Baldrian

MERKMALE Orchideen *(Orchidaceae)*. Bis zu 60 cm hohe, schlanke Orchidee mit 4–6 lanzettlichen, bläulichgrünen, stängelumfassenden Blättern. Der kugelige bis kegelige Blütenstand besteht aus 80–120 rosafarbenen Blüten. Alle 5 Perigonblätter neigen sich helmartig zusammen, die äußeren sind in eine lange, vorne spatelig verbreiterte Spitze ausgezogen. Die tief 3-lappige Lippe ist purpurn gepunktet. Blütezeit Mai bis August. **VORKOMMEN** Wächst auf kalkreichen, frischen Böden in Magerrasen, Bergwiesen und Matten bis in 2600 m Höhe. **WISSENSWERTES** Die Kugelorchis produziert keinen Nektar. Als Nektartäuschblume imitiert sie deshalb den Blütenstand einer Skabiose oder Witwenblume.

2 Mücken-Händelwurz
Gymnadenia conopsea

› auffälliger Blütenstand
› langer, dünner Sporn

MERKMALE Orchideen *(Orchidaceae)*. Bis zu 60 cm hohe Orchidee mit 3–10 lineal-lanzettlichen, 5–20 mm breiten Blättern. Der bis zu 25 cm lange, walzenförmige Blütenstand setzt sich aus 20–80 rosafarbenen bis violetten, meist duftenden Blüten zusammen. Bei der 3-lappigen Lippe ist der Mittelabschnitt etwas länger als die Seitenlappen. Der dünne, sichelförmig abwärts gebogene, 1–2 cm lange Sporn ist viel länger als der Fruchtknoten. Blütezeit Mai bis August. **VORKOMMEN** Wächst auf frischen, basenreichen Böden in Feuchtwiesen, lichten Wäldern, trockenen Weiden und Rasen bis in 2800 m Höhe. **WISSENSWERTES** Der Nektar im engen, langen Sporn der Pflanze ist nur Faltern zugänglich.

3 Wohlriechende Händelwurz
Gymnadenia odoratissima

› duftet intensiv nach Vanille
› grasartige Blätter

MERKMALE Orchideen *(Orchidaceae)*. Bis zu 30 cm hohe Orchidee mit 6–10 lineal-lanzettlichen, 2–6 mm breiten Blättern. Der bis zu 8 cm lange Blütenstand besteht aus 10–30 rosafarbenen oder violetten, stark nach Vanille duftenden Blüten. Die 3-spaltige Lippe hat einen deutlich längeren Mittellappen. Der schwach nach unten gebogene Sporn ist nur 4–7 mm lang und kürzer als der Fruchtknoten. Blütezeit Juni bis August. **VORKOMMEN** Gedeiht auf kalkhaltigen, feuchten Böden in Magerrasen, lichten Kiefernwäldern, Feuchtwiesen, alpinen Matten, Flach- und Quellmooren bis in 2600 m Höhe. **WISSENSWERTES** Die Blüten der Wohlriechenden Händelwurz werden von Tag- und Nachtfaltern bestäubt.

4 Schwarzes Kohlröschen
Nigritella rhellicani

› intensiver Vanilleduft
› mehrere Kleinarten

MERKMALE Orchideen *(Orchidaceae)*. Bis zu 25 cm hohe, stark nach Vanille duftende Orchidee mit einem kugeligen bis eiförmigen, sehr dichten Blütenstand. Die grasartigen, linealen Blätter sind hohlrinnig und stehen am Grund rosettig gehäuft. 20–75 dunkelrotbraune, selten rosa bis weiße Blüten mit aufwärts gerichteter Lippe und abwärts gerichteten Perigonblättern. Blütezeit Juni bis September. **VORKOMMEN** Wächst auf basen- und kalkreichen, humosen, lockeren Böden auf Magerrasen, ungedüngten Bergwiesen und Alpweiden zwischen 1100 und 2800 m Höhe. **WISSENSWERTES** Die Pflanze wird vom Weidevieh gemieden. Wird sie versehentlich doch gefressen, verfärbt sich die Milch blau.

1
2
3
4

Blumen und Gräser

1 | Felsen-Ehrenpreis
Veronica fruticans

› 4 Kron- und 2 Staubblätter
› Alpenschwemmling

MERKMALE Wegerichgewächse *(Plantaginaceae)*. Bis zu 20 cm hohe, kurz behaarte Pflanze mit holzigem, am Grund verzweigtem Stängel. Die elliptischen, glänzenden, kurz gestielten oder sitzenden Blätter sind ganzrandig oder fein gekerbt und werden bis zu 2 cm lang. 3–7 Blüten stehen in einer lockeren, endständigen Traube. Die einzelnen Blüten mit dunkelblauer Krone und weißem Schlund. Blütezeit Juni bis August. **VORKOMMEN** Wächst auf kalkarmen, trockenen Böden in Felsfluren, steinigen Rasen und Felsspalten zwischen 1200 und 3100 m Höhe. **WISSENSWERTES** Die tiefblauen Blüten werden von Bienen, Schwebfliegen und Käfern bestäubt. Ihnen dient der purpurne Schlundring als Saftmal.

2 | Blattloser Ehrenpreis
Veronica aphylla

› zierliche Pflanze
› Fliegen als Bestäuber

MERKMALE Wegerichgewächse *(Plantaginaceae)*. Bis zu 6 cm hohe Pflanze mit sehr kurzem, scheinbar blattlosem Stängel. Die eiförmigen, 8–15 mm langen Blätter stehen in einer grundständigen Rosette. Sie sind zerstreut behaart und vorne kurz gezähnt. Die lila bis blauvioletten, 6–8 mm großen Blüten sind dunkel geadert und stehen zu 2–5 am Ende eines lang gestielten Blütenstands. Blütezeit Juni bis August. **VORKOMMEN** Gedeiht auf kalkhaltigen, steinigen Böden in Schutthalden, lückigen Rasen, Schneeböden und Felsfluren zwischen 1300 und 3000 m Höhe. **WISSENSWERTES** Da aus den Blattachseln ausläuferähnliche Tochtersprosse wachsen, stehen oft mehrere Pflanzen dicht beieinander.

3 | Alpen-Ehrenpreis
Veronica alpina

› vielblättriger Stängel
› für Steingärten geeignet

MERKMALE Wegerichgewächse *(Plantaginaceae)*. Bis zu 15 cm hohe, abstehend behaarte bis fast kahle Pflanze mit zahlreichen Stängelblättern. Eine grundständige Blattrosette fehlt. Die eiförmigen, sitzenden Blätter sind ganzrandig und werden bis zu 2 cm lang. 5–20 blaue, 6–8 mm große Blüten stehen in einer endständigen, kurzen, doldigen Traube. Blütezeit Juni bis August. **VORKOMMEN** Wächst auf feuchten bis nassen, humosen Böden in Schneetälchen, Quellfluren, feuchten Rasen, Lägerfluren sowie auf Feinschutt und Moränen zwischen 1500 und 3400 m Höhe. **WISSENSWERTES** Der Alpen-Ehrenpreis ist eine ausgesprochene Gebirgspflanze, die in den Ötztaler Alpen bis auf 3400 m Höhe steigt.

4 | Blaues Mänderle
Paederota bonarota

› auf kalkhaltigen Felsen
› Art der Ostalpen

MERKMALE Wegerichgewächse *(Plantaginaceae)*. Bis zu 15 cm hohe Pflanze mit 10–40 tief violettblauen Blüten in einer dichten, ährenähnlichen Traube. Die gegenständig angeordneten, rundlich-eiförmigen Blätter sind kurz gestielt und haben bis zu 9 grobe Sägezähne pro Längsseite. Die Krone der Blüten ist trichterförmig und 2-lippig. Trag- und Kelchblätter sind purpurrot überlaufen. Blütezeit Juni bis August. **VORKOMMEN** Gedeiht auf kalk- und feinerdereichem Untergrund in Felsspalten und an steilen Felwänden bis in 2500 m Höhe. Nur auf Kalk- und Dolomitgestein. Endemit der Ostalpen. **WISSENSWERTES** Das nahe verwandte Gelbe Mänderle *(Paederota lutea)* hat zitronengelbe Blüten.

1

2

3

4

Blumen und Gräser

1 | Fransenenzian
Gentianopsis ciliata

› duftet nach Veilchen
› Herbstblüher

MERKMALE Enziangewächse *(Gentianaceae)*. Bis zu 25 cm hoher Enzian ohne grundständige Blattrosette. Die schmal-lanzettlichen Stängelblätter sind 1-nervig. Die 4-teilige, eng-trichterförmige Blütenkrone ist hell- bis violettblau und 2,5–5 cm lang. Auffällig sind die ausgebreiteten, vorn gezähnten und zur Basis hin lang gefransten Zipfel der Kronblätter. Der Kelch ist tief 4-spaltig mit zugespitzten Zipfeln. Blütezeit August bis Oktober. **VORKOMMEN** Wächst auf kalkreichen, lockeren Böden in Magerrasen und Weiden bis in 2500 m Höhe. **WISSENSWERTES** Der Fransenenzian benötigt zum Überleben kurzrasige Offenlandstandorte. Als „Trichterblume" wird er von Hummeln und Tagfaltern bestäubt.

2 | Gewöhnliche Akelei
Aquilegia vulgaris

› große, nickende Blüten
› schwach giftig

MERKMALE Hahnenfußgewächse *(Ranunculaceae)*. Bis zu 80 cm hohe Staude mit 3–12 blauvioletten, bis zu 5 cm großen Blüten. Die grundständigen Blätter sind doppelt 3-zählig und lang gestielt. Einfachere Stängelblätter. Blüte mit 5 abstehenden äußeren und 5 zusammengeneigten und gespornten inneren Blütenblättern. Der Sporn ist an der Spitze hakig gekrümmt. Die Staubblätter ragen nur wenig aus der Blüte heraus. Blütezeit Mai bis Juli. **VORKOMMEN** Gedeiht auf feuchten, kalkhaltigen Böden in lichten Wäldern, Gebüschen, Bergwiesen und Hochstaudenfluren bis in 2100 m Höhe. **WISSENSWERTES** Kurzrüsselige Bienen beißen den Sporn seitlich auf und gelangen so an den Nektar („Nektardiebe").

3 | Schwarzviolette Akelei
Aquilegia atrata

› auffällig gefärbte Blüten
› lange Staubblätter

MERKMALE Hahnenfußgewächse *(Ranunculaceae)*. Bis zu 60 cm hohe Pflanze mit 3–12 braunvioletten, bis zu 4 cm großen, nickenden Blüten. Die grundständigen Blätter sind doppelt 3-zählig und lang gestielt. Blüte mit 5 abstehenden äußeren und 5 zusammengeneigten und gespornten inneren Bütenblättern. Der Sporn ist an der Spitze hakig gekrümmt. Die Staubblätter ragen 5–10 mm weit aus der Blüte heraus. Blütezeit Mai bis Juli. **VORKOMMEN** Wächst auf kalkhaltigen, wechseltrockenen Böden in Kiefernwäldern, Waldsäumen, Gebüschen, Niedermoor- und Bergwiesen bis in 2200 m Höhe. **WISSENSWERTES** Die Blütenform der Akelei ist vor allem an die Bestäubung durch langrüsselige Hummeln angepasst.

4 | Alpen-Mannstreu
Eryngium alpinum

› auffälliger Blütenstand
› in den Süd- und Westalpen

MERKMALE Doldenblütler *(Apiaceae)*. Bis zu 80 cm hohe, distelähnliche Pflanze mit gerilltem Stängel und bis zu 6 cm hohem, kopfig-zylindrischem Blütenstand. Die lang gestielten, dreieckig-ovalen Grundblätter sind ungeteilt, die oberen Blätter sind tief geteilt und grannig gezähnt. Zahlreiche blauviolette Blüten. Die Blütendolde wird von fiedrigen, langborstigen, amethystblauen Hüllblättern umgeben und von diesen deutlich überragt. Blütezeit Juli bis August. **VORKOMMEN** Gedeiht auf kalk- und nährstoffreichen, feuchten Böden in Steinrasen und Hochstaudenfluren zwischen 1500 und 2400 m Höhe. **WISSENSWERTES** Die Hüllbätter der Pflanze schließen sich bei Nässe und Dunkelheit.

1

2

3

4

1 Halbkugelige Teufelskralle
Phyteuma hemisphaericum

› kleine, zarte Pflanze
› meidet Kalk

MERKMALE Glockenblumengewächse *(Campanulaceae)*. Bis zu 20 cm hohe Pflanze mit linealen, grasartigen, 1–2 mm breiten Grundblättern. 8–20 blauviolette Blüten stehen in einem endständigen, halbkugeligen Köpfchen. Die bis zu 1,5 cm langen Kronröhren der Blüten sind vor dem Aufblühen zur Mitte hin gebogen. Die äußeren Hüllblätter sind zugespitzt und 0,5–1,3-mal so lang wie der Blütenstand. Blütezeit Juli bis August. **VORKOMMEN** Wächst auf kalkarmen, humosen, steinigen Böden in alpinen Rasen, mageren Weiden, Schutthalden und Felsspalten zwischen 1700 und 3600 m Höhe. **WISSENSWERTES** Der Name Teufelskralle leitet sich von der Gestalt der krallenartig gebogenen Einzelblüten ab.

2 Kugelige Teufelskralle
Phyteuma orbiculare

› kugelförmiger Blütenstand
› kalkliebend

MERKMALE Glockenblumengewächse *(Campanulaceae)*. Bis zu 50 cm hohe Pflanze mit gestielten, eiförmigen bis lanzettlichen, an der Basis oft herzförmigen Grundblättern. Die Stängelblätter sind schmaler, die obersten sitzend. 15–30 blauviolette Blüten in einem kugeligen Kopf. Die bis zu 1,5 cm langen Kronröhren der Blüten sind vor dem Aufblühen nach innen gebogen. Die lang zugespitzten Hüllblätter haben einen breiten, abgerundeten Grund. Blütezeit Mai bis Juli. **VORKOMMEN** Gedeiht auf kalkhaltigen, lockeren Böden in mageren Wiesen und Weiden, Flachmooren und lichten Gebüschen bis in 2500 m Höhe. **WISSENSWERTES** Die Pflanze wird von Faltern, Hummeln, Fliegen und Käfern besucht.

3 Ziestblättrige Teufelskralle
Phyteuma betonicifolium

› kalkmeidend
› in den Alpen endemisch

MERKMALE Glockenblumengewächse *(Campanulaceae)*. Bis zu 70 cm hohe Pflanze mit eiförmigem bis zylindrischem Blütenstand. Die lang gestielten, eilanzettlichen Grundblätter sind an der Basis herzförmig und 3–5-mal so lang wie breit. Zahlreiche blauviolette Blüten in einer 4–10 cm langen Ähre. Die Kronröhren der Blüten sind vor dem Aufblühen fast gerade. Die höchstens 1 mm breiten Hüllblätter überragen die untersten Blüten nicht. Blütezeit Juni bis September. **VORKOMMEN** Wächst auf kalkarmen, frischen Böden in mageren Wiesen und Weiden, Gebüschen und lichten Wäldern zwischen 600 und 2700 m Höhe. **WISSENSWERTES** Die Betonienblättrige Teufelskralle fehlt in den östlichen Alpen.

4 Schopfige Teufelskralle
Physoplexis comosa

› blaugrüne Blätter
› Endemit der Südostalpen

MERKMALE Glockenblumengewächse *(Campanulaceae)*. Bis zu 15 cm große Pflanze mit auffälligem, doldigem Blütenstand. Die grundständigen Blätter sind gestielt, nierenförmig, ungleich gekerbt und glänzend, die gesägten Stängelblätter verkehrt eiförmig bis lanzettlich. 8–20 purpurlila, zur Spitze hin schwarzpurpurne Blüten. Die Blütenkrone ist an der Basis aufgeblasen und verengt sich nach oben zu einer engen Röhre. Blütezeit Juni bis August. **VORKOMMEN** Wächst in den Südostalpen auf Kalk und Dolomit. Besiedelt steinige, feuchte Böden in Schutthalden und Felsspalten bis in 2000 m Höhe. **WISSENSWERTES** Der zweinarbige, dunkelrote Griffel ragt bis zu 15 cm aus der Kronröhre heraus.

1

2

3

4

Blumen und Gräser

1 Alpen-Glockenblume
Campanula alpina

› blaue oder weißliche Blüten
› Pflanze der Ostalpen

MERKMALE Glockenblumengewächse *(Campanulaceae)*. Bis zu 20 cm hohe Pflanze mit wollig behaartem Stängel und meist 3–8 violettblauen Blüten in einer kurzen, gedrungenen Traube. Die schmal-lanzettlichen Blätter sind zottig behaart bis fast kahl. Die weitglockige Krone ist 10–20 mm lang und innen zottig bewimpert, aber nicht bärtig. Im Unterschied zur Bärtigen Glockenblume sind die Kelchblätter länger als die halbe Krone. Blütezeit Juni bis August. **VORKOMMEN** Wächst in den Ostalpen auf kalkarmen Böden in Magerrasen, Bergweiden und Zwergstrauchheiden zwischen 1300 und 2600 m Höhe. **WISSENSWERTES** Neben violettblau blühenden Pflanzen gibt es auch Exemplare mit weißlichen Blüten.

2 Bärtige Glockenblume
Campanula barbata

› zottig behaarte Blüten
› Blüten oft nickend

MERKMALE Glockenblumengewächse *(Campanulaceae)*. Bis zu 40 cm hohe, zottig behaarte Blume mit einseitswendigem, traubigem Blütenstand. Die grundständigen, länglich-lanzettlichen Blätter sind rosettig angeordnet. 2–12 glockenförmige, hellblaue, selten weiße, 15–30 mm lange Blüten mit innen bärtigen Kronzipfeln. Die Kelchblätter sind etwa 1 Drittel mal so lang wie die Krone und haben in den Kelchbuchten ein umgeschlagenes Anhängsel. Blütezeit Juni bis August. **VORKOMMEN** Gedeiht auf kalkarmen Böden in lückigen Rasen, Zwergstrauchheiden und lichten Wäldern zwischen 1100 und 2900 m Höhe. **WISSENSWERTES** Die bis zu 5 mm langen Barthaare schützen vor Honigräubern.

3 Zwerg-Glockenblume
Campanula cochleariifolia

› kurzglockige Blüten
› rasiger Wuchs

MERKMALE Glockenblumengewächse *(Campanulaceae)*. Bis zu 15 cm hohe, Rasen bildende Pflanze mit sterilen Rosetten und hell- bis lilablauen, nickenden Blüten. Die grundständigen Blätter sind breit-eiförmig bis rundlich und gezähnt, die Stängelblätter sind elliptisch bis lineal. Blühtriebe meist bogig aufsteigend. Die 1–2 cm langen Blüten stehen einzeln oder zu 2–8 in armblütiger Traube. Blütezeit Juni bis September. **VORKOMMEN** Wächst auf kalkreichen, frischen bis feuchten Böden in Schuttfluren und Kiesbänken sowie auf Felsen bis in 3100 m Höhe. **WISSENSWERTES** Im Gegensatz zu nahe verwandten Arten sind die Grundblätter der Zwerg-Glockenblume zur Blütezeit noch nicht verwelkt.

4 Scheuchzers Glockenblume
Campanula scheuchzeri agg.

› zarte Blume mit großer Blüte
› meist auf sauren Böden

MERKMALE Glockenblumengewächse *(Campanulaceae)*. Bis zu 30 cm hohe, meist kahle Pflanze mit weitglockigen Blüten. Die grundständigen, lang gestielten Rosettenblätter sind rundlich-herzförmig und zur Blütezeit bereits vertrocknet. Stängelblätter lineal-lanzettlich. 1–5 blauviolette, 1,5–2,5 cm lange Blüten in meist einseitswendiger Traube. Blütenknospen nickend. Blütezeit Juni bis August. **VORKOMMEN** Gedeiht auf frischen, stickstoffarmen Böden in Rasen, mageren Weiden und Felsfluren zwischen 1400 und 3100 m Höhe. **WISSENSWERTES** Die ähnliche Rundblättrige Glockenblume *(Campanula rotundifolia)* hat sterile Blattrosetten, aufrechte Blütenknospen und vielblütige Blütenstände.

1

2

3

4

Blumen und Gräser

1 Stängelloser Silikat-Enzian, Breitblättriger Enzian
Gentiana acaulis

› Wahrzeichen der Alpen
› Blüte innen mit olivgrünen Flecken
› auf Silikatgestein

MERKMALE Enziangewächse *(Gentianaceae)*. Bis zu 10 cm hohe Pflanze mit kurzem Stängel und großer, dunkelblauer Blüte. Die bis zu 10 cm langen Grundblätter sind verkehrt-eiförmig bis elliptisch und stehen in einer Rosette. Auffallend ist die 4–6 cm lange Blüte mit ihrer glockenförmigen Krone, die innen olivgrüne, fleckige Streifen aufweist. Die Kelchzähne sind kürzer als die halbe Kronröhre, stehen von ihr ab und sind am Grund etwas eingeschnürt. Breite Kelchbuchten mit weißer Verbindungshaut. Blütezeit Mai bis August. **VORKOMMEN** Wächst auf kalkarmen, sauren, feuchten Böden in Rasen, Matten und Weiden zwischen 1100 und 3000 m Höhe. **WISSENSWERTES** Beim Stängellosen Silikat- und beim Stängellosen Kalk-Enzian handelt es sich um eng verwandte Schwesterarten, die aufgrund ihrer Ansprüche ans Gestein meist räumlich getrennt wachsen (vikariierende Arten). Die Blüten schließen sich bei schlechtem Wetter.

2 Stängelloser Kalk-Enzian, Clusius-Enzian
Gentiana clusii

› klassische Alpenblume
› Krone innen ohne grünliche Flecken
› auf Kalkgestein

MERKMALE Enziangewächse *(Gentianaceae)*. Bis zu 10 cm hohe Pflanze mit kurzem Stängel und großer, dunkelblauer Blüte. Die 2–5 cm langen Grundblätter sind breit-lanzettlich, spitz und stehen in einer Rosette. Prächtige, 4–6 cm lange Blüte mit glockenförmiger Krone, die innen keine olivgrünen, fleckigen Streifen aufweist. Die dreieckigen, zugespitzten Kelchzähne sind mindestens halb so lang wie die Kronröhre und liegen ihr an. Enge Kelchbuchten ohne Verbindungshaut. Blütezeit April bis August. **VORKOMMEN** Gedeiht auf kalkreichen, feuchten Böden in Magerwiesen, Matten und Alpweiden zwischen 500 und 2800 m Höhe. **WISSENSWERTES** Eine weitere fast stängellos wirkende Enzianart ist der nur in den Süd- und Westalpen vorkommende Alpen-Enzian *(Gentiana alpina)*. Bei ihm werden die Rosettenblätter allerdings nur 1–2 cm lang und auch seine Blütenkrone bleibt mit einer Länge von 2–3 cm deutlich kleiner.

3 Schwalbenwurz-Enzian
Gentiana asclepiadea

› stattlicher, großblütiger Enzian
› blüht im Herbst
› Heil- und Zauberpflanze

MERKMALE Enziangewächse *(Gentianaceae)*. Bis zu 100 cm hoher Enzian mit dicht beblättertem Stängel, der entweder aufrecht mit allseitswendigen oder überhängend mit einseitswendigen Blüten wächst. Die gegenständig angeordneten Blätter sind lanzettlich, lang zugespitzt und meist 5-nervig. Die leuchtend dunkelblauen, glockenförmigen, 3–5 cm langen Blüten sitzen zu 1–3 in den Blattwinkeln und weisen innen weiße Längsstreifen auf. Kelch röhrenförmig mit 5 kurzen Zipfeln. Blütezeit August bis Oktober. **VORKOMMEN** Wächst auf kalkhaltigen, nährstoffreichen, feuchten Böden in Wäldern, Feuchtwiesen, Flachmooren und Hochstaudenfluren bis in 2200 m Höhe. **WISSENSWERTES** Der Schwalbenwurz-Enzian zeigt sich nur bei Temperaturen über 19 °C in voller Schönheit: Sinken die Temperaturen unter diesen Wert, beginnen sich die Blüten zu schließen. Im Volksmund heißt er wegen seiner späten Blüte auch „Hirschbrunftenzian".

1

2

3

1 Bayerischer Enzian
Gentiana bavarica

› engröhrige Blüte
› in den Alpen endemisch

MERKMALE Enziangewächse *(Gentianaceae)*. Bis zu 15 cm hoher, 1-blütiger Enzian mit sterilen Trieben. Die verkehrt-eiförmigen, glänzenden Blätter sind 5–13 mm lang, die unteren stehen dicht gedrängt, sind aber nicht rosettig angeordnet. 2–4 Blattpaare am Blütenstiel. Die dunkelblaue Krone hat oft einen weißen Schlund und je einen 2-teiligen Zahn zwischen den 5 ausgebreiteten Kronzipfeln. Der Kelch ist länger als die halbe Kronröhre. Blütezeit Juni bis September. **VORKOMMEN** Wächst auf feuchten, lockeren Feinschuttböden in Schneetälchen, Felsschutt, Quell- und Polsterfluren zwischen 1800 und 3600 m Höhe. **WISSENSWERTES** Die Pflanze wird vor allem von Bienen und Faltern besucht.

2 Schnee-Enzian
Gentiana nivalis

› verzweigt und mehrblütig
› ohne sterile Triebe

MERKMALE Enziangewächse *(Gentianaceae)*. Bis zu 15 cm hohe, ästig verzweigte Pflanze mit mehreren, endständigen Einzelblüten. Die eiförmigen, bis zu 10 mm langen Grundblätter stehen in einer Rosette. Stängelblätter lanzettlich. Dunkel- bis hellblaue Blüte mit 15 mm langer Röhre und 5 ausgebreiteten, lanzettlichen Zipfeln. Der Kelch ist etwa um 2 Drittel mal so lang wie die Kronröhre, liegt ihr an und hat keine geflügelten Kanten. Blütezeit Juni bis August. **VORKOMMEN** Gedeiht auf kalkhaltigen, steinigen Böden in Magerrasen und -weiden, auf Graten und Gipfeln zwischen 1300 und 3000 m Höhe. **WISSENSWERTES** Die Blüten können sich bei einer Wetteränderung innerhalb einer Minute schließen.

3 Frühlings-Enzian
Gentiana verna

› Frühblüher
› verträgt keinen Dünger

MERKMALE Enziangewächse *(Gentianaceae)*. Bis zu 10 cm hoher, lockere Rasen bildender Enzian. Die 10–30 mm langen Grundblätter stehen in einer Rosette. Sie sind lanzettlich, steif, spitz und viel größer als die Stängelblätter. Die tiefblaue, engröhrige Blütenkrone ist 2–3 cm lang und hat 5 eirunde Zipfel. Zwischen den Kronzipfeln jeweils ein 2-teiliger, weiß gefleckter Zahn. Schmal geflügelte Kelchkanten. Blütezeit März bis Juni. **VORKOMMEN** Wächst auf kalkhaltigen, wechselfeuchten Böden in mageren Bergwiesen, Alpweiden, Flachmooren und Steinrasen bis in 3500 m Höhe. **WISSENSWERTES** Teilweise blüht die im Volksmund „Schusternägele“ genannte Pflanze im Herbst noch ein zweites Mal.

4 Deutscher Enzian
Gentianella germanica

› bis zu 50 Blüten
› Kelch mit spitzen Buchten

MERKMALE Enziangewächse *(Gentianaceae)*. Bis zu 30 cm hoher, meist ästig wachsender Enzian mit zahlreichen, endständigen Einzelblüten. Die verkehrt-eiförmigen Grundblätter sind zur Blütezeit meist bereits abgestorben. Viele lanzettliche Stängelblätter. Die 5-zählige, rotviolette, schlank-trichterförmige Krone ist 23–35 mm lang und im Schlund bärtig. Blütezeit Mai bis Oktober. **VORKOMMEN** Gedeiht auf kalkreichen, trockenen Böden in Magerrasen, Weiden, Flachmooren und Felsrasen bis in 2700 m Höhe. **WISSENSWERTES** Bei der vielgestaltigen Art kommen hochwüchsige, wenig verzweigte Sommerformen und stärker verzweigte, vielblütige Herbstformen vor (saisonaler Dimorphismus).

1
2
3
4

Blumen und Gräser

1 Wald-Storchschnabel
Geranium sylvaticum

› etwa 3 cm große Blüten
› lang geschnäbelte Frucht

MERKMALE Storchschnabelgewächse *(Geraniaceae)*. Bis zu 60 cm hohe, oft gabelig verzweigte Pflanze mit oben drüsig, unten kurz anliegend behaartem Stängel. Die handförmigen, bis weit über die Mitte 5–7-teiligen Blätter sind unregelmäßig gezähnt. Radförmige, rotviolette Blüten mit vorne gerundeten Kronblättern und weißem Grund. Die Blütenstiele sind drüsig behaart und stehen zur Fruchtzeit aufrecht. Blütezeit Juni bis August. **VORKOMMEN** Wächst auf tiefgründigen, sickerfeuchten Böden in Hochstaudenfluren, Bergwiesen und Wäldern bis in 2500 m Höhe. **WISSENSWERTES** Die Samen werden katapultartig bis zu 2,7 m weit aus der an einen Storchenschnabel erinnernden Frucht geschleudert.

2 Klebrige Primel, Blauer Speik
Primula glutinosa

› Stängel und Blätter klebrig
› Ostalpenpflanze

MERKMALE Primelgewächse *(Primulaceae)*. Bis zu 10 cm hohe, drüsig-klebrige, oft dichtrasige wachsende Primel mit schlüsselblumenähnlichen, rotvioletten bis dunkelblauen Blüten. Die spatelförmigen, glänzenden Blätter sind vorne meist fein gezähnt. 2–7 stark duftende Blüten stehen in einer Dolde am Stängelende. Die 0,5–2 mm langen Blütenstiele sind viel kürzer als die Hüllblätter. Blütezeit Juni bis August. **VORKOMMEN** Gedeiht in den Ostalpen auf sauren, humusreichen, lange schneebedeckten Böden in feuchten Schuttfluren und alpinen Rasen zwischen 1700 und 3100 m Höhe. **WISSENSWERTES** Die Klebrige Primel bildet mit der winzigen Zwerg-Primel *(Primula minima)* fruchtbare Hybride.

3 Himmelsherold
Eritrichium nanum

› seidig behaart
› in den Nordalpen fehlend

MERKMALE Raublattgewächse *(Boraginaceae)*. Bis zu 5 cm hohe, dichte Polster bildende Pflanze mit starker, verholzter Pfahlwurzel und zahlreichen, nicht blühenden Rosetten. Die kleinen, lanzettlichen Blätter sind seidenglänzend-zottig behaart. 3–6 Blüten pro Stängel, jeweils mit eigenem Tragblatt. Die primelähnlich duftenden Blüten sind himmelblau gefärbt und haben einen goldgelben Schlundring. Blütezeit Juni bis August. **VORKOMMEN** Wächst auf kalkarmen, steinigen, sauren Böden in Felsspalten, Feinschuttfluren und auf windexponierten Graten zwischen 2200 und 3300 m Höhe. **WISSENSWERTES** Die Polsterpflanze überdauert bis zu 30 Jahre in den Fels- und Eiswüsten des Hochgebirges.

4 Alpen-Vergissmeinnicht
Myosotis alpestris

› Blüten ohne Tragblatt
› rauhaarig

MERKMALE Raublattgewächse *(Boraginaceae)*. Bis zu 20 cm hohe, dicht behaarte, rasig wachsende Pflanze mit allmählich in den Stiel verschmälerten Rosettenblättern. Sitzende, eiförmige bis lanzettliche Stängelblätter. Die lebhaft blauen Blüten stehen dicht gedrängt zusammen, ihr Schlund ist durch gelbe Schlundschuppen verengt. Kelch mit zahlreichen anliegenden und nur wenigen abstehenden Haaren. Stumpfe Teilfrüchte. Blütezeit Juni bis Juli. **VORKOMMEN** Gedeiht auf nährstoffreichen, frischen Böden in Bergwiesen, alpinen Rasen, Schutt- und Blockfluren zwischen 1600 und 3000 m Höhe. **WISSENSWERTES** Das Alpen-Vergissmeinnicht wird von Tagfaltern, Fliegen und Hummeln bestäubt.

1

2

3

4

1 Wald-Witwenblume
Knautia dipsacifolia

› ungeteilte Stängelblätter
› mehrere, ähnliche Arten

MERKMALE Kardengewächse *(Dipsacaceae)*. Bis zu 100 cm hohe Pflanze mit mehreren Blütenköpfen und behaartem Stängel. Dieser unten steifhaarig, oben mit drüsigen und krausen Haaren. Die unteren Blätter sind gestielt, breit lanzettlich und gezähnt, die oberen sitzend. Alle ungeteilt und gegenständig. Die flachen, violett bis rotlila gefärbten Blütenköpfe werden 2,5–4 cm groß, meist mit vergrößerten Randblüten. Krone mit 4 ungleichen Zipfeln. Blütezeit Juni bis September. **VORKOMMEN** Wächst auf feuchten, nährstoffreichen Böden in Wäldern, Fettwiesen und Hochstaudenfluren bis in 2300 m Höhe. **WISSENSWERTES** Die Wald-Witwenblume lockt vor allem Falter und Bienen als Bestäuber an.

2 Glänzende Skabiose
Scabiosa lucida

› einzelne Blütenköpfchen
› mehrere, ähnliche Arten

MERKMALE Kardengewächse *(Dipsacaceae)*. Bis zu 50 cm hohe, einköpfige, meist unverzweigte Pflanze mit kahlen, etwas glänzenden Blättern. Die Grundblätter und untersten Stängelblätter sind ungeteilt, die mittleren Stängelblätter einfach fiederschnittig. Zahlreiche lila bis rotviolette Blüten stehen in einem schirmartigen, 2–4 cm großen Blütenstand. Vergrößerte Randblüten. Kelchborsten 5–8 mm lang. Blütezeit Juli bis September. **VORKOMMEN** Gedeiht auf trockenen, kalkhaltigen, mageren Böden in Bergwiesen, Rasen und Felsschutt bis in 2800 m Höhe. **WISSENSWERTES** Skabiosen unterscheiden sich durch ihre 5-zipfeligen Einzelblüten von den ähnlichen, aber 4-zipfeligen Witwenblumen.

3 Herzblättrige Kugelblume
Globularia cordifolia

› 1–2 cm großer Blütenstand
› Steingartenpflanze

MERKMALE Kugelblumengewächse *(Globulariaceae)*. Bis zu 10 cm hoher, rasenbildender, immergrüner Spalierstrauch mit niederliegenden, holzigen Stängeln. Die spatelförmigen, ledrigen Blätter sind 1–3 cm lang und vorne gerundet oder leicht herzförmig eingebuchtet. Die violettblauen Blüten stehen in einem vielblütigen, kugeligen Blütenstand. Einzelblüten 6–8 mm lang. Blütezeit Mai bis August. **VORKOMMEN** Wächst auf kalkreichen, flachgründigen Böden in steinigen Rasen, Schutthalden, Felsspalten und sonnigen Felsbändern bis in 2800 m Höhe. **WISSENSWERTES** Die Kronröhren der Blüten sind so eng, dass sie nur von Schmetterlingen mit ihren langen, dünnen Rüsseln bestäubt werden können.

4 Nacktstängelige Kugelblume
Globularia nudicaulis

› Stängel fast blattlos
› immergrün

MERKMALE Kugelblumengewächse *(Globulariaceae)*. Bis zu 25 cm hohe, unverzweigte Pflanze mit aufsteigendem, nur mit 1–3 winzigen Blättchen besetzem Stängel. Die grundständigen, bis zu 15 cm langen, verkehrt-eiförmigen Blätter stehen in einer Rosette und sind vorne abgerundet. Die violettblauen Blüten stehen in einem vielblütigen, 1,5–2,5 cm großen, kugeligen Blütenstand. Einzelblüten 10–12 mm lang. Blütezeit Juni bis August. **VORKOMMEN** Gedeiht auf kalkreichen, flachgründigen, mäßig trockenen Böden in Weiden, Matten, Zwergstrauchheiden und Latschengebüschen zwischen 500 und 2600 m Höhe. **WISSENSWERTES** Kugelblumen werden wegen ihres bitteren Geschmacks vom Weidevieh gemieden.

1

2

3

4

Blumen und Gräser

1 Alpen-Aster
Aster alpinus

› lila-gelbe Blütenköpfe
› attraktive Steingartenpflanze

MERKMALE Korbblütler *(Asteraceae)*. Bis zu 20 cm große, meist einköpfige und unverzweigte Pflanze mit hübscher Blüte. Die grundständigen Blätter sind lanzettlich bis länglich-spatelförmig, ganzrandig und stumpf, die sitzenden Stängelblätter schmal-lanzettlich. Auffallend sind die 3–5 cm großen Blütenkörbe mit den gelben Röhrenblüten und den strahlig ausgebreiteten, hellvioletten Zungenblüten. Blütezeit Juni bis August. **VORKOMMEN** Wächst auf kalkhaltigen, flachgründigen, steinigen Böden in alpinen Rasen und Weiden sowie an Felsen zwischen 1100 und 3100 m Höhe. **WISSENSWERTES** Vor allem Schmetterlinge, aber auch Käfer und Fliegen, schätzen die Alpen-Aster als Nektarquelle.

2 Berg-Flockenblume
Centaurea montana

› zweifarbige Körbchen
› Bienen- und Ameisenblume

MERKMALE Korbblütler *(Asteraceae)*. Bis zu 60 cm hohe, oft graufilzig behaarte Pflanze mit 4–6 cm großen, nur aus Röhrenblüten bestehenden Blütenkörbchen. Die schmal-eiförmigen, am Stängel herablaufenden Blätter sind wechselständig und oberseits dunkelgrün. Die vergrößterten Randblüten sind blau, die inneren Blüten rotviolett. Grüne Hüllblätter mit schwarzen, kammartig gefransten Anhängseln. Blütezeit Mai bis August. **VORKOMMEN** Gedeiht auf kalkhaltigen, frischen, mäßig nährstoffreichen Böden in Bergwiesen, Hochstaudenfluren und an Waldrändern bis in 2200 m Höhe. **WISSENSWERTES** Die stark vergrößerten Randblüten erhöhen die Schauwirkung des Blütenstandes auf Insekten.

3 Alpen-Milchlattich
Cicerbita alpina

› prächtige hellviolette Blüten
› Staude mit Milchsaft

MERKMALE Korbblütler *(Asteraceae)*. Bis zu 2 m hohe Staude mit braunrotem, drüsig behaartem Stängel und bis zu 25 cm langen, fiederschnittigen Blättern mit vergrößerter, dreieckiger Endfieder. Der kräftige, hohle Stängel führt Milchsaft und trägt zahlreiche blauviolette Blütenkörbchen in einer schlanken Traube oder Rispe. Nur Zungenblüten. Die 10–15 cm lange Hülle unter den Körbchen ist drüsig behaart. Blütezeit Juni bis August. **VORKOMMEN** Wächst auf nährstoffreichen frischen Böden in Hochstaudenfluren und Bergwäldern zwischen 900 und 2200 m Höhe. **WISSENSWERTES** Die Körbchen mit ihren rund 20 Einzelblüten öffnen sich bei Sonnenschein und schließen sich nachts oder bei Regen.

4 Echte Alpenscharte
Saussurea alpina

› zarte, violette Röhrenblüten
› arktisch-alpine Art

MERKMALE Korbblütler *(Asteraceae)*. Bis zu 30 cm hohe Pflanze mit 3–8 Blütenkörbchen in einem dichten, kopfigen Gesamtblütenstand. Die lanzettlichen, ganzrandigen oder leicht gezähnten Blätter sind unterseits locker graufilzig behaart. Zumindest die unteren Blätter sind gestielt. Die bis zu 2 cm großen Blütenköpfchen haben eine spinnwebige Hülle und enthalten 5–15 violette Röhrenblüten. Blütezeit Juli bis September. **VORKOMMEN** Gedeiht auf kalkhaltigen, steinigen Böden in Felsschutt, lückigen Rasen und Felsspalten sowie auf windgefegten Graten zwischen 1600 und 3100 m Höhe. **WISSENSWERTES** In den Alpen treten drei Unterarten auf, die sich in Größe und Blattform unterscheiden.

1

2

3

4

Blumen und Gräser

1 Gewöhnlicher Alpenlattich
Homogyne alpina

› rotbrauner Stängel
› Alpenschwemmling

MERKMALE Korbblütler *(Asteraceae).* Bis zu 30 cm hohe, einköpfige Pflanze mit einem blattlosen, meist nur mit 2 kleinen Blattschuppen besetzten Stängel. Die lang gestielten, grundständigen Blätter sind ledrig, nierenförmig und beiderseits grün. Sie haben eine glänzende Oberseite und erreichen höchstens einen Durchmesser von 3 cm. Rosa Zungenblüten mit purpurnen Zipfeln. Blütezeit Mai bis August. **VORKOMMEN** Wächst auf feuchten, humusreichen Böden in Rasen, Weiden, Zwergstrauchheiden und lichten Wäldern zwischen 1000 und 2900 m Höhe. Am Piz Languard (Engadin) in 3200 m Höhe. **WISSENSWERTES** Die äußeren Blüten des Alpenlattichs sind weiblich, die inneren hingegen zwittrig.

2 Blauer Eisenhut
Aconitum napellus

› stark giftig
› alte Zier- und Heilpflanze

MERKMALE Hahnenfußgewächse *(Ranunculaceae).* Bis zu 150 cm hohe Pflanze mit blauvioletten Blüten in mäßig dichter Traube. Die handförmig geteilten Blätter mit 5–7 bis zum Grund getrennten Abschnitten, die sich in lineare Zipfel aufspalten. Das obere Blütenblatt ist helmförmig ausgebildet, der Helm ist breiter als hoch. Blütezeit Juni bis September. **VORKOMMEN** Gedeiht auf feuchten, nährstoffreichen Böden in überdüngten Wiesen und Hochstaudenfluren sowie an Waldrändern und Bachufern bis in 3000 m Höhe. **WISSENSWERTES** Alle Teile der Pflanze enthalten das Alkaloid Aconitin, eines der stärksten Pflanzengifte überhaupt. Bereits wenige Gramm davon sind für den Menschen tödlich.

3 Alpenhelm
Bartsia alpina

› violette Blüten und Blätter
› Alpenschwemmling

MERKMALE Sommerwurzgewächse *(Orobanchaceae).* Bis zu 20 cm hohe, locker behaarte Pflanze mit gegenständigen, eiförmigen, stumpf gezähnten Blättern. Die oberen Blätter sind violett überlaufen und gleich gefärbt wie die dunkelvioletten Blüten, die einzeln in den oberen Blattwinkeln sitzend eine endständige Traube bilden. Die 3-lappige Unterlippe ist kürzer als die helmförmige Oberlippe. Kelch mit Drüsenhaaren. Blütezeit Juni bis August. **VORKOMMEN** Wächst auf sickerfeuchten Böden in steinigen Rasen, Weiden, Quellfluren und Flachmooren zwischen 1000 und 3100 m Höhe. **WISSENSWERTES** Als Halbschmarotzer entzieht der Alpenhelm anderen Pflanzen Wasser und darin gelöste Nährstoffe.

4 Sporn-Veilchen
Viola calcarata

› Falterblume
› Pflanze der Westalpen

MERKMALE Veilchengewächse *(Violaceae).* Bis zu 10 cm hohe Pflanze mit kurzem Stängel, stiefmütterchenartiger Blüte und grundständigen, eiförmigen bis lanzettlichen Blättern. Diese jederseits mit 1–5 Zähnen und kleineren Nebenblättern. Die meist violette, seltener gelbe, weiße oder mehrfarbige Blüte ist 2,5–4 cm breit. Gelbes Farbmal am Schlund. Der Sporn ist so lang wie die Kronblätter. Blütezeit Mai bis August. **VORKOMMEN** Gedeiht auf feuchten Böden in Magerwiesen, Weiden und auf Felsschutt zwischen 1500 und 3000 m Höhe. **WISSENSWERTES** Das Veilchen wird nur von Schmetterlingen bestäubt, die mit ihrem langen Rüssel den Nektar am Grund des langen Sporns erreichen können.

1a

1b

2

3

4

Blumen und Gräser

1 Pyramiden-Günsel
Ajuga pyramidalis

- kleine Einzelblüten
- auffälliger Gesamtblütenstand
- alte Heilpflanze

MERKMALE Lippenblütler *(Lamiaceae)*. Bis zu 25 cm hohe, dicht beblätterte Pflanze mit pyramidenförmigem Wuchs, 4-kantigem Stängel und starker Behaarung. Ohne Ausläufer. Die verkehrt-eiförmigen Rosettenblätter sind größer als die eiförmigen Stängelblätter. Die Blätter im Blütenstand sind etwa doppelt so lang wie die Blüten und rotviolett überlaufen. 2–6 kleine Blüten stehen in den Blattachseln und ährenähnlich gehäuft am Stängelende. Sie sind violettblau und haben eine sehr kurze Oberlippe. Blütezeit Mai bis August. **VORKOMMEN** Wächst auf nährstoff- und kalkarmen Böden in mageren Wiesen und Weiden, Hochstaudenfluren und Zwergstrauchheiden zwischen 800 und 2700 m Höhe. **WISSENSWERTES** Die großen, violett überlaufenen Tragblätter erhöhen durch ihre auffällige Farbe die Lockwirkung des Gesamtblütenstands auf langrüsselige Bienen und Hummeln. Die Früchte der Pflanze werden durch Ameisen verbreitet.

2 Alpen-Steinquendel
Acinos alpinus,
Syn.: *Clinopodium alpinum*

- violette Blüten mit weißer Mitte
- duftet nach Pfefferminze
- Alpenschwemmling

MERKMALE Lippenblütler *(Lamiaceae)*. Bis zu 30 cm hohe, nach Minze riechende Pflanze mit niederliegendem oder aufsteigendem Stängel. Die eiförmigen, kurz gestielten Blätter sind 1–2 cm lang und haben jederseits 1–5 Kerbzähne. Blätter im Gegensatz zum Feld-Steinquendel *(Acinos arvensis)* unterseits ohne stark vortretende Nerven. Die kurz gestielten, violetten Blüten stehen meist zu dritt in den oberen Blattwinkeln. Die Krone ist 12–20 mm lang (Feld-Steinquendel: 7–10 mm). Blütezeit Juni bis September. **VORKOMMEN** Gedeiht auf kalkarmen, stickstoffreichen Böden in steinigen Rasen, Felsschutt, Latschengebüschen und auf Felsbändern bis in 2900 m Höhe. **WISSENSWERTES** Beim Alpen-Steinquendel lassen sich zwei Blütentypen unterscheiden: Es gibt Pflanzen mit kleineren, weiblichen Blüten und solche mit größeren, zwittrigen Blüten. Bestäubt werden sie von Hummeln, Bienen, Fliegen und Schmetterlingen.

3 Drachenmaul
Horminum pyrenaicum

- hübscher Blütenstand
- mag es kurzrasig, mager und trocken
- einzige Art der Gattung

MERKMALE Lippenblütler *(Lamiaceae)*. Bis zu 30 cm hohe Pflanze mit 4-kantigem, unverzweigtem Stängel und zahlreichen Blüten in einer einseitswendigen Scheinähre. Die grundständigen, lang gestielten Blätter sind oval, runzelig und stumpf gezähnt, die spitzen, sitzenden Stängelblätter viel kleiner und ganzrandig. Je 2–6 violette Blüten stehen in den Achseln der Tragblätter. Die Krone ist 15–20 mm lang. Oberlippe 3-teilig, Unterlippe ausgerandet. Blütezeit Juni bis August. **VORKOMMEN** Wächst vor allem in den West- und Südalpen auf kalkreichen, frischen, steinigen Böden in Magerrasen, Weiden und lichten Zirbenwäldern bis in 2500 m Höhe. **WISSENSWERTES** Die Blüten des Drachenmauls sind ungewöhnlich nektarreich und stellen eine ergiebige Futterquelle für Bienen und Hummeln dar. Trotz ihrer lückigen Verbreitung tritt die Pflanze mancherorts sehr gesellig auf und färbt dann ganze Berghänge blauviolett.

1

2

3

Blumen und Gräser

1 | Berg-Spitzkiel
Oxytropis jacquinii

› Schiffchen mit Spitzchen
› Alpenschwemmling

MERKMALE Schmetterlingsblütler *(Fabaceae)*. Bis zu 20 cm hohe Pflanze mit kurzem Stängel. Die unpaarig gefiederten Blätter bestehen aus 17–35 Teilblättchen und haben einen rötlichen Stiel. Die Nebenblätter sind höchstens am Grund verwachsen. 5–20 blau- bis rotviolette Blüten stehen in einer kopfigen, bis zu 8 cm langen Traube. Schiffchen vorne mit deutlicher Spitze. Die Tragblätter reichen kaum bis zur Mitte der Kelchröhre. Blütezeit Juni bis August. **VORKOMMEN** Wächst auf kalkreichen Böden in steinigen Rasen und im Felsschutt zwischen 1700 und 2900 m Höhe. **WISSENSWERTES** Im Gegensatz zu anderen Schmetterlingsblütlern wird der Alpen-Spitzkiel vom Alpvieh verschmäht.

2 | Alpen-Tragant
Astragalus alpinus

› zweifarbige Blüten
› Stängel oft niederliegend

MERKMALE Schmetterlingsblütler *(Fabaceae)*. Bis zu 25 cm hohe Pflanze mit unpaarig gefiederten Blättern, die sich aus 15–23 ovalen Teilblättchen zusammensetzen. Die Nebenblätter sind eiförmig und häutig. 5–15 Blüten in kopfiger, lang gestielter Traube. Die 10–12 mm langen, zart duftenden Einzelblüten sind weiß-violett gescheckt: Fahne und Schiffchen sind vorne violett, die restliche Krone ist weiß. Blütezeit Juni bis August. **VORKOMMEN** Gedeiht auf kalkhaltigen, steinigen Böden in mageren Wiesen und Weiden sowie auf windexponierten Graten zwischen 1300 und 3100 m Höhe. **WISSENSWERTES** Die Samen des Alpen-Tragants werden durch Vögel und Wiederkäuer verbreitet.

3 | Alpen-Süßklee
Hedysarum hedysaroides

› oft meterlange Pfahlwurzel
› wird von Hummeln bestäubt

MERKMALE Schmetterlingsblütler *(Fabaceae)*. Bis zu 40 cm hohe Staude mit unpaarig gefiederten Blättern. Diese setzen sich aus 11–19 ungestielten, eilanzettlichen Teilblättchen zusammen. 10–35 nickende Blüten stehen in einer einseitswendigen Traube. Sie sind kurz gestielt und purpurn. Auffällig sind die bis zu 4 cm langen Früchte, die sich aus 2–6 scheibenförmigen Gliedern zusammensetzen. Blütezeit Juni bis August. **VORKOMMEN** Wächst auf kalkhaltigen, steinigen Böden in lückigen Rasen, Bergweiden und Zwergstrauchheiden zwischen 1400 und 2900 m Höhe. **WISSENSWERTES** Der Alpen-Süßklee zählt mit seinem hohen Eiweiß- und Fettgehalt zu den wertvollsten Futterpflanzen der Alpen.

4 | Gewöhnliches Fettkraut
Pinguicula vulgaris

› violette Blüten
› Blätter mit klebrigen Haaren

MERKMALE Wasserschlauchgewächse *(Lentibulariaceae)*. Bis zu 20 cm hohe Pflanze mit hellgrüner, grundständiger Blattrosette. Die eiförmigen, an den Rändern aufwärts gebogenen Blätter sind oberseits drüsig-schleimig behaart. Eine einzelne, violette Blüte mit behaartem, weißem Schlundfleck am blattlosen Stängel. 1,5–2,5 cm langer Sporn. Kelchunterlippe höchstens bis zur Mitte gespalten, Zipfel nicht spreizend. Blütezeit Mai bis Juli. **VORKOMMEN** Gedeiht auf nassen, nährstoffarmen Böden in kalkhaltigen Quell- und Flachmooren bis in 2200 m Höhe. **WISSENSWERTES** An den klebrigen Blattoberseiten bleiben kleine Insekten hängen, die vom Fettkraut mit Verdauungsenzymen zersetzt werden.

1

2

3

4

Literatur und Quellen (Auswahl)

Aichele, D. & Schwegler H.-W. (2004): Die Blütenpflanzen Mitteleuropas. Franckh-Kosmos-Verlag, Stuttgart.

Angerer, O. & Muer, T. (2004): Alpenpflanzen. Ulmer-Verlag, Stuttgart.

Bellmann, H. (2019): Der Kosmos Heuschreckenführer. Franckh-Kosmos-Verlag, Stuttgart.

Bellmann, H. (2018): Der neue Kosmos Insektenführer. Franckh-Kosmos-Verlag, Stuttgart.

Bellmann, H. (2016): Der neue Kosmos Schmetterlingsführer. Franckh-Kosmos-Verlag, Stuttgart.

Bellmann, H. (2013): Der Kosmos Libellenführer. Franckh-Kosmos-Verlag, Stuttgart.

Bezzel, E. (2019): Das BLV Handbuch Vögel. BLV Verlag, München.

Brendel, U. (1998): Vögel der Alpen. Ulmer Verlag, Stuttgart.

Bühler-Cortesi, T. (2019): Schmetterlinge – Tagfalter der Schweiz. Haupt Verlag, Bern.

Canalis, L. (2013): Säugetiere der Alpen. Haupt Verlag, Bern.

Caula, B. et al. (2010): Vögel der Alpen. Haupt Verlag, Bern.

Dijkstra, K.-D. B. (2021): Libellen Europas. Haupt Verlag, Bern.

Düll, R. & Düll-Wunder (2008): Moose einfach und sicher bestimmen. Quelle & Meyer Verlag, Wiebelsheim.

Düll, R. & Kutzelnigg H. (2016): Taschenlexikon der Pflanzen Deutschlands und angrenzender Länder. Quelle & Meyer Verlag, Wiebelsheim.

Fischer, J. & al. (2020): Die Heuschrecken Deutschlands und Nordtirols. Quelle & Meyer Verlag, Wiebelsheim.

Ferretti, G. (2014): Schmetterlinge der Alpen. Haupt Verlag, Bern.

Finkenzeller, X. (2014): Steinbachs Naturführer Alpenblumen. Ulmer Verlag, Stuttgart.

Fünfstück, H.-J. & Weiß, I. (2018): Die Vögel Mitteleuropas im Portrait. Quelle & Meyer Verlag, Wiebelsheim.

Gerstmeier, R. & Romig, T. (2003): Die Süßwasserfische Europas. Franckh-Kosmos-Verlag, Stuttgart.

Gretler, T. (2020): Naturpark Nagelfluhkette – eine Landschaft voller Leben. Naturpark Nagelfluhkette e. V., Immenstadt.

Griebl, N. (2015): Alpenpflanzen. Freya Verlag, Linz.

Griebl, N. (2018): Die Kosmos Alpenflora. Franckh-Kosmos-Verlag, Stuttgart.

Grimmberger, E. (2014): Die Säugetiere Deutschlands. Quelle & Meyer Verlag, Wiebelsheim.

Grüner, T. (2012): Naturführer BayerischeAlpen. Bergverlag Rother, München.

Grüner, T. (2020): Alpentiere. Bergverlag Rother, München.

Hecker, F. & Hecker, K. (2021): Kosmos Naturführer für unterwegs. Franckh-Kosmos-Verlag, Stuttgart.

Hecker, F. & Hecker, K. (2007): Tiere und Pflanzen der Alpen. Franckh-Kosmos-Verlag, Stuttgart.

Heß, D. (2001): Alpenblumen. Erkennen – Verstehen – Schützen. Ulmer-Verlag, Stuttgart.

Hoppe, A. (2018):
Blumen der Alpen. Franckh-Kosmos-Verlag, Stuttgart.

Kremer, B. P. (2001):
Was blüht in den Alpen? Franckh-Kosmos-Verlag, Stuttgart.

Kremer, B. P. (1991):
Naturspaziergang Alpen. Franckh-Kosmos-Verlag, Stuttgart.

Lauber, K. & Wagner, G. (2018):
Flora Helvetica. Haupt Verlag, Bern.

Marbach, B. & Kainz, C. (2002):
Moose, Farne und Flechten. BLV Verlag, München.

Mertz, P. (2017):
Alpenpflanzen in ihren Lebensräumen. Haupt Verlag, Bern.

Parolly, G. & Rohwer, J. G. (2019):
Schmeil-Fitschen: Die Flora Deutschlands und angrenzender Länder. Quelle & Meyer Verlag, Wiebelsheim.

Richarz, K. & Puchta, A. (2014):
Steinbachs Naturführer Vögel. Ulmer Verlag, Stuttgart.

Rosenkranz, A. et al. (2020):
Lebenswelt Alpen. SAC Verlag, Bern.

Schaefer, M. (2018): Brohmer: Fauna von Deutschland. Quelle & Meyer Verlag, Wiebelsheim.

Schauer, T., Caspari, C. & Caspari S. (2017):
Alpenblumen. BLV Verlag, München.

Schneider, M. F. (2020):
Naturgeschichte Allgäu. Bauer-Verlag, Thalhofen.

Siesa, M. E. (2019):
Libellen der Alpen. Haupt Verlag, Bern.

Staffelbach, Heinz (2011):
Handbuch Schweizer Alpen. Haupt Verlag, Bern.

Stettmer, C. et al. (2011):
Die Tagfalter Bayerns und Österreichs. Bayerische Akademie fur Naturschutz und Landschaftspflege, Laufen.

Svensson, L. et al. (2018):
Der Kosmos Vogelführer. Franckh-Kosmos-Verlag, Stuttgart.

Wendelberger, E. (1984):
Alpenpflanzen. BLV Verlag, München.

Willner, W. (2013):
Taschenlexikon der Käfer Mitteleuropas. Quelle & Meyer Verlag, Wiebelsheim.

Wirth, V. & Kirschbaum, U. (2017):
Flechten einfach bestimmen. Quelle & Meyer Verlag, Wiebelsheim.

Register

Register

Register

Register

Register

BILDNACHWEIS

Mit 562 Farbfotos: 62 von **H. Bellmann/F. Hecker**: 29 (1a), 95 (2), 97 (2), 99 (3), 105 (3), 109 (1), 117 (4), 121 (1, 4), 129 (1), 139 (1), 145 (3), 147 (1), 155 (1, 3), 157 (1, 2, 3), 163 (2, 4), 165 (1a, 1b), 167 (2b), 169 (3), 173 (1, 2), 179 (1), 183 (2, 3), 195 (1, 3), 197 (2), 199 (4), 205 (3), 205 (4), 213 (1, 3), 223 (2), 227 (1), 241 (2), 243 (1, 2), 245 (2), 247 (2, 3), 251 (1, 3, 4), 253 (3), 267 (2), 269 (3), 271 (2), 275 (2, 4), 281 (1), 285 (1, 2), 287 (2, 3, 4), 293 (4), 295 (1); 2 von **W. Buchhorn/F. Hecker**: 51 (1), 65 (3b); 1 von **O. Diez/Blickwinkel über F. Hecker**: 39 (1); 81 von **R. Eberhardt**: 5 o., 15 (2a, 2b), 19 (2), 23 (2), 29 (1b, 3), 33 (2a, 2b, 3b), 37 (3b), 39 (3a), 41 (1b), 45 (3), 47 (2), 49 (1, 3), 51 (2), 53 (1a), 55 (2, 3), 57 (1b, 3, 4), 59 (1, 2, 3, 4), 61 (3), 63 (2, 3, 4), 65 (2), 67 (1, 3), 69 (2), 71 (2), 73 (1, 2, 3), 75 (3), 77 (1, 2a, 3b), 79 (1a, 1b), 81 (1a), 83 (1, 2), 85 (1, 2, 3a), 87 (1b, 2, 4), 89 (1, 2a, 2b), 91 (1), 109 (3), 111 (3), 115 (1a, 1b, 2a, 2b, 3, 4), 117 (2), 119 (1, 2, 3), 131 (2), 151 (1), 179 (2), 193 (2), 219 (3a), 221 (1), 243 (4), 249 (3), 281 (2), 285 (4); 79 von **F. Hecker**: 17 (3), 19 (1, 3), 21 (1, 2, 3), 23 (1, 3), 25 (1, 2), 29 (2), 31 (1, 2), 35 (1), 37 (2), 43 (1, 4), 45 (1), 47 (1, 4a, 4b), 57 (2), 63 (1), 67 (2), 69 (1), 75 (2b), 79 (2), 81 (2), 91 (2, 3), 95 (1, 3), 97 (1, 3), 99 (1), 101 (2a, 2b), 105 (1, 2, 4), 107 (1, 2, 3), 119 (4), 125 (2, 3, 4), 127 (2), 133 (1b), 141 (2, 3a, 3b), 147 (2), 149 (1, 2), 153 (1), 159 (2), 167 (2a), 177 (4), 179 (3), 187 (2), 189 (2), 193 (1b), 215 (2), 221 (2, 3), 225 (1), 239 (2), 253 (2), 255 (2, 3), 269 (1), 271 (1), 277 (2, 4), 289 (2), 295 (3), 297 (2); 1 von **A. Ghignone/Blickwinkel über F. Hecker**: 35 (3); 3 von **N. Griebl**: 219 (2), 279 (1, 4); 1 von **M. Guyt/Blickwinkel über F. Hecker**: 47 (3); 1 von **A. Hartl/Blickwinkel über F. Hecker**: 101 (3); 23 von **M. Hassler:** 151 (3), 155 (2, 4), 163 (1), 167 (1), 169 (1), 175 (1, 2, 3, 4), 177 (2, 3), 199 (2, 3), 203 (2), 209 (1, 2, 3), 249 (4), 259 (2, 4), 261 (1), 267 (1); 1 von **W. & K. Layer/Blickwinkel über F. Hecker**: 27 (1); 1 von **A. Limbrunner/F. Hecker**: 25 (3); 1 von **E. Mestel/F. Hecker**: (39 (2); 1 von **J. Opiola**: 291 (4); 1 von **H. Schmidbauer/Blickwinkel über F. Hecker**: 31 (3); 4 von **R. Schmidt/F. Hecker:** 37 (1), 45 (2), 51 (3), 75 (1); 2 von **M. Varesvuo/Blickwinkel über F. Hecker**: 37 (4), 43 (2); 1 von **A. Volz/Blickwinkel über F. Hecker**: 35 (2); 1 von **P. Weigell**: 189 (3); 1 von **W. Willner/Blickwinkel über F. Hecker**: 53 (3); 1 von **B. Zwittnig**: 259 (3)

Alle übrigen vom Autor.

Mit 1 Illustration von Kay Elzner.

Autor und Impressum

AUTOR

Thomas Gretler ist Biologe, Journalist und leidenschaftlicher Naturfotograf. Er lebt im Allgäu und arbeitet seit 2001 als freier Fotojournalist und Autor. Schwerpunktmäßig beschäftigt er sich mit den Themenbereichen Natur und Tourismus. Er konzipiert Wander- und Naturerlebniswege und schreibt und fotografiert für verschiedene Printmedien und Verlage. Dieses Buch ist sein viertes Werk bei Kosmos.

IMPRESSUM

Umschlaggestaltung von Jorge Schmidt unter Verwendung einer Aufnahme von Matevz Lavric/shutterstock. Das Foto zeigt einen Alpensteinbock *(Capra ibex)* .

Gedruckt auf chlorfrei gebleichtem Papier

ISBN 978-3-440-17133-2
Lektorat und Redaktion: Lisa Hummel, Ben Boden
Produktion: Markus Schärtlein
Satz: typopoint GbR, Ostfildern
Druck und Bindung: Friedrich Pustet GmbH & Co. KG
Printed in Germany / Imprimé en Allemagne

FSC
www.fsc.org
MIX
Papier aus verantwortungsvollen Quellen
FSC® C014889